丛书总主编：孙鸿烈　于贵瑞　欧阳竹　何洪林

中国生态系统定位观测与研究数据集

农田生态系统卷

陕西长武站

（1998—2008）

刘文兆　党廷辉　主编

U0251356

中国农业出版社

图书在版编目（CIP）数据

中国生态系统定位观测与研究数据集．农田生态系统卷．陕西长武站：1998～2008 / 孙鸿烈等主编；刘文兆，党廷辉分册主编. —北京：中国农业出版社，2012.6

ISBN 978-7-109-16868-8

Ⅰ.①中… Ⅱ.①孙…②刘…③党… Ⅲ.①生态系-统计数据-中国②农田-生态系-统计数据-长武县-1998～2008 Ⅳ.①Q147②S181

中国版本图书馆 CIP 数据核字（2012）第 116975 号

中国农业出版社出版

（北京市朝阳区农展馆北路 2 号）

（邮政编码 100125）

责任编辑 刘爱芳 李昕昱

中国农业出版社印刷厂印刷 新华书店北京发行所发行

2012 年 6 月第 1 版 2012 年 6 月北京第 1 次印刷

开本：889mm×1194mm 1/16 印张：10.25

字数：280 千字

定价：45.00 元

（凡本版图书出现印刷、装订错误，请向出版社发行部调换）

中国生态系统定位观测与研究数据集

丛书编委会

主　编　孙鸿烈　于贵瑞　欧阳竹　何洪林

编　委（按照拼音顺序排列，排名不分先后）

曹　敏　董　鸣　傅声雷　郭学兵　韩士杰

韩晓增　韩兴国　胡春胜　雷加强　李　彦

李新荣　李意德　刘国彬　刘文兆　马义兵

欧阳竹　秦伯强　桑卫国　宋长春　孙　波

孙　松　唐华俊　汪思龙　王　兵　王　堃

王传宽　王根绪　王和洲　王克林　王希华

王友绍　项文化　谢　平　谢小立　谢宗强

徐阿生　徐明岗　颜晓元　于　丹　张　偲

张佳宝　张秋良　张硕新　张宪洲　张旭东

张一平　赵　明　赵成义　赵文智　赵新全

赵学勇　周国逸　朱　波　朱金兆

中国生态系统定位观测与研究数据集
农田生态系统卷·陕西长武站

编委会

　　随着全球生态和环境问题的凸显，生态学研究的不断深入，研究手段正在由单点定位研究向联网研究发展，以求在不同时间和空间尺度上揭示陆地和水域生态系统的演变规律、全球变化对生态系统的影响和反馈，并在此基础上制定科学的生态系统管理策略与措施。自 20 世纪 80 年代以来，世界上开始建立国家和全球尺度的生态系统研究和观测网络，以加强区域和全球生态系统变化的观测和综合研究。2006 年，在科技部国家科技基础条件平台建设项目的推动下，以生态系统观测研究网络理念为指导思想，成立了由 51 个观测研究站和一个综合研究中心组成的中国国家生态系统观测研究网络（National Ecosystem Research Network of China，简称 CNERN）。

　　生态系统观测研究网络是一个数据密集型的野外科技平台，各野外台站在长期的科学研究中，积累了丰富的科学数据，这些数据是生态学研究的第一手原始科学数据和国家的宝贵财富。这些台站按照统一的观测指标、仪器和方法，对我国农田、森林、草地与荒漠、湖泊湿地海湾等典型生态系统开展了长期监测，建立了标准和规范化的观测样地，获得了大量的生态系统水分、土壤、大气和生物观测数据。系统收集、整理、存储、共享和开发应用这些数据资源是我国进行资源和环境的保护利用、生态环境治理以及农、林、牧、渔业生产必不可少的基础工作。中国国家生态系统观测研究网络的建成对促进我国生态网络长期监测数据的共享工作将发挥极其重要的作用。为切实实现数据的共享，国家生态系统观测研究网络组织各野外台站开展了数据集的编辑出版工作，借以对我国长期积累的生态学数据进行一次系统的、科学的整理，使其更好地发挥这些数据资源的作用，进一步推动数据的共享。

为完成《中国生态系统定位观测与研究数据集》丛书的编纂，CNERN综合研究中心首先组织有关专家编制了《农田、森林、草地与荒漠、湖泊湿地海湾生态系统历史数据整理指南》，各野外台站按照指南的要求，系统地开展了数据整理与出版工作。该丛书包括农田生态系统、草地与荒漠生态系统、森林生态系统以及湖泊湿地海湾生态系统共4卷、51册，各册收集整理了各野外台站的元数据信息、观测样地信息与水分、土壤、大气和生物监测信息以及相关研究成果的数据。相信这一套丛书的出版将为我国生态系统的研究和相关生产活动提供重要的数据支撑。

孙鸿烈

2010 年 5 月

陕西长武农田生态系统国家野外科学观测研究站（简称长武站）位于黄土高原南部高塬沟壑区的陕西省长武县境内。1984 年由中国科学院水利部水土保持研究所建立，1991 年加入中国生态系统研究网络（CERN），名称为"中国科学院长武黄土高原农业生态试验站"。2005 年 12 月经科技部批准，成为农田生态系统国家野外科学观测研究站。2007 年入选为水利部"水土保持科技示范园区"。

通过近 30 年的建设，长武站已建成了由研究试验场和定位观测场组成的较为完整的试验观测体系，形成了农田—小流域—区域三个层面上具有不同立地条件和利用类型的试验监测分布格局。长期以来，长武站坚持以监测、研究及示范推广工作为主要任务。从 1998 年开始 CERN 的监测工作，2003 年进入全面实施，并不断完善场地布局与设施建设，加强数据的采集和管理。为使数据资源规范化保存，更好地为科研和农业生产服务，在国家科技部基础条件平台建设项目"生态系统网络的联网观测研究及数据共享系统建设"支持下，依据中国国家生态系统观测研究网络（CNERN）制定的《农田、森林、草原与荒漠、湖泊湿地海湾生态系统历史数据整理指南》（以下简称《指南》）编制了本数据集。本书整编的数据包括两部分，一是 CERN 规定的生物、土壤、水分、气象长期定位监测数据；二是长武站所在的王东村的社会经济数据与部分课题研究数据（以表、图和文字等形式列出）。生物、土壤、水分及气象数据的监测运行由 CERN 运行费资助，农田生态系统长期定位试验场的监测运行由 CERN 运行费及相关项目课题资助。社会经济数据的调查由"七五"以来的国家科技攻关与科技支撑计划课题资助。辐射与通量观测系统 2004—2007 年由中日合作项目资助，随后由有关项目课题资助。读者在使用本数据集时，也可登录"长武站联网观测研究及数据共享网站"查询，网址为 http：//www. changwu. cern. ac. cn.

　　本数据集中，生物、土壤、水分、气象、社会经济五大类监测数据、数据目录及观测方法分别由张万红、党廷辉、甘卓亭（宝鸡文理学院）、朱元骏、王继军执笔整理；气象数据部分的长武县降水量、气温与水面蒸发数据由长武县气象局提供；研究数据的表、图、文字源于标注的参考文献；引言与观测场地说明由刘文兆、党廷辉、杜社妮执笔；田间监测与采样中，杨光、郭胜利、高长青、刘勇刚、李玉成等做了大量工作；长武站数据库建设由杜社妮、郭明航负责；全书汇总与统稿由刘文兆和党廷辉负责。凡引用本书数据的人员，请遵循 CERN 的管理规定，并标明数据出处。由于编者水平所限，本书疏误或不当之处在所难免，敬请批评指正。

编　者

2009 年 12 月

[目 录]

第一章

引　言

1.1　长武站介绍

1.1.1　区域生态环境特征

陕西长武农田生态系统国家野外科学观测研究站（以下简称长武站）位于黄土高原南部高塬沟壑区的陕西省长武县境内。高塬沟壑区是黄土高原主要的地貌—生态类型区之一，横跨晋、陕、甘三省，面积约 6.95 万 km^2，是我国历史悠久的旱作农业区之一，也是所在省区重要粮食产区，20 世纪 80 年代以来，又发展成为我国最大的优质苹果产区。该地区农民创造的丰富农耕经验，是我国传统农业的典型代表。

高塬沟壑区农业生态系统亦有其自身的特异性和典型性。尽管该区年降水量仅有 500～600mm，年际和季节间波动很大，但因海拔较高（大部地区为 800～1 200m），光照资源充沛，昼夜温差大；又因土层深厚，质地适中，具有类似水库的水分调蓄能力，所以农田水分生产效率相对较高，形成独具特色的黄土塬区农业生态系统。这个系统历史上采用豆禾轮作（豆科与禾本科作物）和农畜结合维持肥力平衡；采用夏季休闲调蓄水分；实施一整套耕耱耙压耕作技术，构成了我国传统农业的精髓，具有极高的典型性。

新中国成立以来，针对高塬沟壑区存在的塬面农田轻度水力侵蚀和沟壑重力侵蚀问题，经过农业水土工程和植被重建等综合治理，生态环境已发生明显改观。与传统农业相比，当今农业生态系统发生了若干变化，表现为农田作物结构趋向简单，但系统类型呈现多元化；以苹果园林为主的果园面积增大，农作物种植面积减少；以大棚蔬菜为主要类型的设施农业渐成规模；农用化学物质大量使用；机械化耕作水平提高；覆盖、雨水收集与节水灌溉进入水分调控；作物产出水平大幅度提高；化肥施用量大幅增加导致物质循环水平不断强化等等。然而，这些变化又将如何影响到水土资源保育？影响到地块和小流域尺度的物质循环，特别是水分循环？所形成的高生物产出量和高生产率，与环境资源量的平衡构成什么样的关系？生态环境质量演变趋势如何？这种演变又如何反作用到农田生态系统？这些生态问题都需要长期持续深入的野外观测与研究来解答。

随着西部大开发战略的实施，国家对黄土高原生态环境建设与农业生产提出了新的更高的要求。黄土高塬沟壑区地处西部大开发的前沿阵地，承东启西的转折地带，其经济发展、粮食生产和生态环境建设意义与地位更显重要。

1.1.2　长武站沿革及站区简介

长武站于 1984 年由中国科学院水利部水土保持研究所建立，1991 年加入中国生态系统研究网络（CERN），2005 年 12 月经科技部批准，成为农田生态系统国家野外科学观测研究站，2007 年入选为水利部"水土保持科技示范园区"。期间并成为陕西省农业科学实验基地和西北农林科技大学野外科研教学实习基地。

长武站地理坐标为 107°41′E，35°14′N，位于福银高速（G70）陕甘交界处，东距西安市 200km，属暖温带半湿润大陆性季风气候，年均降水 580mm，年均气温 9.1℃，无霜期 171d，地下水位 50～80m，地带性土壤为黑垆土，母质是深厚的中壤质马兰黄土，土体疏松，通透性好，具有良好"土壤水库"效应。

通过多年的建设，长武站已建成了由研究试验场和观测场地组成的比较完整的试验观测体系，形成从农田—小流域—区域三个层面不同立地条件和利用类型上的试验监测分布格局。野外试验地与监测设施主要包括，旱塬农田生态系统长期定位试验场（1.5hm²），大型称重式农田蒸渗仪（Lysimeter），自动及人工气象观测系统，辐射与通量观测系统，流域径流泥沙监测系统（坡地径流场与沟口径流泥沙监测站），可移动式野外测定仪器包括，LI－6400 植物光合测定系统、LI－8100 土壤碳通量测定系统、中子水分仪、植物茎流计、时域反射仪（TDR）、GPS、植物水势仪、叶面积仪等。

长武站所在的王东村位于陕西省长武县洪家镇。1986 年水土保持研究所在实施"七五"农业科技攻关项目时，选取王东村及其相邻的丈六村建立王东试验示范区，面积 8.3km²。地貌分为塬、梁、沟三大类型，其面积分别占总土地的 35%、35.5%、29.5%。塬面位于北部，海拔高度 1 215～1 225m，以 0°40′向东南倾斜，塬边长漫坡，坡度大者可达 5°，现已修成宽条田。由塬边向南伸出的长梁，直达黑河河谷，一些梁的末端出现峁状地形。梁的横断面普遍呈现显明的古代沟谷与现代沟谷组成的"谷中谷"地形。典型地段从上到下顺序分为梁顶、梁坡（古代沟谷坡，多数在 25°～30°）、台坪（古阶地）、沟坡（现代沟谷坡）和沟床。梁顶与沟床的高差，上游为 190m，下游为 160m，梁的上下端高差 80～90m，纵坡降 2°～3°，梁顶已修为宽条田（埝地），梁坡部分修成窄梯田，部分仍保留 30°左右的原坡面，台坪多耕垦为农田。现代沟谷中没有农业用地。王东沟小流域面积 6.3km²，位于试区内的面积为 5.3km²。王东沟沟道长 4.97km，沟壑密度为 2.78 条/km²，主沟道平均比降 5.47%，其中上游为 14.7%，中游为 2.8%，下游为 2%。塬面最高点海拔 1 226m，沟口最低点 946m，高程差 280m。

王东试验示范区人口密度已达到 300 人/km²，属黄土高原人口高密度区。1986 年科技攻关之初，人均收入 230 元，粮食亩*产 186 公斤**，年人均粮食不足 300 公斤。1986 年以来，王东试验示范区的科技人员根据区域的特点，提出"提高塬面产出，开发沟坡资源"的综合治理方针，经过 20 多年的综合治理，王东试验示范区农村面貌发生了巨大变化，具体表现在：粮食生产持续发展；农村产业结构发生重大变化；低等级沟坡土地资源得到高效开发利用；水土保持措施配置进一步优化，水土流失量大幅减少等方面。

1.1.3 研究方向与任务

研究方向：面向黄土高原南部，以高塬沟壑区农田生态系统为重点，研究农业生态系统的结构、功能与生产力，建立节水型生态农业的理论与技术体系，为区域农业持续发展与改善生态环境提供科技支撑。

研究任务：

(1) 农业生态系统要素动态监测，包括气象、水文、土壤、生物、农业经济等。

(2) 农田生态系统的结构、功能与生产力，包括不同结构农田生态系统生产力演变及其驱动力研究；农田生态系统地块尺度水分循环与养分迁移、平衡及利用效率研究；以及农田生态系统水肥耦合及其优化机制研究。

(3) 小流域多元农业生态系统的结构、功能及其可持续发展，包括多元生态系统空间结构模式及

---

* 1亩＝1/15 公顷

** 1公斤＝1kg

其水土环境效应与评价；高产农田与林草生态系统土壤干燥化过程及可逆性分析；果园生态系统生产力演变、投入产出比较与物质循环；以及小流域尺度水循环模式演变及定量模型。

（4）环境变化条件下农业生态系统的响应及其演变趋势，包括多元农业生态系统结构演变与稳定性分析；区域土壤水、碳、氮含量变化与土地利用变化的响应；土地利用/覆被变化动态、驱动力与调控；以及未来气候变化条件下区域农业生态系统的潜在响应。

（5）节水型生态农业发展模式建设与示范，包括蓄保调用四位一体的旱作农业的理论与技术；农业与生态节水的理论与技术；以及节水型流域管理与可持续发展模式建设与示范。

1.1.4　研究成果

长武站从建站迄今，先后实施的项目有"七五"、"八五"、"九五"、"十五"国家科技攻关项目及"十一五"国家科技支撑计划项目，国家自然科学基金重大项目—课题、重大研究计划项目、面上项目，"973"项目—课题，"863"项目—课题，中科院知识创新工程重大及重要方向项目、CERN 研究与监测项目，中科院百人计划项目，国家引进海外杰出人才项目，中日、中澳、中美国际合作项目，国际原子能机构协作项目等。20 多年来，以长武站为科研基地发表学术论文 500 多篇，其中被SCI 收录论文 60 余篇。获国家科技进步一、二等奖各 1 项，省部级一等奖 3 项，获国家授权发明专利 5 项。以"提高塬面生产力，高效开发低产沟坡"为主要内容的"王东经验"，为区域农业生产与经济发展做出了重大贡献。

1.1.5　合作交流

随着长武站试验研究条件和生活设施的改善，对外开放也不断得到加强。近 10 年来，多个国际合作项目、与国内其他单位的合作项目在站上实施，投入的实验监测设施与科研经费超过 1 000 万元，其中包括中科院"引进海外杰出人才"项目以及中日合作项目等。这些重大科研项目的开展，对长武站的科研产出与人才培养起到了积极的促进作用。

长武站不仅是重要的野外科研基地，同时也是教学实习基地。除中科院水利部水土保持研究所与西北农林科技大学的博士、硕士研究生与本科生外，另有来自中科院生态环境研究中心、复旦大学、西北大学、兰州大学、陕西师范大学、河北农业大学等高校的博士、硕士研究生与本科生在长武站从事试验研究及毕业论文实习。国外单位如日本名古屋大学、千葉大学等多名研究生在站进行试验研究，完成学位论文。

1.2　数据整理出版说明

1.2.1　数据资料内容与来源

整编的数据包括两部分，一是 CERN 规定的水分、土壤、气象、生物长期定位监测数据，这些数据将全部整编出版；二是长武站所在的王东村的社会经济数据与部分课题研究数据，这些数据资源将以表、图和文字等形式呈现。

1.2.2　数据统计项目与综合方法

（1）生物数据
生物监测数据内容与数据处理方法如表 1-1 所示。

表 1-1　生物数据内容

序号	监测数据内容	处理方法
1	农田作物种类与产值	原始数据
2	农田复种指数与典型地块作物轮作体系	原始数据
3	农田主要作物肥料投入情况	原始数据
4	农田主要作物农药除草剂等投入情况	原始数据
5	小麦生育动态	原始数据
6	作物叶面积与生物量动态	作物生育期按样地平均
7	作物根系生物量	按作物生育时期平均
8	作物根系分布	按作物生育时期平均
9	小麦收获期植株性状	按次（年）平均
10	作物收获期测产	按次（年）平均
11	农田作物矿质元素含量与能值	按采样部位平均

（2）土壤数据

土壤监测数据内容与数据处理方法如表1-2所示。土壤数据的主要特点是分层采样，耕层按0～20cm（或0～10cm、10～20cm），剖面按0～10cm、10～20cm、20～40cm、40～60cm、60～100（cm）分层。

表 1-2　土壤数据内容

序号	监测数据内容	处理方法
1	土壤交换量	按年度分层汇总
2	土壤养分	按年度分层汇总
3	土壤矿质全量	按年度分层汇总
4	土壤微量元素和重金属	按年度分层汇总
5	土壤速效氮含量	按年度分层汇总
6	土壤速效微量元素	按年度分层汇总
7	土壤机械组成	按年度分层汇总
8	土壤容重	按年度分层汇总
9	旱塬农田生态系统长期定位试验典型处理土壤养分	按年度分别汇总
10	长期采样地肥料用量、作物产量和养分含量	多点采样实测值
11	站区土壤肥力调查	多点采样实测值
12	长期采样地空间变异性调查	按年度分层汇总
13	土壤理化性质分析方法	

（3）水分数据

水分监测数据内容与数据处理方法如表1-3所示。

表 1-3　水分数据内容

序号	监测数据内容	处理方法
1	土壤水分含量	（1）0～300cm分层含水量数据分样地按月平均 （2）0～20cm与0～300cm储水量数据分样地按月平均
2	地表水地下水水质状况	样地尺度，月或干湿季平均
3	地下水位	样地尺度，原始数据
4	农田蒸散量（田间水量平衡法）	样地尺度，多年月均变化和年际变化
5	土壤物理性质及主要水分常数	样地尺度，原始数据
6	水面蒸发量	月总蒸发量
7	雨水水质状况	样地尺度，月或干湿季平均
8	农田蒸散日值（大型蒸渗仪）	原始数据
9	农田土壤水水质状况	样地尺度，月平均
10	水质分析方法	方法名称及参照的国标名称

（4）气象数据

气象监测数据内容与数据处理方法如表 1-4 所示。

表 1-4　气象数据内容

序号	监测数据内容	处理方法
1	温度、湿度、气压、降水量、风速和风向和地表温度	要素的月平均值和极值统计
2	总辐射、反射辐射、紫外辐射、净辐射和光合有效辐射	要素的月平均值统计
3	长武县气象局数据（降水量、温度和蒸发量）	要素的月平均值和极值统计

（5）社会经济数据

包括人口与粮食生产、农业土地利用、农业经济（纯）收入，按年统计。

1.2.3　数据质量控制

生物、土壤、水分及气象数据的监测管理与质量控制严格按照 CERN 的规范要求进行。从田间测定与采样、室内分析、数据填报、数据审核及数据上报五个环节，把好质量关。田间测定与采样保证必要的重复数，室内分析用标样控制。气象数据处理（数据检查、参数转换、报表形成和统计方法）采用 CERN 大气分中心提供的生态气象报表处理程序（2007 版）进行，对部分缺失数据采用线性插值法处理。

1.2.4　数据引用说明

凡拟引用本书数据人员，请遵循 CERN 的管理规定，并标明数据出处。

第二章

数 据 资 源 目 录

2.1 生物数据资源目录

数据集名称： 农田作物种类与产值

数据集摘要： 长武站农作物的品种、播种量、种植面积、产量、投入与产出等的数据

数据集时间范围： 1998—2008 年

数据集名称： 农田复种指数与典型地块作物轮作体系

数据集摘要： 长武站农作物种植茬数及轮作体系数据

数据集时间范围： 1998—2008 年

数据集名称： 农田主要作物肥料投入情况

数据集摘要： 长武站农田肥料施用量、肥料名称、使用方式，所施肥料折合的纯磷量、纯氮量、纯钾量等数据

数据集时间范围： 1998—2008 年

数据集名称： 农田主要作物农药、除草剂等投入情况

数据集摘要： 长武站农药、除草剂的制剂类别、名称、每种制剂的主要成分、制剂施用时间、施用方式、施用量、农作物施药的生育期等数据

数据集时间范围： 1998—2008 年

数据集名称： 小麦生育动态

数据集摘要： 长武站小麦生育期数据

数据集时间范围： 1998—2008 年

数据集名称： 作物叶面积与生物量动态

数据集摘要： 长武站农作物株高、密度、叶面积、地上部鲜重、地上部干重、茎干重、叶干重等数据

数据集时间范围： 1998—2008 年

数据集名称： 作物根系生物量

数据集摘要： 长武站一定土壤深度内的农作物根系干重等数据

数据集时间范围： 1998—2008 年

数据集名称：作物根系分布
数据集摘要：长武站 0～100cm 土壤剖面各土层作物根系干重
数据集时间范围：2005 年

数据集名称：小麦收获期植株性状
数据集摘要：长武站小麦收获期小麦的穗数、群体株高、每穗小穗数、每穗结实小穗数、每穗粒数、千粒重等数据
数据集时间范围：1998—2008 年

数据集名称：作物收获期测产
数据集摘要：长武站小麦和玉米的产量等数据
数据集时间范围：1998—2008 年

数据集名称：农田作物矿质元素含量与能值
数据集摘要：长武站测量小麦及玉米茎秆、根、籽粒中的全氮、全碳、全磷、全钾、全硫、全钙、全铁、全镁、全锰、全铜、全锌、全钼、全硼、全硅、热值、灰分等含量数据
数据集时间范围：2004—2008 年

2.2　土壤数据资源目录

数据集名称：土壤交换量
数据集摘要：长武站农田土壤交换性阳离子总量、各阳离子交换量数据
数据集时间范围：2005 年

数据集名称：土壤养分
数据集摘要：长武站农田土壤养分、有机质、全氮、pH 等数据
数据集时间范围：1998—2008 年

数据集名称：土壤矿质全量
数据集摘要：长武站农田土壤主要矿质元素的全量组成数据
数据集时间范围：2001、2005 年

数据集名称：土壤微量元素和重金属元素
数据集摘要：长武站农田土壤微量元素以及重金属元素的含量，例如全硼，全钼，全锰等数据
数据集时间范围：2005 年

数据集名称：土壤速效氮含量
数据集摘要：长武站农田土壤速效氮含量，包括硝态氮和铵态氮数据
数据集时间范围：2000—2003 年

数据集名称：土壤速效微量元素
数据集摘要：长武站农田土壤速效微量元素含量数据

数据集时间范围：2000—2005 年

数据集名称：土壤机械组成
数据集摘要：长武站农田土壤机械组成
数据集时间范围：2005 年

数据集名称：土壤容重
数据集摘要：长武站农田土壤容重数据
数据集时间范围：2003、2005 年

数据集名称：长期试验土壤养分
数据集摘要：长武站旱塬农田生态系统长期定位试验典型处理下的土壤养分数据
数据集时间范围：2003 年

数据集名称：肥料用量、作物产量和养分含量
数据集摘要：长武站农田不同肥料处理下的作物产量和养分含量数据
数据集时间范围：2004—2008 年

数据集名称：区域土壤肥力调查
数据集摘要：长武王东沟流域土壤肥力调查数据
数据集时间范围：2002 年

数据集名称：长期采样地空间变异性调查
数据集摘要：长武综合观测场长期采样地土壤养分变异数据
数据集时间范围：2004 年

数据集名称：土壤理化性质分析方法
数据集摘要：长武站土壤数据分析测定项目及分析方法
数据集时间范围：1998—2008 年

2.3　水分数据资源目录

数据集名称：土壤含水量
数据集摘要：长武站监测样地 0～300cm 逐月分层土壤水分含量数据及其相关生成数据
数据集时间范围：2003—2008 年

数据集名称：地表水、地下水水质状况
数据集摘要：长武站地表水、地下水水质数据，测定指标包括：水温、水质、pH、钙离子（Ca^{2+}）、镁离子（Mg^{2+}）、钾离子（K^+）、钠离子（Na^+）、碳酸根离子（CO_3^{2-}）、重碳酸根离子（HCO_3^-）、氯离子（Cl^-）、硫酸根离子（SO_4^{2-}）、磷酸根离子（PO_4^{3-}）、硝酸根离子（NO_3^-）、矿化度、化学需氧量（COD，重铬酸钾法或高锰酸盐指数法）、水中溶解氧（DO）、总氮（N）、总磷（P）、电导率。
数据集时间范围：2003—2008 年

数据集名称：地下水位

数据集摘要：长武站地下水水位数据

数据集时间范围：2004—2008 年

数据集名称：农田蒸散量（田间水量平衡法）

数据集摘要：长武站监测样地农田蒸散量数据，由田间水量平衡法计算得到

数据集时间范围：2003—2008 年

数据集名称：土壤物理性质及主要水分常数

数据集摘要：长武站土壤水分常数统计数据，包括容重、孔隙度、田间持水量、凋萎含水量、饱和含水量、水分特征曲线。

数据集时间范围：2004 年

数据集名称：水面蒸发量

数据集摘要：长武站水面蒸发量数据，包括人工 E601、20cm 小型蒸发皿

数据集时间范围：2003—2008 年

数据集名称：雨水水质状况

数据集摘要：长武站雨水水质数据，测定指标包括：pH、矿化度、硫酸根、非溶性物质总量。

数据集时间范围：2003—2008 年

数据集名称：农田蒸散日值（大型蒸渗仪）

数据集摘要：长武站农田蒸散量数据，由大型原状土蒸渗仪监测得到

数据集时间范围：2003—2008 年

数据集名称：农田土壤水水质状况

数据集摘要：长武站农田土壤水水质状况数据，采集雨季土壤水，测定指标包括：水温、水质、pH、钙离子（Ca^{2+}）、镁离子（Mg^{2+}）、钾离子（K^+）、钠离子（Na^+）、碳酸根离子（CO_3^{2-}）、重碳酸根离子（HCO_3^-）、氯离子（Cl^-）、硫酸根离子（SO_4^{2-}）、磷酸根离子（PO_4^{3-}）、硝酸根离子（NO_3^-）、矿化度、化学需氧量（COD，重铬酸钾法或高锰酸盐指数法）、水中溶解氧（DO）、总氮(N)、总磷(P)、电导率。

数据集时间范围：2005—2008 年

数据集名称：水质分析方法

数据集摘要：长武站数据集水质数据的分析方法

数据集时间范围：2003—2008 年

2.4　气象数据资源目录

数据集名称：温度

数据集摘要：长武站大气温度和露点温度数据

数据集时间范围：1998—2008 年

数据集名称：湿度
数据集摘要：长武站大气相对湿度数据
数据集时间范围：1998—2008 年

数据集名称：气压
数据集摘要：长武站大气压、水汽压和海平面气压数据
数据集时间范围：1998—2008 年

数据集名称：降水量
数据集摘要：长武站降水量数据
数据集时间范围：2004—2008 年

数据集名称：风速和风向
数据集摘要：长武站风速和风向数据
数据集时间范围：2004—2008 年

数据集名称：地表温度
数据集摘要：长武站地表温度数据
数据集时间范围：1998—2008 年

数据集名称：辐射
数据集摘要：长武站总辐射、反射辐射、紫外辐射、净辐射和光合有效辐射数据
数据集时间范围：1998—2008 年

数据集名称：长武县气象局数据
数据集摘要：长武县气象局降水、气温和水面蒸发数据
数据集时间范围：1957—2008 年

2.5 社会经济数据资源目录

数据集名称：人口与粮食生产
数据集摘要：长武站王东村人口数量、人均耕地面积、播种面积、单产、总产等统计数据
数据集时间范围：1986—2007 年

数据集名称：农业土地利用
数据集摘要：长武站王东村农耕地、果树地、林地、人工草地、天然草地与荒地等统计数据
数据集时间范围：1986—2007 年

数据集名称：农业收入
数据集摘要：长武站王东村种植业、果业、林业、养殖业及工副业收入，总收入，人均纯收入统计数据
数据集时间范围：1986—2007 年

第三章

观测场地与方法

3.1 概述

长武站地貌与试验观测场分布如图 3-1 示，试验观测场的体系结构如表 3-1 示。

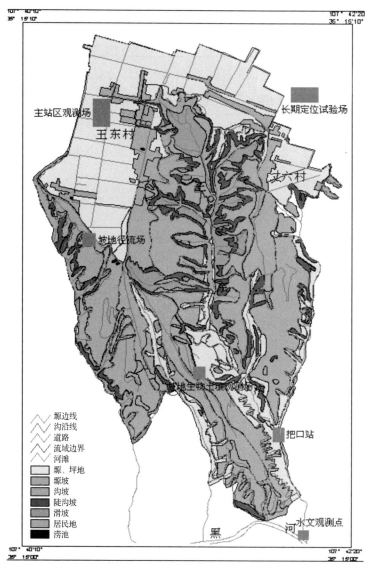

图 3-1 长武站地貌与试验观测场分布

表 3-1　长武站观测试验场体系结构

塬面农田综合观测试验系统	CERN 综合观测场
	CERN 辅助观测场
	CERN 站区调查点
	CERN 气象观测场
	蒸发渗漏观测场（大型原状土称重式蒸渗仪，小型土柱蒸渗仪）
	水分养分平衡与作物效应试验场
	塬面农田水土流失观测场
	深剖面土壤水热运动观测场
	保护性耕作试验场
	小麦优良品种选育试验场
	旱作农田长期轮作施肥定位试验场
	旱作农田长期肥料定位试验场
	通量与辐射观测系统
流域尺度试验观测系统	坡地植被与水土流失关系观测场
	流域径流泥沙观测把口站
	雨水土壤水井水泉水河水监测网

CERN 观测场中设有 24 个标准定位采样地或观测点，其简要信息如表 3-2。

表 3-2　CERN 长武站生态监测采样地（或观测点）

序号	采样地或观测项目名称	代码
1	长武综合气象要素观测场中子仪监测地	CWAQX01CTS_01
2	长武综合气象要素观测场人工气象观测场地	CWAQX01DRG_01
3	长武综合气象要素观测场自动气象观测场地	CWAQX01DZD_01
4	长武综合气象要素观测场 E601 蒸发器	CWAQX01CZF_01
5	长武综合气象要素观测场雨水采集器	CWAQX01CYS_01
6	长武综合气象要素观测场土壤水观测点	CWAQX01CDX_01
7	长武综合气象要素观测场小型蒸发器	CWAQX01CZF_02
8	长武综合观测场土壤生物采样地	CWAZH01ABC_01
9	长武综合观测场中子仪监测地	CWAZH01CTS_01
10	长武综合观测场烘干法采样地	CWAZH01CHG_01
11	长武农田土壤要素辅助长期观测采样地（CK）	CWAFZ01B00_01
12	长武农田土壤要素辅助长期观测采样地（NP+M）	CWAFZ02B00_01
13	长武站前塬面农田土壤生物采样地	CWAFZ03ABC_01
14	长武站前塬面农田中子仪监测地	CWAFZ03CTS_01
15	长武站前塬面农田烘干法采样地	CWAFZ03CHG_01
16	长武杜家坪梯田农地土壤生物采样地	CWAFZ04ABC_01
17	长武杜家坪梯田农地中子仪监测地	CWAFZ04CTS_01
18	长武玉石塬面农田土壤生物采样地	CWAZQ01AB0_01
19	长武中台塬面农田土壤生物采样地	CWAZQ02AB0_01
20	长武枣泉塬面农田土壤生物采样地	CWAZQ03AB0_01
21	长武井水观测点	CWAFZ10CDX_01
22	长武泉水观测点	CWAFZ11CDX_01
23	长武黑河水观测点	CWAFZ12CDB_01
24	长武蒸渗仪观测点	CWAFZ13CZS_01

CERN 观测场、长期定位试验地与大型试验设施是从长武站的定位与发展方向出发考虑设置的，今后也将根据生态站发展需要进一步给予完善和系统化，强化监测工作，特别要加强数据采

集自动化和数据管理信息化，推进站—网生态系统研究的信息共享，为科研项目的运行提供扎实的实验基础与可靠的数据支撑。

3.2 观测场介绍

3.2.1 综合观测场（CWAZH01）

综合观测场（107°40′59″E～107°41′01″E，35°14′24″N～35°14′25″N）位于长武塬塬面，与周边农田自成一体，代表了黄土塬地农田生态系统。

本区塬面海拔 1 220m，地带性土壤为黑垆土，亚类为粘化黑垆土，肥力水平中等。农田土壤剖面分层有耕作层、犁底层、古耕层、黑垆土层、过渡层、石灰淀积层和母质层。农业以雨养为主，作物一年一熟或两年三熟，机耕和畜耕兼施，有机肥和化肥并用。

综合观测场始建于 1998 年，面积约为 52m×52m，按使用 50 年以上设计。建场前 10 年间以小麦→玉米轮作为主，并由畜耕向畜耕和机耕兼施、由有机肥与化肥并用向以化肥为主转变，化肥又以氮肥、磷肥为主，钾肥基本不用。建场后采用小麦—小麦→玉米轮作，每年一熟，小型拖拉机耕作或畜耕，施用肥料主要为氮肥和磷肥，作物播种前一般作基肥（撒施），雨养为主，无灌溉条件。

综合观测场的观测项目涉及土壤、生物和水分，其观测采样地有：

（1）综合观测场土壤生物采样地（CWAZH01ABC_01）；

（2）综合观测场中子仪监测地（CWAZH01CTS_01；

（3）综合观测场烘干法采样地（CWAZH01CHG_01）。

（1）综合观测场土壤生物采样地（CWAZH01ABC_01）

生物采样区为 10m×10m 正方形，土壤样地中剖面样品为 2m×2m 正方形，表层样品为 10m×10m 正方形。样地选址时尽量避免土层扰动，以代表综合场的土壤和作物水平。

观测项目包括：土壤有机质、N、P、K、微量元素和重金属、pH、阳离子交换量、矿质全量、机械组成、容重；作物生育期、作物叶面积与生物量动态、作物收获期植株性状、耕层根系生物量、地上生物量与籽实产量、收获期植株各器官元素含量（C、N、P、K、Ca、Mg、S、Si、Zn、Mn、Cu、Fe、B、Mo）与能值、病虫害等。

A	B	C	D
E	F	G	H
I	J	K	L
M	N	O	P

图 3-2 综合观测场生物样方及编码示意图

采样地面积为 40m×40m，按 10m×10m 面积划分为 16 个采样区。每次从 6 个采样区内随机取得 6 份样品（例如，2004 年在 C、E、G、J、L、N 区采样，图 3-2）。采样设计编码：CWA（站名）—年份—样方—作物。

土壤采样分两种情况（图 3-3、图 3-4）：

a. 土壤剖面（0～10cm、10～20cm、20～40cm、40～60cm、60～100cm）采样

● 每 5 年采样一次：

在 BLOCK A～F 中的 1～16 号码点采集

● 每 10 年采样一次：

BLOCK A～D 中的 A～P；BLOCK E～F 中的 A～I 号码点采集。

b. 表层（0～10cm、10～20cm）土壤每年采样一次

偶数年份在 1～6 号区采集；奇数年分在（1）～（6）号区采集。

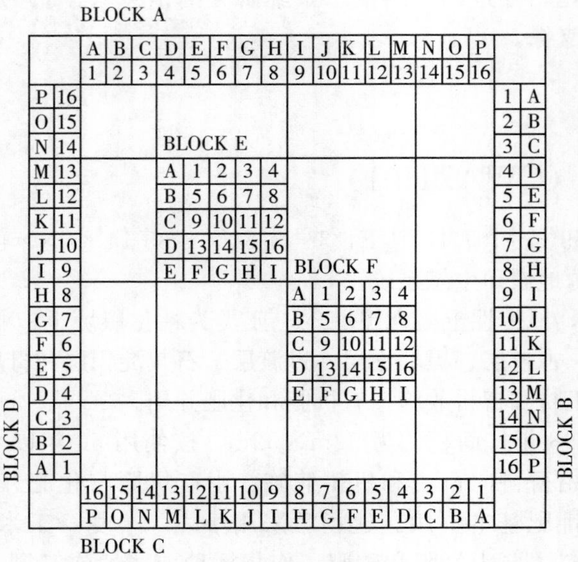

BLOCK A
BLOCK E
BLOCK F
BLOCK D
BLOCK B
BLOCK C

图 3-3　土壤剖面采样示意图

（2）综合观测场中子仪监测地（CWAZH01CTS_01）

综合观测场中子仪监测地主要观测土壤剖面含水量，中心点地理坐标：107°40′29″E，35°14′24″N。观测场沿西北—东南方向，均匀布设 3 个中子管（图 3-5）。每个中子管观测深度为 300cm，0～100cm 内每 10cm 作为一个观测层，100cm 以下每 20cm 一层。

a. 观测频度：1 月、2 月和 12 月每月 3 次

观测日期：每月 10 日、20 日、30 日。

b. 观测频度：3 月到 11 月每月 6 次

观测日期：每月 5 日、10 日、15 日、20 日、25 日、30 日。

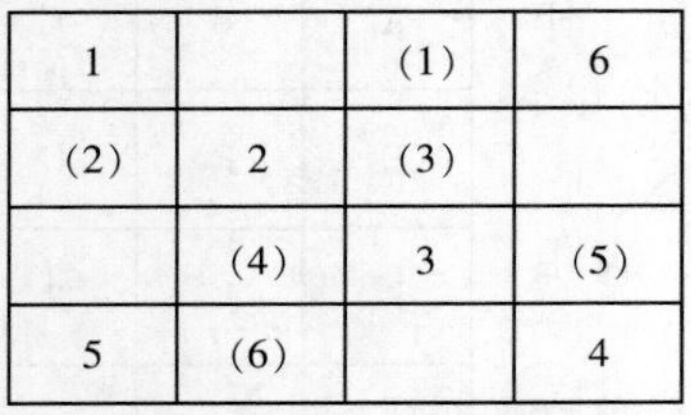

1
(1)
6
(2)
2
(3)
(4)
3
(5)
5
(6)
4

图 3-4　土壤表层采样示意图

1
2
3
N
中子管

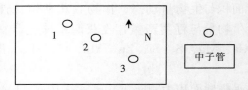

图 3-5　综合观测场中子仪监测地中子管分布示意图

（3）综合观测场烘干法采样地（CWAZH01CHG_01）

综合观测场烘干法采样地主要用于烘干法测土壤重量含水量，以便校对中子仪法测定土壤含水量。每次在 1 号、2 号和 3 号中子管中随机选取两根，在中子管 1m 范围内采样（图 3-6）。观测深度为 300cm，0～100cm 内每 10cm 一层，100cm 以下每 20cm 一层。

1
2
3
N
中子管
采样点

图 3-6　综合观测场烘干法采样地示意图

a. 观测频度：为 1 次/2 月。

b. 观测日期：与对应的中子仪观测同步。

（4）蒸渗仪观测点（CWAFZ13CZS_01）

长武蒸渗仪观测点用于监测农田蒸散量和土壤水分下渗量，中心点地理坐标：107°41′02″E，35°14′27″N。蒸渗仪观测点建立于 1994 年，长方体，长、宽、高分别为 2m、1.5m、3m，设计使用

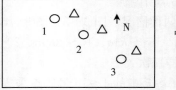

100 年以上。

　　a. 观测项目：白天蒸散总量、夜间蒸散总量及昼夜蒸散总量。

　　b. 观测频度：1 次/时。

3.2.2　辅助观测场（CWAFZ）

　　辅助观测场作为综合观测场的补充和完善，是在典型生态系统分布区内或综合观测场周围设置的观测小区。鉴于长武站所在地王东沟流域的农田生态系统除塬面为主外，梁坡地逐步被改造成为梯田，因此，辅助观测场从补充综合观测场和新增梯田两个方面布设，前者包括辅助观测场 1、辅助观测场 2 和辅助观测场 3，后者包括辅助观测场 4。辅助观测场 1、辅助观测场 2 和辅助观测场 3 紧邻综合观测场，其土壤、气象、水文特征与综合观测场一致，详情可参考综合观测场的介绍。各辅助场均按使用 50 年以上设计。

　　（1）辅助观测场 1（CWAFZ01）

　　辅助观测场 1（107°40′55″E～107°40′56.5″E，35°14′31″N～35°14′31.3″N）于 2004 年布设，面积 14m×25m。内设置一个长武农田土壤要素辅助长期观测采样地（CK）（CWAFZ01B00＿01），监测该区黄土塬面农田生态系统不施肥管理模式下，土壤要素的演变。

　　a. 观测的项目：土壤有机质、N、P、K 含量、微量元素和重金属、pH、阳离子交换量、矿质全量、机械组成、容重。

　　b. 采用"W"形布点，除容重外，每线段采 5 点混合，形成 3～6 个土壤表层或剖面样品。

　　（2）辅助观测场 2（CWAFZ02）

　　辅助观测场 2（107°40′55″E～107°40′56.2″E，35°14′30″N～35°14′30.8″N）于 2004 年布设，面积 14m×25m。内设置一个长武农田土壤要素辅助长期观测采样地（NP＋M）（CWAFZ02B00＿01），监测该区黄土塬面农田生态系统施用氮肥、磷肥和有机肥的管理模式下，土壤要素演变。

　　a. 观测的项目：土壤有机质、N、P、K 含量、微量元素和重金属、pH、阳离子交换量、矿质全量、机械组成、容重。

　　b. 采样时采用"W"形布点，除容重外，每线段采 5 点混合，形成 3～6 个土壤表层或剖面样品。

　　（3）辅助观测场 3（CWAFZ03）

　　辅助观测场 3（107°40′59.6″E～107°41′2.4″E，35°14′27.6″N～35°14′28.8″N）于 2002 年布设，面积 1 990m²。内设长武站前塬面农田土壤生物采样地（CWAFZ03ABC＿01）、长武站前塬面农田中子仪监测地（CWAFZ03CTS＿01）、长武站前塬面农田烘干法采样地（CWAFZ03CHG＿01）3 个采样地，监测塬面农田生态系统的土壤生物和水分状况：

　　a. 长武站前塬面农田土壤生物采样地（CWAFZ03ABC＿01）

　　● 生物样地：5m×5m 正方形。

　　● 土壤样地：剖面样品 1m×1m 正方形，表层样品 5m×5m 正方形。

　　● 采样方法：将面积为 20m×20m 的采样地划分为 16 个 5m×5m 的采样区。每次从 6 个采样区内随机取得 6 份样品（例如，2004 年在 C、E、G、J、L、N 区采样，图 3-7）。土壤采样时采用"W"形布点，除容重外，每线段采 5 点混合，形成 3～6 个土壤表层或剖面样品。

　　● 观测项目：土壤有机质、N、P、K 含量、微量元素和重金属、pH、阳离子交换量、矿质全量、机械组成、容重。土壤微生物生物

A	B	C	D
E	F	G	H
I	J	K	L
M	N	O	P

图 3-7　生物采样示意图

量碳、作物生育期、作物叶面积与生物量动态、作物收获期植株性状、耕层根系生物量、生物量与籽实产量、收获期植株各器官元素含量 (C、N、P、K、Ca、Mg、S、Si、Zn、Mn、Cu、Fe、B、Mo) 与能值、病虫害等。

b. 长武站前塬面农田中子仪监测地 (CWAFZ03CTS_01)

长武站前塬面农田中子仪监测地 (中心点坐标：107°41′01″E；35°14′03″N) 主要观测土壤剖面含水量。观测场内沿东北—西南方向，均匀布设 3 个中子管 (图 3-8)。每个中子管观测深度为 300cm，0～100cm 内每 10cm 一层，100cm 以下每 20cm 一层。

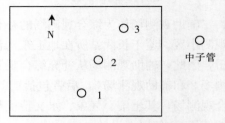

图 3-8 长武站前塬面农田中子管分布示意图

观测频度与时间：1 月、2 月和 12 月每月 3 次，分别在每月 10 日、20 日、30 日；3 月到 11 月每月 6 次，分别在每月 5 日、10 日、15 日、20 日、25 日、30 日。

c. 长武站前塬面农田烘干法采样地 (CWAFZ03CHG_01)

长武站前塬面农田烘干法采样地 (中心点坐标：107°40′29″E，35°14′24″N) 主要用于烘干法测定土壤重量含水量，以校对中子仪法结果。每次在 1 号、2 号和 3 号中子管随机选取两根，在 1m 范围内采样 (图 3-9)。

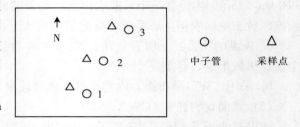

图 3-9 长武站前塬面农田烘干法采样示意图

- 观测深度：为 300cm，0～100cm 内每 10cm 一层，100cm 以下每 20cm 一层
- 观测频度：1 次/2 个月
- 采样时间：与对应的中子管测定同步。

(4) 辅助观测场 4 (CWAF204)

辅助观测场 4 (中心点坐标：107°41′57.2″E，35°12′47.6″N) 位于王东沟流域杜家坪，2002 年布设，面积 999m²，梯田形式，内设置 2 个采样地：长武杜家坪梯田农地土壤生物采样地 (CWAFZ04ABC_01)；长武杜家坪梯田农地中子仪监测地 (CWAFZ04CTS_01)，监测坡地农田生态系统的土壤生物和水分状况。

土壤为黄绵土，土壤剖面仅为耕层和母质层，无灌溉条件，地下水埋深 60～80m。建场前该地块为荒地—农田，农田按小麦→玉米轮作，畜耕为主，机耕为辅，化肥为主，但钾肥施用少。建场后按小麦—小麦→玉米轮作体系，以氮肥和磷肥为基肥，雨养为主，畜耕和机耕兼有。

a. 长武杜家坪梯田农地土壤生物采样地 (CWAFZ04ABC_01)

长武杜家坪梯田农地土壤生物采样地用于监测生物和土壤要素的变化，采样地沿梯田走向成环带分布。

- 生物样地：2m×2m 正方形。
- 土壤样地：剖面样品 1m×1m 正方形，表层样品 2m×2m 正方形。
- 观测项目：土壤有机质、N、P、K、微量元素和重金属、pH、阳离子交换量、矿质全量、机械组成、容重；作物生育期、作物叶面积与生物量动态、作物收获期植株性状、耕层根系生物量、生物量与籽实产量、收获期植株各器官元素含量 (C、N、P、K、Ca、Mg、S、Si、Zn、Mn、Cu、Fe、B、Mo) 与能值、病虫害等。

b. 长武杜家坪梯田农地中子仪监测地 (CWAFZ04CTS_01)

长武杜家坪梯田农地中子仪监测地用于测定土壤含水量，根据地形布设了 3 个中子管 (图 3-10)，2 号中子管的中心坐标：107°41′57.2″E，35°12′47.6″N。

● 观测深度：为 300cm，0～100cm 内每 10cm 一层，100cm 以下每 20cm 一层

● 观测频度：每月 3 次；

● 观测日期：每月分别于 10 日、20 日、30 日测定

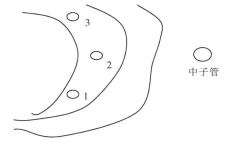

图 3-10　长武站杜家坪梯田农地中子管布设示意图

3.2.3　站区调查点（CWAZQ）

为了在区域尺度上全面了解不同农田管理模式下土壤生物生态过程的演变规律与趋势，同时验证主要长期采样地中的观测结果，在试验站周围选择耕作、轮作与主要长期采样地相似、有代表性的 3 个农户田块作为站区调查点。站区调查点的观测内容为生物和土壤养分，观测的频度与综合观测场长期采样地相同。

（1）站区调查点 1（CWAZQ01）

站区调查点 1（107°40′47.1″E～107°40′48.4″E，35°14′27.6″N～35°14′30.8″N）于 2001 年建立，面积 1 998m²，属黄土塬面农田生态系统，过渡层设计监测 20 年以上。其土壤为黑垆土，母质为黄土，土壤剖面分层为耕层、犁底层、古耕层、黑垆土层、过渡层、石灰淀积层、母质层。无灌溉条件，其地下水埋深 60～80m。设点前该地块按小麦—玉米轮作，畜耕为主，机耕为辅，前期有机肥和化肥并用，后期以化肥为主，但钾肥施用少。设点后按小麦—小麦→玉米轮作，以氮肥和磷肥为基肥，少量有机肥，机耕为主，畜耕为辅。内设长武玉石塬面农田土壤生物采样地（CWAZQ01AB0_01）。

a. 取样方法：生物采样时，在同一作物生长季节（茬）内，在同一地块设定 100 个 1m×1m 基本样方为采样区。每次从中随机抽取 6 个进行观测采样。土壤采样时采用"W"形布点，除容重外，每线段采 5 点混合，形成 3～6 个土壤表层或剖面样品。

b. 观测项目：土壤有机质、N、P、K、微量元素和重金属、pH、阳离子交换量、矿质全量、机械组成、容重；农田作物种类与产值、农田复种指数与典型地块作物轮作体系、农田主要作物肥料投入情况、农田主要作物农药、除草剂等投入情况、小麦收获期植株性状、玉米收获期植株性状、作物收获期测产。

c. 观测频度：一季作物一次。

（2）站区调查点 2（CWAZQ02）

站区调查点 2（107°40′52.9″E～107°40′54.6″E，35°14′10.7″N～35°14′17.2″N）于 2002 年建立，长方形，面积 1 332m²，属黄土塬面农田生态系统，设计监测 20 年以上。调查点基本情况同调查点 1。内设长武中台塬面农田土壤生物采样地（CWAZQ02AB0_01）。

a. 取样方法：生物采样时在同一作物生长季节（茬）内，在同一地块设定 100 个 1m×1m 基本样方作为采样区。每次从中随机抽取 6 个进行观测。土壤采样时采用"W"形布点，除容重外，每线段采 5 点混合，形成 3～6 个土壤表层或剖面样品。

b. 观测项目：土壤有机质、养分（N、P、K）、微量元素和重金属、pH、阳离子交换量、矿质全量、机械组成、容重；农田作物种类与产值、农田复种指数与典型地块作物轮作体系、农田主要作物肥料投入情况、农田主要作物农药、除草剂等投入情况、小麦收获期植株性状、玉米收获期植株性状、作物收获期测产。

c. 观测频度：一季作物一次。

（3）站区调查点 3（CWAZQ03）

站区调查点 3（107°40′43″E～107°40′50.2″E，35°14′11.6″N～35°14′12.7″N）于 2004 年建立，样地形状长方形，面积 666m²，属黄土塬面农田生态系统，设计监测年限 20 年以上。基本情况同调查点 1。内设长武枣泉塬面农田土壤生物采样地（CWAZQ03AB0_01）。

a. 取样方法：生物采样时在同一作物生长季节（茬）内，在同一地块设定 100 个 1m×1m 基本样方作为采样区。每次从中随机抽取 6 个进行观测。土壤采样时采用"W"形布点，除容重外，每线段采 5 点混合，形成 3～6 个土壤表层或剖面样品。

b. 观测项目：土壤有机质、N、P、K 含量、微量元素和重金属、pH、阳离子交换量、矿质全量、机械组成、容重。农田作物种类与产值、农田复种指数与典型地块作物轮作体系、农田主要作物肥料投入情况、农田主要作物农药、除草剂等投入情况、小麦收获期植株性状、玉米收获期植株性状、作物收获期测产。

c. 观测频度：一季作物一次。

3.2.4　综合气象要素观测场（CWAQX01）

综合气象要素观测场（107°40′59.4″E～107°41′00″E，35°14′27″N～35°14′27.5″N）于 1986 年建立，介于综合观测场和辅助观测场 1～3 之间，海拔 1 220m，样地长方形，面积 25m×20m，设计使用 100 年以上。建场前为农田，建成后按地面气象观测规范要求运行，气象观测场四周开阔，距离最近的建筑物为试验站综合楼，楼高 12m，距离气象场 90m。基本情况同综合观测场。自气象场建立以来，气象场的监测仪器设施和监测项目不断地增加和更新，目前主要的可观测项目有：辐射、大气温湿度、降水、日照时数、水面蒸发、土壤热通量、土壤温度、风速风向等。内设 7 个 CERN 采样点和观测点（图 3-11）：

（1）长武综合气象要素观测场中子仪监测地（CWAQX01CTS_01）；

（2）长武综合气象要素观测场 E601 蒸发皿（CWAQX01CZF_01）；

（3）长武综合气象要素观测场雨水采集器（CWAQX01CYS_01）；

（4）长武综合气象要素观测场土壤水观测点（CWAQX01CDX_01）；

（5）长武综合气象要素观测场小型蒸发器（CWAQX01CZF_02）；

（6）长武综合气象要素观测场人工气象观测场地（CWAQX01DRG_01）；

（7）长武综合气象要素观测场自动气象观测场地（CWAQX01DZD_01）

（1）中子仪监测地（CWAQX01CTS_01）

长武综合气象要素观测场中子仪监测地位于综

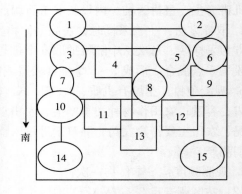

图 3-11　样地综合配置分布图
1. 人工 10m 风杆；2. 自动 10m 风杆；3. 人工雨量收集点；4. 6 米中子管点；5. 自动雨量收集点；6. 自动辐射测点；7. 小型蒸发测点；8. 干湿度百叶箱点；9. 自动土温测点；10. 人工日照测点；11. 人工土温测点；12. 冻土测点；13. 土壤水测点；14. 人工 601 蒸发测点；15. 自动 601 蒸发测点

合气象要素观测场的中部，不影响气象设施，可代表气象观测场土壤的水分状况。

a. 观测深度：600cm，0～100cm 内每 10cm 一层，100cm 以下每 20cm 一层。

b. 观测频度和观测时间：

● 1 月、2 月和 12 月每月 3 次；每月 10 日、20 日、30 日测定

● 3 月到 11 月每月 6 次，分别在 5 日、10 日、15 日、20 日、25 日、30 日测定

（2）E601 蒸发器（CWAQX01CZF_01）

长武综合气象要素观测场 E601 蒸发器（人工）位于综合气象要素观测场南侧，四周 90m 范围内无障碍物，建于 1986 年。

a. 观测项目

● 人工观测水面蒸发。

b. 观测频度

● 1 次/日（4～11 月）。

（3）雨水采集器（CWAQX01CYS_01）

长武综合气象要素观测场雨水采集器位于综合气象要素观测场东北角，四周 90m 范围内无障碍物，2003 年建立。

a. 观测项目：自动采集天然降水量，雨水水质（包括 pH，矿化度，硫酸根，非溶性物质的总含量等）。

b. 采集频度：4 次（即 1 月、4 月、7 月、10 月）/年。

c. 样品配置：月混合样。

（4）土壤水观测点（CWAQX01CDX_01）

长武综合气象要素观测场土壤水分观测点位于综合气象要素观测场的中部，2004 年建立，采用土壤溶液自动采集器采集不同层次的土壤水分，用于测定土壤水的水质。

a. 观测项目：pH、矿化度、硫酸根离子、非溶性物质总含量。

b. 采集深度：10cm、20cm、30cm、50cm、70cm、100cm、150cm。

c. 采集频度：一个生长季 3～4 次。

（5）20cm 小型蒸发器（CWAQX01CZF_02）

长武综合气象要素观测场小型蒸发器 2003 年建立，位于综合气象要素观测场的东南角，四周无障碍物。

a. 观测项目：人工观测水面蒸发量和水温。

b. 观测频度：1 次/日。

c. 观测时间：每日 20：00，月份为 1 月、2 月、3 月、12 月。

（6）人工气象观测场地（CWAQX01DRG_01）

长武综合气象要素观测场人工气象观测场地 1986 年建立。

a. 观测项目：气压、干球温度、湿球温度、相对湿度、风向、风速、地表温度、日照时数。

b. 观测频度：日照时数 1 次/小时，其余项目 3 次/日。

c. 观测时间：8：00；14：00；20：00。

（7）自动气象观测场地（CWAQX01DZD_01）

长武综合气象要素观测场自动气象观测场地 1998 年建立。

a. 观测项目：气温、空气相对湿度、大气压、海平面气压、水气压、露点温度、风速、风向、降雨量、地表温度、不同土层的土壤温度、太阳辐射等。

b. 观测频度：1 次/时

观测项目：气温、空气相对湿度、大气压、海平面气压、水气压。

3.2.5 站区水样采集点

站区水样采集点是以长武站所在的王东沟流域为中心布设，定期进行地表水、地下水水质及地下水水位的监测，以及不定期的同位素测定，并配合前述雨水水质和水量、土壤水水质的观测，以全面了解流域水资源状况。常规水样采集点主要有：井水观测点（CWAFZ10CDX_01）；泉水观测点（CWAFZ11CDX_01）；黑河水观测点（CWAFZ12CDB_01）

（1）井水观测点（CWAFZ10CDX_01）

井水观测点（107°40′59.2″E，35°14′32.6″N）于 2003 年建立，设计使用 100 年以上，建井前该地块为果园。主要用于监测地下水水质和水位状况。

a. 观测项目：

● 地下水水位

● 地下水水质：pH、水温、钙离子、镁离子、钾离子、钠离子、碳酸根离子、重碳酸根离子、氯化物、硫酸根离子、磷酸根离子、硝酸根离子、矿化度、化学需氧量、总氮、总磷。

b. 观测频度：

● 地下水水位：1次/日；

● 地下水水质：4次/年，1月、4月、7月、10月的18日采样。

（2）泉水观测点（CWAFZ11CDX）

长武泉水观测点（107°41′20.5″E，35°14′32.2″N）位于王东沟沟头。在沟头有几处较大的地下水出露点，是附近居民主要生活用水水源。有三处较大的出露点因其供村民组生活用水而命名为二组泉水、三组泉水和四组泉水。2003年将三组泉水设置为长武泉水观测点，2004年启动水质监测，2007年增设四组泉水为泉水观测点，均按长期观测使用设计。两个泉水观测点对应的CERN采样点名称（代码）分别为长武三组泉水观测点（CWAFZ11CDX_02）和长武四组泉水观测点（CWAFZ11CDX_01）。

a. 测定项目：pH、水温、钙离子、镁离子、钾离子、钠离子、碳酸根离子、重碳酸根离子、氯化物、硫酸根离子、磷酸根离子、硝酸根离子、矿化度、化学需氧量、总氮、总磷。

b. 测定频度：4次/年，1月、4月、7月、10月的18日采样。

（3）黑河水观测点（CWAFZ12CDB_01）

长武黑河水观测点（107°42′7.9″E，35°12′16.2″N）位于王东沟流域沟道径流与黑河水交汇处下游100m河流断面处处（图3-12），于2003年设立，按使用100年以上设计。平水期河宽约为10～20m（图3-12）。

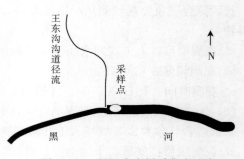

图3-12　黑河水水样采集点示意

a. 测定项目：pH、水温、钙离子、镁离子、钾离子、钠离子、碳酸根离子、重碳酸根离子、氯化物、硫酸根离子、磷酸根离子、硝酸根离子、矿化度、化学需氧量、总氮、总磷。

b. 测定频度：4次/年，1月、4月、7月、10月的18日采样。

3.2.6　长期定位试验与大型观测设施

包括水分养分平衡与作物效应试验场、塬面农田水土流失观测场、深剖面土壤水热运动观测场、保护性耕作试验场、小麦优良品种选育试验场、旱塬农田生态系统长期定位试验场（即长期轮作施肥定位试验场与长期肥料定位试验场）、坡地植被与水土流失关系观测场、小流域径流泥沙把口观测站、雨水、土壤水、井水、泉水、河水监测网、通量与辐射观测系统等。下面主要就旱塬农田生态系统长期定位试验场和通量与辐射观测系统加以介绍。

（1）旱塬农田生态系统长期定位试验场

旱塬农田生态系统长期定位试验场位于陕西省长武县城关西2.5km的十里铺村南1km旱塬上，1984年由李玉山与彭琳两位研究员设计建造。塬面平坦宽阔，海拔1 200m，黄土堆积深厚，土壤亚类为黄盖粘黑垆土。

当地主要作物为冬小麦，占粮播面积70%～80%，其次为玉米，其他作物比例很小。

a. 试验目的

研究旱地农田生态系统高产、水分养分平衡循环和可持续发展的理论和技术体系。

b. 研究内容

不同轮作与施肥方式下农田生态系统的结构、功能及生产力演变过程；土壤物理、化学和生物性质的时空变化规律及其环境效应；农田水分、养分平衡，与作物产量的关系及其调控途径。

c. 监测项目

作物产量及其构成要素；土壤水分、养分和生物要素等。

d. 轮作施肥试验设计

本试验包括不同轮作与不同施肥 2 个系统，及裸地处理（对照）1 个（图 3-13）。

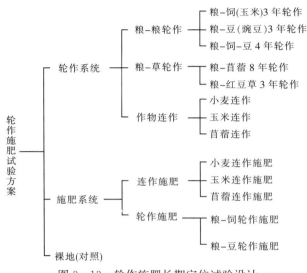

图 3-13　轮作施肥长期定位试验设计

　　试验处理数共计 36 个。重复 3 次，共有 108 个小区。小区长 10.26m，宽 6.5m，面积为 66.67m²。小区间距 0.5m，区组间距 1m，四周留走道各 1m。全试验区（不含保护行）长 127.5m，宽 68.56m，占地 8 741m²。采用多次重复法排列。

　　各类作物施用化肥与厩肥的种类与数量均按试验方案设计实施，于作物播种前撒施地表，翻入土中。试验所用厩肥为不含土或含土甚少的奶牛圈粪或农户厩肥，氮素化肥为尿素，磷肥为三料磷肥或过磷酸钙（含 P_2O_5 12%～14%），土壤喷散 3911 或 1605 农药进行消毒灭菌，防治地下害虫。作物栽培技术与管理措施与一般大田同。

　　e. 肥料试验设计

　　本试验为小麦连作肥料定位试验。供试养分因子有 N、P、K、B、Zn、Mn、Cu 7 个。其中 N 与 P 不同配比处理（按不完全设计方法设计）17 个，K 肥处理 1 个，B、Zn、Mn、Cu、PK（磷酸二氢钾）及对照处理 6 个，共 24 个处理（表 3-3）。重复三次，共有小区 72 个。小区面积 5.5m×4m。小区间距 0.5m，区组间距 1.0m。试验地长度 82.5m，宽 27m，占地 0.22hm²。氮、磷、钾肥均作基肥于播前撒入地表，翻入土中。氮肥和磷肥类型同轮作试验，钾肥为硫酸钾。微肥分别用硼砂、硫酸锌、硫酸锰和硫酸铜，用量分别为硼砂 11.25kg/hm²、$ZnSO_4 \cdot 7H_2O$ 15.00kg/hm²、$MnSO_4 \cdot H_2O$ 22.50kg/hm²、$CuSO_4$ 15.00kg/hm²。微肥均采用土施法，随播种条施入播种沟中。

表 3-3　长武肥料定位试验方案

单位：kg/hm²

处理号	1	2	3	4	5	6	7	8	9	10	11	12
N	0	0	0	45	45	45	90	90	90	90	90	135
P_2O_5	0	90	180	45	90	135	0	45	90	135	180	45
K_2O	0	0	0	0	0	0	0	0	0	0	0	0

（续）

处理号	13	14	15	16	17	18	19	20	21	22	23	24
N	135	135	180	180	180	90	60	60	60	60	60	60
P₂O₅	90	135	0	90	180	90	60	60	60	60	60	60
K₂O 或微肥	0	0	0	0	0	90	0	PK	B	Zn	Mn	Cu

f. 试验年份

1984 年至今。

（2）辐射与通量观测系统

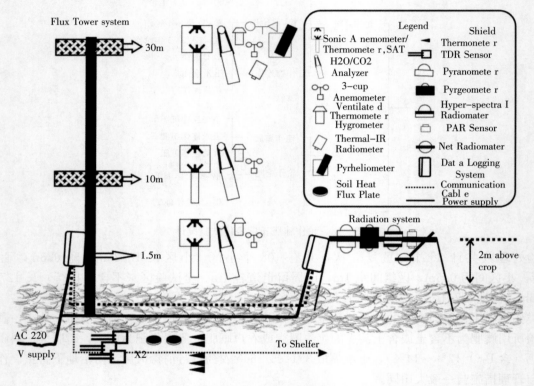

图 3-14　辐射与通量观测系统仪器配置空间示意图

表 3-4　辐射与通量观测系统仪器名称、安装高度/深度及频率

层次	仪　器	安装高度/深度	数据频率
30m 部分	超声波风速计/温度计（ultrasonic anemometer-thermome-ter.1210R3，Gill Instruments，Ltd.，UK）	31.75m	10 Hz
	红外 CO₂/H₂O 分析仪（infrared CO₂/H₂O gas analyzer. Li-7500，Li-cor，USA）	31.75m	10Hz
	三杯风速计（3-Cup Anemometer）	31.45m	次/30min
	风向标（Wind Direction Sensor）	31.57m	次/30min
	温湿计（HUMICAP，Vaisala）	30.97m	次/30min
	红外温度计（Infrared Thermometer）	31.23m	次/30min
10m 部分	超声波风速计/温度计	12.17m	10Hz
	CO₂/H₂O 分析仪	12.17m	10Hz
	三杯风速计	11.92m	次/30min
	温湿计	10.52m	次/30min

（续）

层次	仪　　　器	安装高度/深度	数据频率
2m 部分	超声波风速计/温度计	1.86m	10Hz
	CO_2/H_2O 分析仪	1.86m	10Hz
	三杯风速计	1.65m	次/30min
	温湿计	1.90m	次/30min
	红外温度计（5个）	2m，35m，1m（东南西北方向各一个）	次/30min
	气压计（Barometer）	2.00m	10Hz
地下部分	土壤热通量板（2个）	5，5cm	次/30min
	土壤温度探头（5个）	2，10，20，40，80cm	次/30min
	土壤湿度探头（TDR，6个）	2，2，10，20，40，80cm	次/30min
辐射部分	长波、短波、净辐射（CM21，Kipp & Zonen，Inc.，USA）、PAR（Li-190F，LiCor Inc.，USA），上下共8个	2.5m	次/30min
	分光光谱计（SpectroRadiometer，EKO，MS-700）向上向下各一个	2.5m	次/5min
	太阳直射计（Direct Solar Radiation）	0.5m	次/30min
降雨	翻斗式雨量计（Tipping Bucket Rain Gauge）	0.4m	次/30min

涡度相关观测，由三维超声风温计、红外开路 CO_2/H_2O 气体分析仪和气压计组成，分别用于快速测定垂直脉动风速和脉动温度、空气中水汽含量脉动和 CO_2 浓度的脉动量，通过高速采集器（CR5000，Campbell Scientific，Inc.，USA）进行数据采集和存储，以计算获得水热、CO_2 通量。为了尽量减小通量塔对开路涡度相关系统空气动力学干涉作用，将超声风温计和 CO_2/H_2O 安装在 1m 长的伸展臂上，并尽可能垂直于长武站盛行风的方向。

常规气象要素观测，包括辐射部分和空气温度/湿度、风速/风向、降水量、土壤温度/湿度、土壤热通量等。辐射部分都保持水平，面向天空或地表。利用 CR10X 数据采集器（Campbell Scientific）采集并储存。运行时间：1m 高度的四个红外温度计开始于 2004 年 12 月；10Hz 数据仪器开始于 2004 年 9 月；其他仪器开始于 2004 年 5 月。

3.3　观测方法

3.3.1　生物要素观测方法

（1）农田作物种类与产值

在每季农作物播种时记录监测样地中种植的农作物品种、播种量、播种日期，在每季农作物收获后，调查种植面积、产量、投入与产出情况。

（2）农田复种指数与典型地块作物轮作体系

以一年为一个时间段，记录在一块土地面积上所有农作物的种植面积，由各种作物种植面积之和除以地块面积计算复种指数。同时，记录地块的轮作方式。

（3）农田主要作物肥料投入情况

在作物播种前及生育期内，详细记录单位面积农田的施肥量、肥料名称、施用方式，根据所购肥料标识的含氮量、含磷量、含钾量，计算每公顷肥料所折合的纯氮量、纯磷量、纯钾量。

（4）农田主要作物农药、除草剂等投入情况

每次施用农药、除草剂后，详细记录所施制剂的制剂类别、制剂名称、每种制剂的主要成分、制剂施用时间、施用方式、施用量、农作物施药的时期。

（5）小麦生育动态

生育期确定，根据往年的相应生育期，确定当年种植的农作物大致的生育期，在大致确定的生育

期前后各 15 天范围内，早、晚分别观测一次，当群体植株中 50% 或更多数量的植株显现相应的生育特征时，确定为相应生育时期。

小麦的具体观测期为：播种期、出苗期、三叶期、分蘖期、返青期、拔节期、抽穗期、蜡熟期、收获期。

（6）作物叶面积与生物量动态

在监测地生物采样区中随机选择生长均匀的 4 块样方，每块样方在测定前用样方框（1m×1m）框定，用钢卷尺多点测定选定样方内的植株的高度，然后取平均值，确定每块样方内的植株群体株高；在采集样株前先确定选定样方内植株密度，然后用剪刀平贴地面剪切 20 株小麦样株或者 4 株玉米样株，将采集的样株分别装入贴有相应标签标注的采样袋；在实验室中先称量植株的地上部总鲜重，再测定所采集植株的叶面积。随后将植株装入贴有相应标签标注的样品袋中，放入烘箱，先在 105℃ 下杀青 30 分钟，然后在 65℃ 下持续烘至恒重止，称量植株地上部分总干重，并将植株茎、叶分离，分别称量茎干重和叶干重。

（7）作物根系生物量

在每季小麦生长的抽穗期、收获期，在每季玉米生长的抽雄期及收获期测定根生物量。农作物根系分布的调查每 5 年进行一次，在玉米及小麦的收获期分别进行测量。

小麦根生物量调查：在生物采样区选取 6 块植株生长较一致的样方（6 重复），每个样方采集深度为耕层 0~20cm，水平面积为 30cm×30cm（包括两行小麦在内）。首先清除地表的枯枝落叶及其它杂质，再采集植株根样，将采集到的样品装入自封袋内，编号，带回实验室，放入细筛中用水轻轻冲洗，将冲洗干净的根样放在通风干燥处晾干，在 65℃ 度下烘至恒重，称重。记录根干重数据，计算占总根（指 0~100cm 内总根量）干重的比率。

玉米根生物量调查：在生物采样区选取 6 块（6 重复）植株生长均匀，株行距较一致的地方，按照平均植株密度（n/m²）取整数选取玉米株数确定样方（测定结果再换算成单位面积 m²），采集样方内 0~20cm 耕层中的所有植株根系，将采集的根系装入自封袋内，编号，带回实验室，放入细筛中用水轻轻冲洗，将冲洗干净的根样放在通风干燥处晾干，在 65℃ 度下烘至恒重，称重。记录根干重数据。

小麦根系分布：在生物采样区选取 6 块植株生长较一致的样方，首先清除土壤表层的枯枝落叶与杂质，用直径 10cm 的根样钻在植株行间、株间、与行相切处分别采集深度为 0~100cm 范围内的植株根样品。将采集到的样品装入自封袋内，编号，带回实验室，放入细筛中用水轻轻冲洗，将冲洗干净的根样放在通风干燥处晾干，在 65℃ 度下烘至恒重，称重。记录各深度的根干重，并计算其占总根干重的比率。

（8）小麦收获期植株性状

在小麦收获期，在生物采样区选取 6 块植株生长较一致的样方（1m×1m），用 1m×1m 的样方框框定所选植株，测量每块样方中植株群体株高，计数每块样方中植株的密度，然后在每个选定的样方中选取 20 株植株，齐地收割后编号，装入样品袋中带入实验室分析每株小麦的穗数、每穗小穗数、每穗结实小穗数、每穗粒数、千粒重。

（9）作物收获期测产

小麦收获期测产，在样地生物采样区内选取 6 块生长较均匀的小麦样方（1m×1m），先计算每个样方的小麦株数，然后将每个样方的小麦齐地收割，装入样品袋，并编号。带回实验室后计数得到穗数数据，然后将小麦穗脱粒，将小麦籽粒在 65℃ 下烘至恒重，估算出小麦产量。

玉米收获期测产，在样地内选取 6 块生长较均匀的玉米样方（1m×1m），先计算每个样方的植株数量，然后将每个样方中的植株齐地收割，并编号。带回实验室后将玉米棒子脱粒，将玉米籽粒在 65℃ 下烘至恒重，估算出玉米产量。

（10）农田作物元素含量与能值

玉米及小麦收获时，除采集地上生物样品外，也采集耕层根系样品。分别将玉米及小麦的茎叶、根、籽粒分离并粉碎。分别测量植株茎叶、根、籽粒中的全氮、全碳、全磷、全钾。每隔 5 年对植株茎叶、根、籽粒中的全氮、全碳、全磷、全钾、全硫、全钙、全铁、全镁、全锰、全铜、全锌、全钼、全硼、全硅、热值、灰分进行一次测量。

3.3.2　土壤要素观测方法

土壤要素监测项目包括土壤有机质、N、P、K 含量、微量元素和重金属、pH、阳离子交换量、矿质全量、机械组成、容重。在土壤要素观测过程中，要从"土壤采样—标签记录—样品处理—样品分析—数据整理"五个环节按照操作规程做好观测工作。

采样方法：在作物收获后，根据每个采样地的形状、大小和类型的不同，适时采集表层和剖面土壤样品。表层土壤样品采集是按不同采样地的设计和采样规范，对于农化样品，在确定的采样区，一般采用"W"型布点，每线段采 5 点混合，形成 3～6 个土壤表层样品。剖面土壤样品采取土壤多点打钻，同一层次土样样品混合形成分层样品。

标签记录：做好野外采样记录是土壤监测的基础。样品标签要准确标注采样时间、采样地点、采样深度、作物、采样人等信息，为以后的实验室分析和数据整理提供基本背景信息和分析条件。

样品处理：常规土壤样品的处理时，将采集的土样风干后，采取四分法将样品分为有代表性的两部分，分别过 2mm 和 0.25mm 筛，充分混匀后装入纸袋中，在纸袋外写明编号、采样时间、采样地点、采样深度等项目，存放在站内样品室，以备用作理化分析。个别项目测定需要新鲜土壤样品，如矿质氮的测定。这部分样品一般需要采集到塑料自封袋中，按上述方法做好采样记录和标签记录，采集完成后迅速拿回实验室中，并保存在 4℃ 冷藏箱中，尽快分析测定。用于微量元素和重金属分析的样品处理要选择木棒研磨、不同粒径的尼龙筛过筛。

样品分析：在实验室里，按照《中国生态系统研究网络观测与分析标准方法：土壤理化分析与剖面描述》，或《土壤农业化学常规分析方法》中有关项目的分析测定方法严格进行理化分析。

数据整理：按照土壤分中心的年度土壤监测数据上报说明和数据上报模板整理数据文档、分析方法、观测数据和质量评价信息。

3.3.3　水分要素观测方法

（1）水量要素观测方法

a. 土壤水分

● 中子仪法

观测日期：12 月～次年 3 月第 10 日、20 日和 30 日观测（2 月份于月末测定）；4 月～11 月第 5 日、10 日、15 日、20 日、25 日和 30 日观测。

观测场地：①综合观测场中子仪监测地；②站前塬面农田中子仪监测地；③综合气象要素观测场中子仪监测地；④杜家坪梯田农地中子仪监测地

仪器设备名称：CNC503DR 型中子土壤水分仪

● 烘干法

观测日期：双月月末观测

观测场地：①综合观测场烘干法采样地；②站前塬面农田烘干法采样地

仪器设备名称：土钻，烘箱，铝盒，电子天平

b. 地下水位

观测日期：连续观测

观测场地：井水观测点

仪器设备：自记式水位计

c. 水面蒸发

● 自动观测

观测日期：3 月 15 日～11 月 30 日 连续自动观测

观测场地：综合气象要素观测场 E601 蒸发皿

仪器设备：自动 E601

● 人工观测

观测日期：3 月 15 日～11 月 30 日 每日 20：00 时

观测场地：综合气象要素观测场 E601 蒸发皿

观测设备：人工 E601

● 小型蒸发皿（20cm）

观测日期：12 月 1 日～次年 3 月 15 日 每日 20：00 时

观测场地：综合气象要素观测场小型蒸发器

观测设备：小型蒸发皿

d. 地表蒸发

● 大型蒸渗仪法

观测日期：逐日连续自动观测

观测场地：蒸渗仪观测点

观测设备：大型蒸渗仪

● 水量平衡法

观测日期：同土壤含水量中子仪法的观测日期

观测场地：综合观测场中子仪监测地；长武站前塬面农田中子仪监测地

观测设备：CNC503DR 中子土壤水分仪

e. 土壤物理性质及主要水分常数

观测频度：1 次/5 年

观测场地：综合气象要素观测场

观测项目：容重、孔隙度、田间持水量、萎蔫系数、饱和含水量、水分特征曲线

（2）水质要素观测方法

a. 地表水

采样时间：每月中旬

采样点的布设：四组泉水观测点；三组泉水观测点；黑河水观测点

样品的分析指标：水温、pH、钙离子、镁离子、钾离子、钠离子、碳酸根离子、重碳酸根离子、氯离子、硫酸根离子、磷酸根离子、硝酸根离子、矿化度、化学需氧量、水中溶解氧、总氮、总磷、电导率。

分析时间：采样时测定水温、pH，其余指标按规定将样品送实验室分析。

b. 地下水

采样时间：每月中旬

采样点的布设：井水观测点

样品的分析指标：水温、pH、钙离子、镁离子、钾离子、钠离子、碳酸根离子、重碳酸根离子、氯离子、硫酸根离子、磷酸根离子、硝酸根离子、矿化度、化学需氧量、水中溶解氧、总氮、总磷、电导率。

分析时间：采样时测定水温、pH，其余指标按规定将样品送实验室分析。

c. 土壤水（溶液）

采样时间：雨季

采样点的布设：综合气象要素观测场土壤水观测点

样品的分析指标：水温、pH、矿化度、硫酸根离子、非溶性物质总含量。

分析时间：采样时测定水温、水质表现性质、pH，其余指标按规定将样品送实验室分析。

d. 雨水

采样时间：降水日

采样点布设：综合气象要素观测场雨水采集器

样品分析指标：水温、pH、矿化度、硫酸根离子、非溶性物质总含量。

样品采集方法：全年采集雨水，按月配置混合样，取1月、4月、7月、10月混合样分析或每月分析。

分析时间：采样时测定水温、pH，其余指标按规定将样品送实验室分析。

3.3.4　气象要素观测方法

（1）观测

人工观测方法为：每日8：00、14：00和20：00时对大气温度、湿度、气压、降水、天气状况、风速风向、地表温度、水面蒸发、日照时数等气象要素进行人工记录观测，并按照《生态系统大气环境观测规范》（2007年，中国环境科学出版社）中的要求填写观测记录。人工观测仪器于2004—2007年间完成标定。

自动气象要素观测主要是利用各类传感器记录气象要素变化，数据采集系统定时采集传感器信号，并转换成气象要素观测值。自动气象观测系统于1998年建立；2005年，自动气象观测系统升级为芬兰Vaisala公司生产的"Milos520"系统。自动观测仪器分别于2006年8月和2008年10月两次对仪器进行标定。

长武站气象观测仪器型号及观测项目见表3-5。

表3-5　长武站气象观测项目及相应仪器型号

观测项目	仪器型号	开始观测时间	观测方式
总辐射	CM6B	2006-08-15	自动
紫外辐射	CUV3	2006-08-15	自动
反射辐射	CM6B	2006-08-15	自动
光合有效辐射	LI-1905Z	2006-08-15	自动
净辐射	QMN101	2006-08-15	自动
风速风向	WAA151	2004-09-04	自动
温度	HMP45D	2006-08-15	自动
相对湿度	HMP45D	2006-08-15	自动
降水	RG13	2004-09-04	自动
气压	DPA501	2006-08-15	自动
气压表	YM3	2004-09-20	人工
干湿球温度表	WOG-11	2004-09-20	人工
毛发湿度	HM4	2004-09-20	人工
最高温度	WOG-13	2004-09-20	人工
最低温度	WOG-18	2004-09-20	人工
风速	EL	2004-09-20	人工
日照	FJ2	2004-09-20	人工

（续）

观测项目	仪器型号	开始观测时间	观测方式
雨（雪）量器	SMI-A	2004-09-20	人工
地面温度	WOG-15	2007-05-15	人工
地面最高温度	T05-473	2007-05-15	人工
地面最低温度	WOG-18	2007-05-15	人工
冻土器	TB-1	2004-09-20	人工

自动气象系统观测时间频率见表3-6。

表3-6　观测项目的时间频率

时间频率	北京时	地平时	
频率	1/h	1/h	1/24h
观测项目	气压、气温、湿度、风向、风速、地表温度、地温及各要素极值和出现时间。降水、土壤热通量	总辐射、反射辐射、净辐射、光合有效辐射、紫外辐射（UV）、辐射时曝辐量；辐射辐照度及其极值、出现时间、时日照时数	辐射日曝辐量、辐射日最大辐照度及出现时间、日日照时数

（2）数据处理

自动气象数据是利用生态气象站软件进行远程下载，然后利用CERN大气分中心提供的生态气象报表程序对原始二进制数据进行自动统计和处理，生成规范的统计报表。然后将人工气象数据拷贝到规范报表中，利用该程序对自动和人工气象要素数据进行统计和检查。最后在气象报表的基础上，对气象数据进行质量控制和评价，注明数据的等级和完好程度，提交给CERN大气分中心。气象数据处理的详细方法参见《生态系统大气环境观测规范》（2007年，中国环境科学出版社）第四章自动气象观测和第五章"Milos520"自动气象站。

（3）质量控制

按照《生态系统大气环境观测规范》（2007，中国环境科学出版社）中的气象观测规范和要求，对气象数据观测、质量控制、数据检查和上报等环节进行质量控制，具体如下：

a. 气象观测场和仪器维护

控制气象场内及周围环境，定期清洁、维护和更换自动和人工气象观测仪器及线缆，填写气象仪器维护记录。

b. 气象数据读取和下载

按照要求，正确读取气象要素观测值，并记录。定期下载自动气象数据，检查分析自动气象仪器是否正常工作。

c. 气象数据处理

利用CERN分中心提供的气象报表处理程序，对原始气象数据进行检查，形成规范的气象报表。对于部分缺失的数据进行线性插值处理，并填写数据质量控制表。

3.3.5　社会经济要素观测方法

社会经济要素观测分为抽查和普查，抽查主要针对诸如粮食单产、生产投入、生活消费等指标，普查主要针对通过农户抽查获得的资料不具有代表性的指标，比如工副业收入、村办企业、劳务输出等。抽查分两种情况：农户长期定位监测户和典型户不定期调查，该种调查设有农户定位监测表。普查也分为两种情况：对村、组干部访问和所有农户调查。

第四章 ⬚⬚⬚⬚⬚⬚⬚⬚⬚⬚⬚⬚⬚⬚⬚⬚⬚⬚⬚⬚⬚⬚⬚

长 期 监 测 数 据

4.1 生物监测数据

4.1.1 农田作物种类与产值

（1）综合观测场

表 4-1 综合观测场土壤生物采样地农田作物种类与产值

作物类别：粮食作物；作物名称：冬小麦

年份	作物品种	播种量 （kg/hm²）	播种面积 （hm²）	占总播比率 （%）	单产量 （kg/hm²）	直接成本 （元/hm²）	产值 （元/hm²）	备注
2008	长旱 58	143	0.26	100	4 020	1 431	7 236	产值根据当地、当年
2006	长武 89134	150	0.26	100	5 233	1 500	7 850	农作物售价计算
2005	长武 89134	150	0.26	100	5 450	—	8 175	
2003	长武 89134	150	0.26	100	3 470	—	3 817	
2002	长武 89134	—	—	—	3 954	—	3 927	
2001	长武 89134	—	—	—	3 890	—	4 279	

表 4-2 综合观测场土壤生物采样地农田作物种类与产值

作物类别：粮食作物；作物名称：春玉米

年份	作物品种	播种量 （kg/hm²）	播种面积 （hm²）	占总播比率 （%）	单产 （kg/hm²）	直接成本 （元/hm²）	产值 （元/hm²）	备注
2007	沈丹 10	37.5	0.26	100	7 653	2 300	11 174	产值根据当地、当年
2004	金穗 2001	37.5	0.26	100	10 081	1 500	9 476	农作物售价计算
2000	中单 2 号	—	0.26	100	7 330	—	6 964	

（2）辅助观测场

表 4-3 站前塬面农田土壤生物采样地农田作物种类与产值

作物类别：粮食作物；作物名称：冬小麦

年份	作物品种	播种量 （kg/hm²）	播种面积 （hm²）	占总播比率 （%）	单产 （kg/hm²）	直接成本 （元/hm²）	产值 （元/hm²）	备注
2007	长武 89134	150	0.16	100	2 242	1 500	3 364	产值根据当地、当年
2006	长武 89134	150	0.16	100	—	2 300	—	农作物售价计算
2004	长武 89134	150	0.20	100	3 317	—	5 440	
2002	长武 89134	—	0.20	100	3 812	—	4 193	
2001	长武 89134	—	0.20	100	3 066	—	3 373	
2000	长武 89134	—	0.20	100	3 255	—	3 092	
1999	长武 89134	—	0.20	100	3 071	—	2 917	

表4-4 杜家坪梯田农地土壤生物采样地农田作物种类与产值

作物类别：粮食作物；作物名称：冬小麦

年份	作物品种	播种量 (kg/hm²)	播种面积 (hm²)	占总播比率 (%)	单产 (kg/hm²)	直接成本 (元/hm²)	产值 (元/hm²)	备注
2008	长武89134	158	0.10	100	2 071	1 531	3 728	产值根据当地、当年
2007	长武89134	158	0.10	100	1 525	2 500	2 288	农作物售价计算
2006	长武89134	188	0.10	100	3 998	—	5 998	
2005	长武89134	188	0.10	100	2 803	—	4 205	
2004	长武89134	188	0.10	100	4 138	—	6 786	

表4-5 站前塬面农田土壤生物采样地农田作物种类与产值

作物类别：粮食作物；作物名称：春玉米

年份	作物品种	播种量 (kg/hm²)	播种面积 (hm²)	占总播比率 (%)	单产 (kg/hm²)	直接成本 (元/hm²)	产值 (元/hm²)	备注
2008	沈丹10	38	0.16	100	7 867	1 500	9 440	产值根据当地、当年
2005	金穗2001	38	0.16	100	10 645	2 300	11 710	农作物售价计算
2003	金穗2001	30	0.20	100	11 600	—	11 020	
1998	单优13	—	0.20	100	10 600		10 070	

（3）站区调查点

表4-6 玉石塬面农田土壤生物采样地农田作物产量与产值

作物类别：粮食作物；作物名称：冬小麦

年份	作物品种	播种量 (kg/hm²)	播种面积 (hm²)	占总播比率 (%)	单产 (kg/hm²)	直接成本 (元/hm²)	产值 (元/hm²)	备注
2008	8734	150	0.20	100	3 657	—	6 583	产值根据当地、当年
2007	长武89134	135	0.20	100	3 156	2 100	4 733	农作物售价计算
2006	9934	150	0.20	100	4 800	—	7 200	
2005	9934	150	0.20	100	5 300	—	7 950	
2004	8734	150	0.20	100	5 250	—	8 610	

表4-7 中台塬面农田土壤生物采样地农田作物产量与产值

作物类别：粮食作物；作物名称：冬小麦

年份	作物品种	播种量 (kg/hm²)	播种面积 (hm²)	占总播比率 (%)	单产 (kg/hm²)	直接成本 (元/hm²)	产值 (元/hm²)	备注
2008	长武89134	150	0.10	100	5 694	1 561	10 249	产值根据当地、当年
2007	9939	150	0.10	100	2 167	1 500	3 250	农作物售价计算
2006	长武89134	166	0.10	100	5 820	1 500	8 730	
2003	长武89134	150	0.10	100	2 828	—	3 111	

表4-8 枣泉塬面农田土壤生物采样地农田作物产量与产值

作物类别：粮食作物；作物名称：冬小麦

年份	作物品种	播种量 (kg/hm²)	播种面积 (hm²)	占总播比率 (%)	单产 (kg/hm²)	直接成本 (元/hm²)	产值 (元/hm²)	备注
2007	长武89134	150	0.07	100	2 033	2 300	3 050	产值根据当地、当年
2006	长武89134	173	0.07	100	4 833	—	7 250	农作物售价计算
2005	长武89134	173	0.07	100	4 756	—	7 134	
2004	长武89134	173	0.07	100	4 725	—	7 749	

表 4 - 9 枣泉塬面农田土壤生物采样地农田作物产量与产值

作物类别：油料作物；作物名称：油菜

年份	作物品种	播种量 （kg/hm²）	播种面积 （hm²）	占总播比率 （%）	单产 （kg/hm²）	直接成本 （元/hm²）	产值 （元/hm²）	备注
2008	秦油 2 号	5	0.07	100	2 250	1 200	9 900	产值根据当地、当年 农作物售价计算

表 4 - 10 中台塬面农田土壤生物采样地农田作物种类与产值

作物类别：粮食作物；作物名称：春玉米

年份	作物品种	播种量 （kg/hm²）	播种面积 （hm²）	占总播比率 （%）	单产 （kg/hm²）	直接成本 （元/hm²）	产值 （元/hm²）	备注
2004	农大 3138	38	0.10	100	12 000	1 500	11 280	产值根据当地、当年 农作物售价计算

4.1.2 农田复种指数与典型地块作物轮作体系

（1）综合观测场

表 4 - 11 综合观测场土壤生物采样地农田复种指数与典型地块作物轮作体系

年份	农田类型	复种指数（%）	轮作体系	当年作物
2008	塬面旱地	100	冬小麦—冬小麦—冬小麦	冬小麦
2007	塬面旱地	100	冬小麦→春玉米—冬小麦	春玉米
2006	塬面旱地	100	冬小麦—冬小麦→春玉米	冬小麦
2005	塬面旱地	100	春玉米—冬小麦—冬小麦	冬小麦
2004	塬面旱地	100	冬小麦→春玉米—冬小麦	春玉米
2003	塬面旱地	100	冬小麦—冬小麦→春玉米	冬小麦
2002	塬面旱地	100	冬小麦—冬小麦—冬小麦	冬小麦
2001	塬面旱地	100	冬小麦—冬小麦—冬小麦	冬小麦
2000	塬面旱地	100	冬小麦→春玉米—冬小麦	春玉米
1999	塬面旱地	100	冬小麦—冬小麦→春玉米	冬小麦
1998	塬面旱地	100	冬小麦—冬小麦—冬小麦	冬小麦

（2）辅助观测场

表 4 - 12 站前塬面农田土壤生物采样地农田复种指数与典型地块作物轮作体系

年份	农田类型	复种指数（%）	轮作体系	当年作物
2008	塬面旱地	100	冬小麦→春玉米—冬小麦	春玉米
2007	塬面旱地	100	冬小麦—冬小麦→春玉米	冬小麦
2006	塬面旱地	100	春玉米—冬小麦—冬小麦	冬小麦
2005	塬面旱地	100	冬小麦→春玉米—冬小麦	春玉米
2004	塬面旱地	100	春玉米—冬小麦→春玉米	冬小麦
2003	塬面旱地	100	冬小麦→春玉米—冬小麦	春玉米
2002	塬面旱地	100	冬小麦—冬小麦→春玉米	冬小麦
2001	塬面旱地	100	冬小麦—冬小麦—冬小麦	冬小麦
2000	塬面旱地	100	冬小麦—冬小麦—冬小麦	冬小麦
1999	塬面旱地	100	春玉米—冬小麦—冬小麦	冬小麦
1998	塬面旱地	100	冬小麦→春玉米—冬小麦	春玉米

表 4 - 13　杜家坪梯田农地土壤生物采样地农田复种指数与典型地块作物轮作体系

年份	农田类型	复种指数（%）	轮作体系	当年作物
2008	坡梯田	100	冬小麦—冬小麦—冬小麦	冬小麦
2007	坡梯田	100	冬小麦—冬小麦—冬小麦	冬小麦
2006	坡梯田	100	冬小麦—冬小麦—冬小麦	冬小麦
2005	坡梯田	100	冬小麦—冬小麦—冬小麦	冬小麦
2004	坡梯田	100	冬小麦—冬小麦—冬小麦	冬小麦

（3）站区调查点

表 4 - 14　玉石塬面农田土壤生物采样地农田复种指数与典型地块作物轮作体系

年份	农田类型	复种指数（%）	轮作体系	当年作物
2008	塬面旱地	100	冬小麦—冬小麦—冬小麦	冬小麦
2007	塬面旱地	100	冬小麦—冬小麦—冬小麦	冬小麦
2006	塬面旱地	100	冬小麦—冬小麦—冬小麦	冬小麦
2005	塬面旱地	100	冬小麦—冬小麦—冬小麦	冬小麦
2004	塬面旱地	100	冬小麦—冬小麦—冬小麦	冬小麦

表 4 - 15　中台塬面农田土壤生物采样地农田复种指数与典型地块作物轮作体系

年份	农田类型	复种指数（%）	轮作体系	当年作物
2008	塬面旱地	100	冬小麦—冬小麦—冬小麦	冬小麦
2007	塬面旱地	100	冬小麦—冬小麦—冬小麦	冬小麦
2006	塬面旱地	100	冬小麦—冬小麦—冬小麦	冬小麦
2005	塬面旱地	100	冬小麦—冬小麦—冬小麦	冬小麦
2004	塬面旱地	100	冬小麦→春玉米—冬小麦	春玉米
2003	塬面旱地	100	冬小麦—冬小麦→春玉米	冬小麦

表 4 - 16　枣泉塬面农田土壤生物采样地农田复种指数与典型地块作物轮作体系

年份	农田类型	复种指数（%）	轮作体系	当年作物
2008	塬面旱地	100	冬小麦—油　菜—冬小麦	油　菜
2007	塬面旱地	100	冬小麦—冬小麦—油　菜	冬小麦
2006	塬面旱地	100	冬小麦—冬小麦—冬小麦	冬小麦
2005	塬面旱地	100	冬小麦—冬小麦—冬小麦	冬小麦
2004	塬面旱地	100	冬小麦—冬小麦—冬小麦	冬小麦

4.1.3　农田主要作物肥料投入情况

（1）综合观测场

表 4 - 17　综合观测场土壤生物采样地农田主要作物肥料投入情况

作物类别：粮食作物；作物名称：冬小麦

年份	肥料名称	施用时间 （年—月—日）	作物生育 时期	施用方式	施用量 （kg/hm²）	肥料折合纯氮量 （kg/hm²）	肥料折合纯磷量 （kg/hm²）
2008	尿素	2007 - 09 - 21	播种前	撒施，基肥	300	138	
2008	普通过磷酸钙	2007 - 09 - 21	播种前	撒施，基肥	750		39
2006	尿素	2005 - 09 - 10	播种前	撒施，基肥	300	138	
2006	普通过磷酸钙	2005 - 09 - 10	播种前	撒施，基肥	750		39
2005	尿素	2004 - 09 - 25	播种前	撒施，基肥	300	138	
2005	普通过磷酸钙	2004 - 09 - 25	播种前	撒施，基肥	750		39

（续）

年份	肥料名称	施用时间 （年—月—日）	作物生育 时期	施用方式	施用量 （kg/hm²）	肥料折合纯氮量 （kg/hm²）	肥料折合纯磷量 （kg/hm²）
2003	尿素	2002-09-15	播种前	撒施，基肥	225	104	
2003	普通过磷酸钙	2002-09-15	播种前	撒施，基肥	1 125		59
2002	尿素	2001-09-10	播种前	撒施，基肥	225	104	
2002	普通过磷酸钙	2001-09-10	播种前	撒施，基肥	1 125		59
2001	尿素	2000-09-10	播种前	撒施，基肥	225	104	
2001	普通过磷酸钙	2000-09-10	播种前	撒施，基肥	1 125		59
1999	尿素	1998-09-10	播种前	撒施，基肥	225	104	
1999	普通过磷酸钙	1998-09-10	播种前	撒施，基肥	1 125		59
1998	尿素	1997-09-10	播种前	撒施，基肥	225	104	
1998	普通过磷酸钙	1997-09-10	播种前	撒施，基肥	1 125		59

表4-18 综合观测场土壤生物采样地农田主要作物肥料投入情况

作物名称：春玉米

年份	肥料名称	施用时间 （年—月—日）	作物生育 时期	施用方式	施用量 （kg/hm²）	肥料折合纯氮量 （kg/hm²）	肥料折合纯磷量 （kg/hm²）
2007	尿素	2007-04-09	播种前	撒施，基肥	300	138	
2007	普通过磷酸钙	2007-04-09	播种前	撒施，基肥	750		39
2004	尿素	2004-04-10	播种前	撒施，基肥	300	138	
2004	普通过磷酸钙	2004-04-10	播种前	撒施，基肥	750		39
2000	尿素	2000-04-05	播种前	撒施，基肥	225	103.5	
2000	普通过磷酸钙	2000-04-05	播种前	撒施，基肥	1 125		59

（2）辅助观测场

表4-19 站前塬面农田土壤生物采样地农田主要作物肥料投入情况

作物名称：冬小麦

年份	肥料名称	施用时间 （年—月—日）	作物生育 时期	施用方式	施用量 （kg/hm²）	肥料折合纯氮量 （kg/hm²）	肥料折合纯磷量 （kg/hm²）
2007	尿素	2006-09-10	播种前	撒施，基肥	300	138	
2007	普通过磷酸钙	2006-09-10	播种前	撒施，基肥	750		39
2006	尿素	2005-09-10	播种前	撒施，基肥	300	138	
2006	普通过磷酸钙	2005-09-10	播种前	撒施，基肥	750		39
2004	尿素	2003-09-18	播种前	撒施，基肥	300	138	
2004	普通过磷酸钙	2003-09-18	播种前	撒施，基肥	750		39
2001	尿素	—	—	撒施，穴施	375	173	
2001	普通过磷酸钙	—	—	撒施，穴施	750		39
2000	尿素	1999-09-10	播种前	撒施，穴施	375	173	
2000	普通过磷酸钙	1999-09-10	播种前	撒施，穴施	750		39
1999	尿素	—	—	撒施，穴施	375	173	
1999	普通过磷酸钙	—	—	撒施，穴施	750		39

表4-20 杜家坪梯田农地土壤生物采样地农田主要作物肥料投入情况

作物名称：冬小麦

年份	肥料名称	施用时间 （年—月—日）	作物生育 时期	施用方式	施用量 （kg/hm²）	肥料折合纯氮量 （kg/hm²）	肥料折合纯磷量 （kg/hm²）
2008	尿素	2007-09-20	播种前	撒施，基肥	300	138	
2008	普通过磷酸钙	2007-09-20	播种前	撒施，基肥	750		39
2007	尿素	2006-09-13	播种前	撒施，基肥	75	35	
2007	磷酸二铵	2006-09-13	播种前	撒施，基肥	250	45	49
2006	尿素	2005-09-15	播种前	撒施，基肥	300	138	

（续）

年份	肥料名称	施用时间 （年—月—日）	作物生育 时期	施用方式	施用量 （kg/hm²）	肥料折合纯氮量 （kg/hm²）	肥料折合纯磷量 （kg/hm²）
2006	普通过磷酸钙	2005 - 09 - 15	播种前	撒施，基肥	750		39
2005	尿素	2004 - 09 - 15	播种前	撒施，基肥	300	138	
2005	普通过磷酸钙	2004 - 09 - 15	播种前	撒施，基肥	750		39
2004	尿素	2003 - 09 - 15	播种前	撒施，基肥	300	138	
2004	普通过磷酸钙	2003 - 09 - 15	播种前	撒施，基肥	750		39

表 4 - 21　站前塬面农田土壤生物采样地农田主要作物肥料投入情况

作物名称：春玉米

年份	肥料名称	施用时间 （年—月—日）	作物生育 时期	施用方式	施用量 （kg/hm²）	肥料折合纯氮量 （kg/hm²）	肥料折合纯磷量 （kg/hm²）
2008	尿素	2008 - 04 - 22	播种前	撒施，基肥	293	135	
2008	普通过磷酸钙	2008 - 04 - 22	播种前	撒施，基肥	750		39
2005	尿素	2005 - 04 - 15	播种前	撒施，基肥	300	138	
2005	普通过磷酸钙	2005 - 04 - 15	播种前	撒施，基肥	750		39
2003	尿素	2003 - 04 - 15	播种前	撒施，基肥	375	173	
2003	普通过磷酸钙	2003 - 04 - 15	播种前	撒施，基肥	750		39
2002	尿素	2002 - 04 - 05	播种前	撒施，穴施	375	173	
2002	普通过磷酸钙	2002 - 04 - 05	播种前	撒施，穴施	750		39
1998	尿素	1998 - 04 - 05	播种前	撒施，穴施	375	173	
1998	普通过磷酸钙	1998 - 04 - 05	播种前	撒施，穴施	750		39

（3）站区调查点

表 4 - 22　中台塬面农田土壤生物采样地农田主要作物肥料投入情况

作物名称：冬小麦

年份	肥料名称	施用时间 （年—月—日）	作物生育 时期	施用方式	施用量 （kg/hm²）	肥料折合纯氮量 （kg/hm²）	肥料折合纯磷量 （kg/hm²）
2008	尿素	2007 - 09 - 22	播种前	撒施，基肥	300	138	
2008	普通过磷酸钙	2007 - 09 - 22	播种前	撒施，基肥	750		39
2007	尿素	2006 - 09 - 10	播种前	撒施，基肥	270	124	
2007	普通过磷酸钙	2006 - 09 - 10	播种前	撒施，基肥	1 020		53
2006	尿素	2005 - 09 - 08	播种前	撒施，基肥	333	153	
2006	普通过磷酸钙	2005 - 09 - 08	播种前	撒施，基肥	833		43
2005	尿素	2004 - 09 - 08	播种前	撒施，基肥	333	153	
2005	普通过磷酸钙	2004 - 09 - 08	播种前	撒施，基肥	833		43
2003	尿素	2002 - 09 - 18	播种前	撒施，基肥	300	138	
2003	碳酸氢铵	2002 - 09 - 18	播种前	撒施，基肥	750	120	
2003	普通过磷酸钙	2002 - 09 - 18	播种前	撒施，基肥	750		39

表 4 - 23　玉石塬面农田土壤生物采样地农田主要作物肥料投入情况

作物名称：冬小麦

年份	肥料名称	施用时间 （年—月—日）	作物生育 时期	施用方式	施用量 （kg/hm²）	肥料折合纯氮量 （kg/hm²）	肥料折合纯磷量 （kg/hm²）	肥料折合纯钾量 （kg/hm²）
2008	磷酸二铵	2007 - 09 - 22	播种前	撒施，基肥	250	45	49	
2008	有机肥	2007 - 09 - 22	播种前	撒施，基肥	22 500	26	54	90
2007	磷酸二铵	2006 - 09 - 12	播种前	撒施，基肥	238	43	47	
2007	有机肥	2006 - 09 - 12	播种前	撒施，基肥	40 000	47	96	160
2006	尿素	2005 - 09 - 13	播种前	撒施，基肥	238	109		
2006	普通过磷酸钙	2005 - 09 - 13	播种前	撒施，基肥	750		39	

（续）

年份	肥料名称	施用时间 （年—月—日）	作物生育 时期	施用方式	施用量 （kg/hm²）	肥料折合纯氮量 （kg/hm²）	肥料折合纯磷量 （kg/hm²）	肥料折合纯钾量 （kg/hm²）
2005	碳酸氢铵	2004－09－13	播种前	撒施，基肥	238	38		
2005	普通过磷酸钙	2004－09－13	播种前	撒施，基肥	750		39	
2005	有机肥	2004－09－13	播种前	撒施，基肥	80 000	93	192	320
2004	磷酸二铵	2003－09－13	播种前	撒施，基肥	225	41	45	
2004	普通过磷酸钙	2003－09－13	播种前	撒施，基肥	750		39	
2004	有机肥	2003－09－13	播种前	撒施，基肥	80 000	93	192	320

表 4－24　枣泉塬面农田土壤生物采样地农田主要作物肥料投入情况

作物名称：冬小麦

年份	肥料名称	施用时间 （年—月—日）	作物生育 时期	施用方式	施用量 （kg/hm²）	肥料折合纯氮量 （kg/hm²）	肥料折合纯磷量 （kg/hm²）	肥料折合纯钾量 （kg/hm²）
2007	尿素	2006－09－15	播种前	撒施，基肥	750	345		
2007	普通过磷酸钙	2006－09－15	播种前	撒施，基肥	750		39	
2006	尿素	2005－09－10	播种前	撒施，基肥	300	138		
2006	高效磷	2005－09－10	播种前	撒施，基肥	750		145	
2005	尿素	2004－09－10	播种前	撒施，基肥	225	104		
2005	复合肥	2004－09－10	播种前	撒施，基肥	750	113	49	94
2004	尿素	2003－09－18	播种前	撒施，基肥	225	104		
2004	磷酸二铵	2003－09－18	播种前	撒施，基肥	300	54	59	

表 4－25　枣泉塬面农田土壤生物采样地农田主要作物肥料投入情况

作物名称：油菜

年份	肥料名称	施用时间 （年—月—日）	作物生育 时期	施用方式	施用量 （kg/hm²）	肥料折合纯氮量 （kg/hm²）	肥料折合纯磷量 （kg/hm²）	肥料折合纯钾量 （kg/hm²）
2008	尿素	2007－09－10	播种前	撒施，基肥	225	104		
2008	普通过磷酸钙	2007－09－10	播种前	撒施，基肥	750		39	

表 4－26　中台塬面农田土壤生物采样地农田主要作物肥料投入情况

作物名称：春玉米

年份	肥料名称	施用时间 （年—月—日）	作物生育 时期	施用方式	施用量 （kg/hm²）	肥料折合纯氮量 （kg/hm²）	肥料折合纯磷量 （kg/hm²）	肥料折合纯钾量 （kg/hm²）
2004	尿素	2004－04－08	播种前	撒施，基肥	225	104		
2004	普通过磷酸钙	2004－04－08	播种前	撒施，基肥	1 000		52	

4.1.4　农田主要作物农药、除草剂等投入情况

（1）综合观测场

表 4－27　综合观测场土壤生物采样地主要作物农药、除草剂等投入情况

作物名称：冬小麦

年份	药剂名称	主要有效成分	施用时间（年—月—日）	作物生育时期	施用方式	施用量（g/hm²）
2008	百可威	甲拌磷、辛硫磷	2007－09－12	播种前	拌种	200
2006	1605	乙基对硫磷	2005－09－22	播种前	拌种	200
2005	1605	乙基对硫磷	2004－09－25	播种前	拌种	200
2003	百可威	甲拌磷、辛硫磷	2002－09－20	播种前	拌种	200
2002	百可威	甲拌磷、辛硫磷	2001－09－10	播种前	喷施	200
2001	百可威	甲拌磷、辛硫磷	2000－09－20	播种前	拌种	200
1999	百可威	甲拌磷、辛硫磷	1998－09－20	播种前	喷施	200
1998	百可威	甲拌磷、辛硫磷	1997－09－20	播种前	拌种	200

表 4 - 28　综合观测场土壤生物采样地主要作物农药、除草剂等投入情况

作物名称：春玉米

年份	药剂名称	主要有效成分	施用时间（年—月—日）	作物生育时期	施用方式	施用量（g/hm²）
2007	百可威	甲拌磷、辛硫磷	2007 - 04 - 20	播种前	种子丸衣化	200
2004	1605	乙基对硫磷	2004 - 04 - 16	播种前	拌种	200
2000	百可威	甲拌磷、辛硫磷	2000 - 04 - 05	播种前	拌种	200

（2）辅助观测场

表 4 - 29　杜家坪梯田农地土壤生物采样地农田主要作物农药、除草剂等投入情况

作物名称：冬小麦

年份	药剂名称	主要有效成分	施用时间（年—月—日）	作物生育时期	施用方式	施用量（g/hm²）
2008	百可威	甲拌磷、辛硫磷	2007 - 09 - 20	播种前	拌种	200
2007	1605	乙基对硫磷	2006 - 09 - 22	播种前	拌种	200
2006	1605	乙基对硫磷	2005 - 09 - 22	播种前	拌种	200
2005	1605	乙基对硫磷	2004 - 09 - 22	播种前	拌种	200
2004	1605	乙基对硫磷	2003 - 09 - 20	播种前	拌种	200

表 4 - 30　站前塬面农田土壤生物采样地农田主要作物农药、除草剂等投入情况

作物名称：冬小麦

年份	药剂名称	主要有效成分	施用时间（年—月—日）	作物生育时期	施用方式	施用量（g/hm²）
2007	1605	乙基对硫磷	2006 - 09 - 18	播种前	拌种	200
2006	1605	乙基对硫磷	2005 - 09 - 22	播种前	拌种	200
2004	1605	乙基对硫磷	2003 - 09 - 23	播种前	拌种	200

表 4 - 31　站前塬面农田土壤生物采样地农田主要作物农药、除草剂等投入情况

作物名称：春玉米

年份	药剂名称	主要有效成分	施用时间（年—月—日）	作物生育时期	施用方式	施用量（g/hm²）
2008	百可威	甲拌磷、辛硫磷	2008 - 04 - 22	播种前	种子丸衣化	200
2005	1605	乙基对硫磷	2005 - 04 - 22	播种前	拌种	200

（3）站区调查点

表 4 - 32　玉石塬面农田土壤生物采样地农田主要作物农药、除草剂等投入情况

作物名称：冬小麦

年份	药剂名称	主要有效成分	施用时间（年—月—日）	作物生育时期	施用方式	施用量（g/hm²）
2008	百可威	甲拌磷、辛硫磷	2007 - 09 - 22	播种前	拌种	200
2008	杜邦巨星	苯磺隆	2008 - 03 - 15	返青期	喷洒	200
2007	1605	乙基对硫磷	2006 - 09 - 24	播种前	拌种	200
2007	杜邦巨星	苯磺隆	2007 - 03 - 12	返青期	喷洒	200
2006	1605	乙基对硫磷	2005 - 09 - 24	播种前	拌种	200
2005	1605	乙基对硫磷	2004 - 09 - 24	播种前	拌种	200
2004	1605	乙基对硫磷	2003 - 09 - 24	播种前	拌种	200

表 4 - 33　中台塬面农田土壤生物采样地农田主要作物农药、除草剂等投入情况

作物名称：冬小麦

年份	药剂名称	主要有效成分	施用时间（年—月—日）	作物生育时期	施用方式	施用量（g/hm²）
2008	百可威	甲拌磷、辛硫磷	2007 - 09 - 22	播种前	拌种	200
2008	杜邦巨星	苯磺隆	2008 - 03 - 16	返青期	喷洒	200
2007	1605	乙基对硫磷	2006 - 09 - 25	播种前	拌种	200

（续）

年份	药剂名称	主要有效成分	施用时间（年—月—日）	作物生育时期	施用方式	施用量（g/hm²）
2007	杜邦巨星	苯磺隆	2007 - 03 - 10	返青期	喷洒	300
2006	1605	乙基对硫磷	2005 - 09 - 25	播种前	拌种	200
2006	杜邦巨星	甲磺隆类	2005 - 11 - 05	越冬前	喷洒	300
2005	1605	乙基对硫磷	2004 - 09 - 25	播种前	拌种	200

表 4 - 34　枣泉塬面农田土壤生物采样地农田主要作物农药、除草剂等投入情况

作物名称：冬小麦

年份	药剂名称	主要有效成分	施用时间（年—月—日）	作物生育时期	施用方式	施用量（g/hm²）
2007	1605	乙基对硫磷	2006 - 09 - 20	播种前	拌种	200
2006	1605	乙基对硫磷	2005 - 09 - 20	播种前	拌种	200
2006	杜邦巨星	甲磺隆类	2005 - 10 - 28	越冬前	喷洒	300
2005	1605	乙基对硫磷	2004 - 09 - 20	播种前	拌种	200
2004	1605	乙基对硫磷	2003 - 09 - 20	播种前	拌种	200

表 4 - 35　中台塬面农田土壤生物采样地农田主要作物农药、除草剂等投入情况

作物名称：春玉米

年份	药剂名称	主要有效成分	施用时间（年—月—日）	作物生育时期	施用方式	施用量（g/hm²）
2004	1605	乙基对硫磷	2004 - 04 - 15	播种前	拌种	200

4.1.5　小麦生育动态

（1）综合观测场

表 4 - 36　综合观测场土壤生物采样地小麦生育动态

年份	作物品种	播种期	出苗期	三叶期	分蘖期	返青期	拔节期	抽穗期	蜡熟期	收获期
2008	长旱58	2007 - 09 - 21	2007 - 09 - 29	2007 - 10 - 12	2007 - 10 - 25	2008 - 03 - 15	2008 - 04 - 10	2008 - 05 - 05	2008 - 06 - 10	2008 - 06 - 15
2006	长武89134	2005 - 09 - 26	2005 - 10 - 03	2005 - 10 - 20	2005 - 10 - 18	2006 - 03 - 20	2006 - 04 - 23	2006 - 05 - 13	2006 - 06 - 15	2006 - 06 - 20
2005	长武89134	2004 - 09 - 25	2004 - 10 - 02	2004 - 10 - 13	2004 - 11 - 05	2005 - 03 - 20	2005 - 04 - 10	2005 - 04 - 30	2005 - 06 - 15	2005 - 06 - 20
2003	长武89134	2002 - 09 - 20	2002 - 09 - 28	—	2002 - 10 - 23	2003 - 03 - 20	2003 - 04 - 07	2003 - 05 - 07	2003 - 05 - 12	2003 - 06 - 19
2002	长武89134	2001 - 09 - 10	2001 - 09 - 17	—	2001 - 09 - 27	2002 - 03 - 10	2002 - 04 - 12	2002 - 05 - 12	2002 - 06 - 15	2002 - 06 - 27
2001	长武89134	2000 - 09 - 23	2000 - 09 - 30	—	2000 - 10 - 21	2001 - 03 - 25	2001 - 04 - 29	2001 - 05 - 12	2001 - 06 - 18	2001 - 06 - 25
1999	长武89134	1998 - 09 - 20	1998 - 09 - 28	—	1998 - 10 - 14	1999 - 04 - 01	1999 - 04 - 19	1999 - 05 - 10	—	—
1998	长武89134	1997 - 09 - 20	1997 - 09 - 28	—	1997 - 10 - 18	1998 - 03 - 20	1998 - 04 - 05	1998 - 05 - 05	1998 - 06 - 20	1998 - 07 - 03

（2）辅助观测场

表 4 - 37　杜家坪梯田农地土壤生物采样地小麦生育动态

年份	作物品种	播种期	出苗期	三叶期	分蘖期	返青期	拔节期	抽穗期	蜡熟期	收获期
2008	长武89134	2007 - 09 - 20	2007 - 09 - 28	2007 - 10 - 19	2007 - 10 - 26	2008 - 03 - 11	2008 - 04 - 07	2008 - 05 - 01	2008 - 06 - 08	2008 - 06 - 12
2007	长武89134	2006 - 09 - 22	2006 - 09 - 30	2006 - 10 - 18	2006 - 10 - 18	2007 - 03 - 06	2007 - 04 - 16	2007 - 04 - 30	2007 - 06 - 05	2007 - 06 - 07
2006	长武89134	2005 - 09 - 22	2005 - 09 - 28	2005 - 10 - 18	2005 - 11 - 08	2006 - 03 - 20	2006 - 04 - 15	2006 - 05 - 10	2006 - 06 - 13	2006 - 06 - 15
2005	长武89134	2004 - 09 - 25	2004 - 10 - 02	2004 - 10 - 13	2004 - 11 - 05	2005 - 03 - 20	2005 - 04 - 10	2005 - 04 - 30	2005 - 06 - 15	2005 - 06 - 20
2004	长武89134	2003 - 09 - 20	2003 - 09 - 28	2003 - 10 - 09	2003 - 11 - 10	2004 - 03 - 20	2004 - 04 - 07	2004 - 04 - 25	2004 - 06 - 13	2004 - 06 - 18

表 4 - 38　站前塬面农田土壤生物采样地小麦生育动态

年份	作物品种	播种期	出苗期	三叶期	分蘖期	返青期	拔节期	抽穗期	蜡熟期	收获期
2007	长武89134	2006 - 09 - 18	2006 - 09 - 24	2006 - 10 - 07	2006 - 10 - 23	2007 - 03 - 18	2007 - 04 - 09	2007 - 05 - 06	2007 - 06 - 13	2007 - 06 - 18
2004	长武89134	2003 - 09 - 23	2003 - 09 - 30	2003 - 10 - 10	2003 - 11 - 05	2004 - 03 - 20	2004 - 04 - 07	2004 - 04 - 28	2004 - 06 - 18	2004 - 06 - 25

（3）站区调查点

表 4-39　玉石塬面农田土壤生物采样地小麦生育动态

年份	作物品种	播种期	出苗期	三叶期	分蘖期	返青期	拔节期	抽穗期	蜡熟期	收获期
2004	8734	2003-09-24	2003-10-01	2003-10-11	2003-11-09	2004-03-21	2004-04-06	2004-04-28	2004-06-17	2004-06-26

表 4-40　枣泉塬面农田土壤生物采样地小麦生育动态

年份	作物品种	播种期	出苗期	三叶期	分蘖期	返青期	拔节期	抽穗期	蜡熟期	收获期
2004	长武89134	2003-09-20	2003-09-26	2003-10-08	2003-11-03	2004-03-18	2004-04-05	2004-04-27	2004-06-16	2004-06-22

4.1.6　作物叶面积与生物量动态

（1）综合观测场

表 4-41　综合观测场土壤生物采样地作物叶面积与生物量动态

作物名称：冬小麦

年份	月份	作物品种	作物生育时期	密度（株或穴/m²）	群体高度（cm）	叶面积指数	调查株（穴）数	每株（穴）分蘖茎数	地上部总鲜重（g/m²）	茎秆重（g/m²）	叶干重（g/m²）	地上部总干重（g/m²）
2007	11	长旱58	越冬前期	323	13.1	0.42	20	6	142.6	14.0	21.4	35.5
2008	3	长旱58	返青期	365	17.1	0.83	20	5	614.8	73.8	115.8	189.5
2008	4	长旱58	拔节期	368	30.2	3.88	20	6	1 384.6	217.3	191.3	408.8
2008	5	长旱58	抽穗期	368	65.6	3.84	20	6	1 342.9	242.7	184.5	425.8
2008	6	长旱58	收获期	—	77.4		20	4	—	—	—	960.6
2005	11	长武89134	越冬前期	334	10.0	0.39	20	5	143.3	12.6	18.3	30.9
2006	3	长武89134	返青期		16.1	0.88	20	10	403.9	56.6	75.3	131.9
2006	4	长武89134	拔节期		35.4	2.51	20	9	1 641.0	399.9	178.8	578.7
2006	5	长武89134	抽穗期		62.5	1.53	20	6	1 708.5	455.7	115.9	571.7
2006	6	长武89134	收获期		75.3		20	6	1 845.3	—		1216.8
2004	10	长武89134	越冬前期		14.3		20	3	88.8	8.1	8.4	16.5
2005	3	长武89134	返青期		16.1		20	4	1 769.1	224.4	290.0	514.4
2005	4	长武89134	拔节期		26.3		20	11	2 122.6	347.4	319.8	667.2
2005	5	长武89134	抽穗期		70.8		20	7	2 112.1	599.7	505.5	1105.2
2005	6	长武89134	收获期		70.8		20	6	1 895.3	—		1220.0
2003	6	长武89134	收获期		72.8		20		1 775.0	—		828.7
2002	6	长武89134	收获期		85.0		20		1 324.0			754.3
2001	6	长武89134	收获期		—		20		1 306.7			621.3
1999	6	长武89134	收获期		77.0		20		1 626.7			853.3
1998	7	长武89134	收获期		83.0		20		1 639.0			876.0

表 4-42　综合观测场土壤生物采样地作物叶面积与生物量动态

作物名称：春玉米

年份	月份	作物品种	作物生育时期	密度（株或穴/m²）	群体高度（cm）	叶面积指数	调查株（穴）数	每株（穴）分蘖茎数	地上部总鲜重（g/m²）	茎秆重（g/m²）	叶干重（g/m²）	地上部总干重（g/m²）
2007	6	沈丹10	五叶期	5	52.3	0.13	5	—	54.8	3.4	5.0	8.4
2007	6	沈丹10	拔节期	5	91.0	1.78	5	—	1 127.5	133.8	83.9	217.7
2007	7	沈丹10	抽雄期	5	224.3	4.04	5	—	3 922.5	612.5	262.5	875.0
2007	9	沈丹10	成熟期	5	247.0		5	—	1 225.0			
2004	5	金穗2001	五叶期	6	30.0	0.30	10	1	16.0	1.2	2.8	4.0

（续）

年份	月份	作物品种	作物生育时期	密度（株或穴/m²）	群体高度（cm）	叶面积指数	调查株（穴）数	每株（穴）分蘖茎数	地上部总鲜重（g/m²）	茎秆重（g/m²）	叶干重（g/m²）	地上部总干重（g/m²）
2004	6	金穗2001	拔节期	6	70.0	2.20	10	1	1 685.0	96.8	94.5	191.3
2004	7	金穗2001	抽雄期	6	173.0	—	10	1	5 702.5	888.7	419.3	1 308.1
2004	9	金穗2001	成熟期	6	195.0	0.40	10	1	4 211.5	229.3	321.1	1 644.3
2000	9	中单2号	成熟期	6	176.0	—	10	—	3 301.0	—	—	1 857.0

（2）辅助观测场

表4-43　站前塬面农田土壤生物采样地作物叶面积与生物量动态

作物名称：春玉米

年份	月份	作物品种	作物生育时期	密度（株或穴/m²）	群体高度（cm）	调查株（穴）数	地上部总鲜重（g/m²）	茎秆重（g/m²）	叶干重（g/m²）
2003	9	金穗2001	成熟期	6	239.4	10	3 804.7	350.0	366.8
1998	9	单优13	成熟期	—	251.2	10	—	—	—

4.1.7　作物根系生物量

（1）综合观测场

表4-44　综合观测场土壤生物采样地耕作层作物根生物量

作物名称：冬小麦

年份	月份	作物品种	作物生育时期	根干重（g/m²）
2008	5	长旱58	抽穗期	99.7
2002	6	长武89134	收获期	81.3
1998	7	长武89134	收获期	82.0

注：耕层深度20cm

表4-45　综合观测场土壤生物采样地耕作层作物根生物量

作物名称：春玉米

年份	月份	作物品种	作物生育时期	根干重（g/m²）	约占总根干重比例（%）
2007	6	沈单10	拔节期	43.8	88.3
2004	9	金穗2001	收获期	75.7	85.0

注：耕层深度20cm

（2）辅助观测场

表4-46　站前塬面农田土壤生物采样地耕作层作物根系生物量

作物名称：冬小麦

年份	月份	作物品种	作物生育时期	根干重（g/m²）	约占总根干重比例（%）
2004	6	长武89134	蜡熟后期	59.4	84.2
2002	6	长武89134	收获期	72.0	—

注：耕层深度20cm

表4-47　杜家坪梯田农地土壤生物采样地耕作层作物根系生物量

作物名称：冬小麦

年份	月份	作物品种	作物生育时期	根干重（g/m²）	约占总根干重比例（%）
2004	6	长武89134	蜡熟后期	68.3	84.2

注：耕层深度20cm

表 4 - 48　站前塬面农田土壤生物采样地耕作层作物根生物量

作物名称：春玉米

年份	月份	作物品种	作物生育时期	根干重（g/m²）	约占总根干重比例（%）
2003	9	金穗2001	收获期	51.4	76

注：耕层深度 20cm

4.1.8　作物根系分布

表 4 - 49　综合观测场土壤生物采样地作物根系分布

作物名称：冬小麦；作物品种：长武89134

年份	月份	作物品种	作物生育时期	0～10cm 根干重（g/m²）	10～20cm 根干重（g/m²）	20～30cm 根干重（g/m²）	30～40cm 根干重（g/m²）	40～60cm 根干重（g/m²）	60～80cm 根干重（g/m²）	80～100cm 根干重（g/m²）
2005	5	长武89134	抽穗期	77.71	38.62	30.28	16.09	17.59	19.83	13.06

4.1.9　小麦收获期植株性状

（1）综合观测场

表 4 - 50　综合观测场土壤生物采样地小麦收获期植株性状

年份	作物品种	调查株数	株高（cm）	每穗小穗数	每穗结实小穗数	每穗粒数	千粒重（g）	地上部总干重（g/株）	籽粒干重（g/株）
2008	长旱58	20	77.4	16.5	14.2	28.7	38.0	2.2	1.09
2006	长武89134	20	72.7	16.9	15.1	26.4	45.1	2.4	0.89
2005	长武89134	20	71.7	16.4	14.5	24.8	47.0	2.4	1.04
2003	长武89134	10	85.0	—	17.0	21.0	47.4	1.5	0.62
2002	长武89134	20	83.0	—	14.8	33.8	49.0	1.4	0.96
2001	长武89134	20	82.2	—	14.5	30.2	49.0	1.2	0.87
1999	长武89134	20	76.0	—	13.3	28.3	49.0	1.8	0.85
1998	长武89134	20	83.0	—	13.8	37.7	54.0	1.6	1.21

（2）辅助观测场

表 4 - 51　杜家坪梯田农地土壤生物采样地小麦收获期植株性状

年份	作物品种	调查株数	株高（cm）	每穗小穗数	每穗结实小穗数	每穗粒数	千粒重（g）	地上部总干重（g/株）	籽粒干重（g/株）
2008	长武89134	20	56.4	16.7	15.0	28.2	42.1	2.0	1.2
2007	长武89134	20	61.2	13.5	—	23.2	40.7	1.8	0.5
2006	长武89134	20	64.2	15.3	14.2	21.6	46.0	1.5	0.8
2005	长武89134	20	61.5	16.5	14.3	23.3	46.9	—	1.1
2004	长武89134	25	67.0	16.0	13.0	22.0	47.4	3.8	1.2

表 4 - 52　站前塬面农田土壤生物采样地小麦收获期植株性状

年份	作物品种	调查株数	株高（cm）	每穗小穗数	每穗结实小穗数	每穗粒数	千粒重（g）	地上部总干重（g/株）	籽粒干重（g/株）
2007	长武89134	20	57.0	15.4	—	27.1	45.3	1.8	0.5
2006	长武89134	20	71.0	16.8	15.1	26.4	46.8	2.3	1.0
2004	长武89134	25	54.3	16.0	11.0	19.0	49.3	3.5	1.1
2002	长武89134	20	—	—	—	—	—	1.9	1.0

（3）站区调查点

表 4-53　中台塬面农田土壤生物采样地小麦收获期植株性状

年份	作物品种	调查株数	株高(cm)	单株总茎数	单株总穗数	每穗小穗数	每穗结实小穗数	每穗粒数	千粒重(g)	地上部总干重(g/株)	籽粒干重(g/株)
2008	长武 89134	20	72.6	4	4	17.5	15.5	34.5	38.1	2.7	1.4
2007	9939	20	66.3	—	—	17.1		30.3	41.7	1.9	0.7
2006	长武 89134	20	74.8	—	—	17.5	15.4	27.9	44.5	2.8	1.7
2005	长武 89134	20	70.7	—	—	18.2	15.2	30.4	44.3	1.6	1.2

表 4-54　玉石塬面农田土壤生物采样地小麦收获期植株性状

年份	作物品种	调查株数	株高(cm)	单株总茎数	单株总穗数	每穗小穗数	每穗结实小穗数	每穗粒数	千粒重(g)	地上部总干重(g/株)	籽粒干重(g/株)
2008	8734	20	58.5	4	4	22.0	19.5	43.5	23.7	2.3	1.0
2007	长武 89134	20	51.3	—	—	15.6		26.8	50.2	2.4	0.7
2006	9934	20	63.7	—	—	18.1	16.5	32.5	42.5	2.5	1.1
2005	9934	20	69.7	—	—	19.3	17.3	28.3	41.1	3.5	1.5

表 4-55　枣泉塬面农田土壤生物采样地小麦收获期植株性状

年份	作物品种	调查株数	株高(cm)	每穗小穗数	每穗结实小穗数	每穗粒数	千粒重(g)	地上部总干重(g/株)	籽粒干重(g/株)
2007	长武 89134	20	63.7	17.0	—	29.0	43.1	2.2	0.6
2006	长武 89134	20	72.8	16.1	14.9	23.3	45.8	2.6	1.1
2005	长武 89134	20	69.3	15.8	14.8	22.8	46.9	2.1	0.8

4.1.10　作物收获期测产

（1）综合观测场

表 4-56　综合观测场土壤生物采样地作物（小麦）收获期测产

作物名称：冬小麦

年份	作物品种	群体株高(cm)	密度(株或穴/m²)	穗数(穗/m²)	地上部总干重(g/m²)	产量(g/m²)
2008	长旱 58	77.4	—	465.7	1 043.3	402.0
2006	长武 89134	73.3	—	593.3	1 413.3	—
2005	长武 89134	71.7	—	539.2	1 213.0	—
2003	长武 89134	72.8	—	558.0	828.7	347.0
2002	长武 89134	83.0	—	480.0	754.3	395.4
2001	长武 89134	82.0	—	495.0	621.3	389.0
1999	长武 89134	71.0	—	503.0	853.3	367.5
1998	长武 89134	83.0	—	502.0	876.0	262.5

表 4-57　综合观测场土壤生物采样地作物（玉米）收获期测产

作物名称：春玉米

年份	作物品种	群体株高(cm)	密度(株或穴/m²)	穗数(穗/m²)	地上部总干重(g/m²)	产量(g/m²)
2007	沈丹 10	246.6	4	6.3	1 946.7	765.3
2004	金穗 2001	195.3	5	5	1 644.3	1 009.0
2000	中单 2 号	176.0	6	—	1 857.0	723.9

（2）辅助观测场

表4-58 杜家坪梯田农地土壤生物采样地作物（小麦）收获期测产

作物名称：冬小麦

年份	作物品种	群体株高 （cm）	密度 （株或穴/m²）	穗数 （穗/m²）	地上部总干重 （g/m²）	产量 （g/m²）
2008	长武89134	56.4	252.8	—	517.6	194.1
2007	长武89134	61.2	336.5	—	571.7	152.5
2006	长武89134	65.1	—	—	784.2	399.8
2005	长武89134	61.5	262.0	—	—	280
2004	长武89134	67.0	356.7	607.3	1 361.7	418.8

表4-59 站前塬面农田土壤生物采样地作物（小麦）收获期测产

作物名称：冬小麦

年份	作物品种	群体株高 （cm）	密度 （株或穴/m²）	穗数 （穗/m²）	地上部总干重 （g/m²）	产量 （g/m²）
2007	长武89134	57.0	—	483.3	878.9	224.2
2006	长武89134	71.7	—	709.5	1 655.0	—
2004	长武89134	54.3	—	446.3	1 018.3	332.0
2002	长武89134	—	—	—	970.0	—

表4-60 站前塬面农田土壤生物采样地作物（玉米）收获期测产

作物名称：春玉米

年份	作物品种	群体株高 （cm）	密度 （株或穴/m²）	穗数 （穗/m²）	地上部总干重 （g/m²）	产量 （g/m²）
2008	沈丹10	240.9	4	8	1 724.7	786.7
2005	金穗2001	222.0	5	8	2 614.1	—
2003	金穗2001	239.4	6	—	2 103.5	1 160.0
1998	单优13	251.2	—	—	—	805.0

（3）站区调查点

表4-61 中台塬面农田土壤生物采样地作物收获期测产

作物名称：冬小麦

年份	作物品种	群体株高 （cm）	密度 （株或穴/m²）	穗数 （穗/m²）	地上部总干重 （g/m²）	产量 （g/m²）
2008	长武89134	72.6	—	511.8	1 352.1	569.4
2007	9939	66.3	—	314	546.7	216.7
2006	长武89134	74.8	—	373.0	1 040.0	582
2005	长武89134	70.7	—	560	830.0	—

表4-62 玉石塬面农田土壤生物采样地作物收获期测产

作物名称：冬小麦

年份	作物品种	群体株高 （cm）	密度 （株或穴/m²）	穗数 （穗/m²）	地上部总干重 （g/m²）	产量 （g/m²）
2008	8734	58.5	—	394.0	887.5	365.8
2007	长武89134	51.3	—	470	1 093.3	315.7
2006	9934	63.7	—	423.0	1 060.0	480.0
2005	9934	69.7	—	361.3	1 260.0	530

表 4 - 63 枣泉塬面农田土壤生物采样地作物（小麦）收获期测产

作物名称：冬小麦

年份	作物品种	群体株高 （cm）	密度 （株或穴/m²）	穗数 （穗/m²）	地上部总干重 （g/m²）	产量 （g/m²）
2007	长武 89134	63.7	—	367	773.3	203.3
2006	长武 89134	72.8	—	469.0	1 220.0	500.0
2005	长武 89134	69.3	—	451.7	930.0	475.6

表 4 - 64 枣泉塬面农田土壤生物采样地作物（油菜）收获期测产

作物名称：油菜

年份	作物品种	群体株高 （cm）	密度 （株或穴/m²）	穗数 （穗/m²）	地上部总干重 （g/m²）	产量 （g/m²）
2008	秦油 2 号	94.2	26.7	—	525.0	161.7

4.1.11 农田作物矿质元素含量与能值

（1）综合观测场

表 4 - 65 综合观测场土壤生物采样地农田作物矿质元素含量与能值

作物名称：冬小麦

年份	作物品种	采样部位	全碳 （g/kg）	全氮 （g/kg）	全磷 （g/kg）	全钾 （g/kg）	全硫 （g/kg）	全钙 （g/kg）	全镁 （g/kg）	全铁 （g/kg）	全硅 （g/kg）	干重热值 （MJ/kg）	灰分 （%）
2008	长旱 58	籽粒	442.16	20.93	—	3.07	—	—	—	—	—	—	—
2008	长旱 58	茎秆	436.07	3.23	—	8.07	—	—	—	—	—	—	—
2008	长旱 58	根	331.08	5.06	—	5.48	—	—	—	—	—	—	—
2005	长武 89134	籽粒	457.94	21.28	—	3.62	1.22	0.41	1.23		0.38	17.53	1.3
2005	长武 89134	茎秆	422.28	5.50	—	13.95	2.01	3.50	1.52		3.87	18.04	8.2
2005	长武 89134	根	386.96	9.49	—	5.01	1.56		3.09		4.59	15.14	26.2

表 4 - 66 综合观测场土壤生物采样地农田作物矿质元素含量

作物名称：冬小麦 单位：mg/kg

年份	作物品种	采样部位	全锰	全铜	全锌	全钼	全硼
2005	长武 89134	籽粒	45.10	3.81	22.49	0.18	—
2005	长武 89134	茎秆	78.46	4.14	9.05	0.18	—
2005	长武 89134	根	188.75	27.91	30.76	0.23	4.17

表 4 - 67 综合观测场土壤生物采样地农田作物矿质元素含量

作物名称：春玉米 单位：g/kg

年份	作物品种	采样部位	全碳	全氮	全钾	全硫	全钙	全镁
2007	沈丹 10	籽粒	445.86	13.01	3.17	—	—	—
2007	沈丹 10	茎秆	435.41	8.17	8.20	—	—	—
2007	沈丹 10	根	386.71	4.74	5.78	—	—	—
2004	金穗 2001	籽粒	452.92	10.67	3.10	0.55	0.04	0.92
2004	金穗 2001	茎秆	442.51	2.59	11.5	0.47	9.75	8.55
2004	金穗 2001	叶	429.04	8.45	6.64	0.62	16.19	5.54
2004	金穗 2001	根	429.61	3.85	12.38	0.60	4.54	3.15

表 4 - 68　综合观测场土壤生物采样地农田作物矿质元素含量

作物名称：春玉米　　　　　　　　　　　　　　　　　　　　　　　　　　　　　　单位：mg/kg

年份	作物品种	采样部位	全锰	全铜	全锌	全钼	全硼
2004	金穗 2001	籽粒	0.42	1.27	12.10	0.82	6.93
2004	金穗 2001	茎秆	15.95	3.66	4.52	0.46	3.35
2004	金穗 2001	叶	143.12	6.27	10.25	0.86	7.95
2004	金穗 2001	根	105.90	9.16	14.76	0.44	3.29

（2）辅助观测场

表 4 - 69　杜家坪梯田农地土壤生物采样地农田作物矿质元素含量

作物名称：冬小麦　　　　　　　　　　　　　　　　　　　　　　　　　　　　　　单位：g/kg

年份	作物品种	采样部位	全碳	全氮	全磷	全钾
2008	长武 89134	籽粒	444.68	20.14	2.36	3.22
2008	长武 89134	茎秆	446.87	2.67	0.15	10.93
2008	长武 89134	根	413.32	2.68	0.20	3.73
2007	长武 89134	籽粒	470.97	36.97	4.18	4.35
2007	长武 89134	茎秆	445.95	5.01	0.23	6.81
2007	长武 89134	根	385.79	6.69	0.29	2.93
2005	长武 89134	籽粒	454.26	22.75	—	3.34
2005	长武 89134	茎秆	465.06	3.75	—	14.27
2005	长武 89134	根	394.52	7.94	—	9.33

表 4 - 70　站前塬面农田土壤生物采样地农田作物矿质元素含量

作物名称：冬小麦　　　　　　　　　　　　　　　　　　　　　　　　　　　　　　单位：g/kg

年份	作物品种	采样部位	全碳	全氮	全磷	全钾	全硫	全钙	全镁
2007	长武 89134	籽粒	468.59	32.61	6.42	4.27	—	—	—
2007	长武 89134	茎秆	444.82	6.56	0.31	8.27	—	—	—
2007	长武 89134	根	342.71	6.17	0.40	6.80	—	—	—
2004	长武 89134	籽粒	463.29	23.91	3.45	3.32	1.91	0.22	1.52
2004	长武 89134	茎秆	481.13	3.71	1.11	15.11	1.75	2.19	0.92
2004	长武 89134	叶	446.49	7.03	2.11	14.41	3.03	8.19	3.12
2004	长武 89134	根	396.32	7.66	6.28	9.56	1.19	13.30	3.07

表 4 - 71　站前塬面农田土壤生物采样地农田作物矿质元素含量

作物名称：冬小麦　　　　　　　　　　　　　　　　　　　　　　　　　　　　　　单位：mg/kg

年份	作物品种	采样部位	全锰	全铜	全锌	全钼	全硼
2004	长武 89134	籽粒	66.98	5.04	21.16	0.51	0.38
2004	长武 89134	茎秆	32.55	1.92	6.66	0.54	1.19
2004	长武 89134	叶	200.41	2.43	6.63	0.95	4.90
2004	长武 89134	根	200.32	9.69	23.42	3.63	14.94

表 4－72 站前塬面农田土壤生物采样地农田作物矿质元素含量

作物名称：春玉米 单位：g/kg

年份	作物品种	采样部位	全碳	全氮	全磷	全钾
2008	沈丹 10	籽粒	482.19	13.53	3.55	5.33
2008	沈丹 10	茎秆	419.00	9.03	0.81	13.95
2008	沈丹 10	根	249.87	4.32	0.42	16.92
2005	金穗 2001	籽粒	44.81	9.99	—	2.99
2005	金穗 2001	茎秆	445.39	2.55	—	11.61
2005	金穗 2001	根	438.94	3.58	—	12.08

（3）站区调查点

表 4－73 中台塬面农田土壤生物采样地农田作物矿质元素含量

作物名称：冬小麦 单位：g/kg

年份	作物品种	采样部位	全碳	全氮	全磷	全钾
2008	长武 89134	籽粒	447.23	22.85	2.16	2.57
2008	长武 89134	茎秆	444.70	3.28	0.17	10.79
2008	长武 89134	根	399.46	5.05	2.08	3.75
2007	9939	籽粒	454.09	32.18	4.86	3.80
2007	9939	茎秆	457.41	6.05	0.29	8.02
2007	9939	根	354.00	9.14	—	7.00
2005	长武 89134	籽粒	458.27	22.87	—	3.42
2005	长武 89134	茎秆	479.17	5.26	—	13.48
2005	长武 89134	根	380.97	7.56	—	6.95

表 4－74 玉石塬面农田土壤生物采样地农田作物矿质元素含量

作物名称：冬小麦 单位：g/kg

年份	作物品种	采样部位	全碳	全氮	全磷	全钾
2008	8734	籽粒	440.58	28.48	2.79	3.95
2008	8734	茎秆	425.39	3.81	0.22	15.31
2008	8734	根	391.83	5.47	0.31	3.85
2007	长武 89134	籽粒	443.11	31.08	6.07	6.47
2007	长武 89134	茎秆	450.54	6.11	0.42	16.29
2007	长武 89134	根	408.49	6.72	0.49	7.00
2005	9934	籽粒	451.21	22.62	—	3.43
2005	9934	茎秆	467.55	3.58	—	14.71
2005	9934	根	410.98	7.95	—	9.04

表 4－75 枣泉塬面农田土壤生物采样地农田作物矿质元素含量

作物名称：冬小麦 单位：g/kg

年份	作物品种	采样部位	全碳	全氮	全磷	全钾
2007	长武 89134	籽粒	447.18	32.85	7.96	5.33
2007	长武 89134	茎秆	434.54	3.88	0.26	10.23
2007	长武 89134	根	376.78	5.97	0.41	4.90
2005	长武 89134	籽粒	460.95	23.24	—	3.26
2005	长武 89134	茎秆	471.66	3.50	—	14.28
2005	长武 89134	根	413.70	7.75	—	9.14

表4-76 枣泉塬面农田土壤生物采样地农田作物矿质元素含量

作物名称：油菜 单位：g/kg

年份	作物品种	采样部位	全碳	全氮
2008	秦油2号	籽粒	721.68	34.58
2008	秦油2号	茎秆	435.51	6.98
2008	秦油2号	根	422.24	8.68

4.2 土壤监测数据

4.2.1 土壤交换量

（1）综合观测场

表4-77 综合观测场土壤交换量

土壤类型：黑垆土；母质：马兰黄土

样区编号	年份	作物	采样深度 (cm)	交换性钾离子 [mmol/kg (K⁺)]	交换性钠离子 [mmol/kg (Na⁺)]	阳离子交换量 [mmol/kg (＋)]
B01	2005	小麦	0～20	4.15	1.50	102.84
B01	2005	小麦	20～40	3.80	1.28	100.72
B02	2005	小麦	0～20	3.86	1.23	100.83
B02	2005	小麦	20～40	3.36	1.82	98.73
B03	2005	小麦	0～20	5.26	1.58	102.90
B03	2005	小麦	20～40	3.96	1.17	97.76
B04	2005	小麦	0～20	4.69	2.87	103.24
B04	2005	小麦	20～40	3.92	1.13	107.77
B05	2005	小麦	0～20	8.82	2.60	106.80
B05	2005	小麦	20～40	6.79	0.94	100.31
B06	2005	小麦	0～20	4.59	1.64	105.40
B06	2005	小麦	20～40	3.31	1.02	93.55

（2）辅助观测场

表4-78 农田土壤要素辅助长期观测采样地（CK）土壤交换量

土壤类型：黑垆土；母质：马兰黄土

样区编号	年份	作物	采样深度 (cm)	交换性钾离子 [mmol/kg (K⁺)]	交换性钠离子 [mmol/kg (Na⁺)]	阳离子交换量 [mmol/kg (＋)]
B01	2005	小麦	0～10	4.76	0.81	94.38
B01	2005	小麦	10～20	3.61	0.83	100.26
B02	2005	小麦	0～10	6.32	2.53	99.77
B02	2005	小麦	10～20	4.17	1.87	93.93
B03	2005	小麦	0～10	5.12	2.29	98.79
B03	2005	小麦	10～20	4.26	1.05	95.78

表4-79 农田土壤要素辅助长期观测采样地（NP＋M）土壤交换量

土壤类型：黑垆土；母质：马兰黄土

样区编号	年份	作物	采样深度 (cm)	交换性钾离子 [mmol/kg (K⁺)]	交换性钠离子 [mmol/kg (Na⁺)]	阳离子交换量 [mmol/kg (＋)]
B01	2005	小麦	0～10	4.63	0.76	99.38
B01	2005	小麦	10～20	4.12	0.96	106.04
B02	2005	小麦	0～10	4.64	2.15	100.74

（续）

样区编号	年份	作物	采样深度 （cm）	交换性钾离子 ［mmol/kg（K$^+$）］	交换性钠离子 ［mmol/kg（Na$^+$）］	阳离子交换量 ［mmol/kg（＋）］
B02	2005	小麦	10～20	4.07	0.99	98.30
B03	2005	小麦	0～10	5.11	3.34	99.99
B03	2005	小麦	10～20	3.55	1.09	95.67

表 4-80 站前塬面农田土壤生物采样地土壤交换量

土壤类型：黑垆土；母质：马兰黄土

样区编号	年份	作物	采样深度 （cm）	交换性钾离子 ［mmol/kg（K$^+$）］	交换性钠离子 ［mmol/kg（Na$^+$）］	阳离子交换量 ［mmol/kg（＋）］
B01	2005	小麦	0～10	4.19	0.90	93.47
B01	2005	小麦	10～20	5.02	3.10	98.41
B02	2005	小麦	0～10	2.75	1.06	93.96
B02	2005	小麦	10～20	3.00	0.99	93.01
B03	2005	小麦	0～10	2.58	1.45	91.35
B03	2005	小麦	10～20	2.85	1.36	94.35

表 4-81 杜家坪梯田农地土壤生物采样地土壤交换量

土壤类型：黄绵土；母质：黄土

样区编号	年份	作物	采样深度 （cm）	交换性钾离子 ［mmol/kg（K$^+$）］	交换性钠离子 ［mmol/kg（Na$^+$）］	阳离子交换量 ［mmol/kg（＋）］
B01	2005	小麦	0～10	2.42	0.90	78.88
B01	2005	小麦	10～20	2.77	1.22	89.05
B02	2005	小麦	0～10	3.12	1.11	86.74
B02	2005	小麦	10～20	3.34	3.07	62.35
B03	2005	小麦	0～10	3.12	2.11	72.98
B03	2005	小麦	10～20	2.92	2.92	75.13

（3）站区调查点

表 4-82 玉石塬面农田土壤生物采样地土壤交换量

土壤类型：黑垆土；母质：马兰黄土

样区编号	年份	作物	采样深度 （cm）	交换性钾离子 ［mmol/kg（K$^+$）］	交换性钠离子 ［mmol/kg（Na$^+$）］	阳离子交换量 ［mmol/kg（＋）］
B01	2005	小麦	0～10	6.96	1.14	99.85
B01	2005	小麦	10～20	7.05	1.81	103.55

表 4-83 枣泉塬面农田土壤生物采样地土壤交换量

土壤类型：黑垆土；母质：马兰黄土

样区编号	年份	作物	采样深度 （cm）	交换性钾离子 ［mmol/kg（K$^+$）］	交换性钠离子 ［mmol/kg（Na$^+$）］	阳离子交换量 ［mmol/kg（＋）］
B01	2005	小麦	0～10	3.22	1.62	96.96
B01	2005	小麦	10～20	2.79	2.29	96.96

表 4-84 中台塬面农田土壤生物采样地土壤交换量

土壤类型：黑垆土；母质：马兰黄土

样区编号	年份	作物	采样深度 （cm）	交换性钾离子 ［mmol/kg（K$^+$）］	交换性钠离子 ［mmol/kg（Na$^+$）］	阳离子交换量 ［mmol/kg（＋）］
B01	2005	小麦	0～10	4.76	1.00	93.86
B01	2005	小麦	10～20	5.33	1.24	90.66

4.2.2 土壤养分

（1）综合观测场

表 4 - 85 综合观测场土壤养分

土壤类型：黑垆土；母质：马兰黄土

样区编号	年份	作物	采样深度(cm)	有机质(g/kg)	全氮(N g/kg)	全磷(P g/kg)	全钾(K g/kg)	速效氮(N mg/kg)	有效磷(P mg/kg)	速效钾(K mg/kg)	缓效钾(K mg/kg)	水溶液提pH
B01	2008	小麦	0～20	13.61	0.92	0.78		65.9	19.2	143.3		8.5
B01	2008	小麦	20～40	11.12	0.74	0.69		58.0	13.3	143.0		8.6
B02	2008	小麦	0～20	13.01	0.90	0.80		66.6	19.0	120.3		8.4
B02	2008	小麦	20～40	9.65	0.70	0.63		54.1	11.9	115.7		8.5
B03	2008	小麦	0～20	13.50	0.93	0.84		93.3	16.8	102.8		8.4
B03	2008	小麦	20～40	9.84	0.72	0.65		68.6	10.6	116.8		8.4
B04	2008	小麦	0～20	14.2	0.97	0.84		73.7	14.6	105.1		8.4
B04	2008	小麦	20～40	12.84	0.90	0.76		76.4	10.2	122.9		8.3
B05	2008	小麦	0～20	13.89	0.96	0.81		73.7	15.8	144.7		8.5
B05	2008	小麦	20～40	12.54	0.87	0.75		69.8	12.3	128.5		8.5
B06	2008	小麦	0～20	14.66	1.00	0.77		81.5	18.3	155.2		8.4
B06	2008	小麦	20～40	11.56	0.83	0.66		77.6	12.5	128.8		8.4
B01	2007	玉米	0～20	14.15	0.90			68.3	22.0	169.9	1 292.1	8.5
B01	2007	玉米	20～40	12.58	0.87			61.3	11.6	123.4	1 337.1	8.6
B02	2007	玉米	0～20	14.21	0.93			71.7	24.8	141.3	1 317.7	8.5
B02	2007	玉米	20～40	11.69	0.80			89.1	14.9	110.7	1 260.3	8.3
B03	2007	玉米	0～20	14.02	0.94			68.3	26.0	138.6	1 294.9	8.5
B03	2007	玉米	20～40	11.59	0.82			69.3	11.4	112.4	1 265.1	8.6
B04	2007	玉米	0～20	12.60	0.84			54.4	24.8	124.8	1 157.3	8.6
B04	2007	玉米	20～40	8.86	0.61			50.9	8.3	106.2	1 337.4	8.6
B05	2007	玉米	0～20	13.75	0.96			68.3	20.2	117.0	1 196.0	8.4
B05	2007	玉米	20～40	11.72	0.81			64.8	11.3	106.1	1 162.5	8.4
B06	2007	玉米	0～20	14.94	0.99			64.8	25.4	138.3	1 353.2	8.6
B06	2007	玉米	20～40	12.27	0.87			54.4	12.8	123.6	1 257.9	8.6
B01	2006	小麦	0～10	14.3	0.9			70.9	16.7	149.0		8.2
B01	2006	小麦	10～20	13.1	0.9			66.9	9.4	132.7		8.2
B02	2006	小麦	0～10	15.2	0.9			79.6	15.5	128.7		8.2
B02	2006	小麦	10～20	12.6	0.8			65.2	8.0	136.3		8.2
B03	2006	小麦	0～10	16.0	1.0			76.6	19.1	144.8		8.1
B03	2006	小麦	10～20	12.5	0.9			57.8	9.2	127.2		8.4
B04	2006	小麦	0～10	14.6	1.0			70.9	16.5	132.8		8.4
B04	2006	小麦	10～20	11.9	0.8			54.1	8.7	123.6		8.3
B05	2006	小麦	0～10	15.0	1.0			68.5	15.5	161.7		8.4
B05	2006	小麦	10～20	12.2	0.8			59.8	9.7	133.4		8.4
B06	2006	小麦	0～10	13.7	0.9			59.8	15.7	151.0		8.1
B06	2006	小麦	10～20	9.5	0.7			45.7	7.6	117.4		8.3
B01	2005	小麦	0～10	13.4	0.9	0.9	19.8	68.5	10.4	153.8	1 434.3	8.3
B01	2005	小麦	10～20	13.2	0.9	0.8	21.4	66.7	25.2	153.2	1 442.6	8.3
B02	2005	小麦	0～10	14.4	0.9	0.9	21.1	72.2	17.4	149.3	1 424.9	8.4
B02	2005	小麦	10～20	12.7	0.9	0.9	21.2	63.0	14.5	129.1	1 343.8	8.4
B03	2005	小麦	0～10	13.7	0.9	1.0	21.2	72.8	29.1	156.4	1 448.2	8.3
B03	2005	小麦	10～20	14.6	0.9	0.9	21.3	72.2	13.8	140.9	1 383.1	8.3

（续）

样区编号	年份	作物	采样深度（cm）	有机质（g/kg）	全氮（N g/kg）	全磷（P g/kg）	全钾（K g/kg）	速效氮（N mg/kg）	有效磷（P mg/kg）	速效钾（K mg/kg）	缓效钾（K mg/kg）	水溶液提pH
B04	2005	小麦	0～10	15.6	0.9	0.9	23.5	78.9	19.8	164.2	1 281.2	8.4
B04	2005	小麦	10～20	14.3	0.9	0.9	22.5	78.9	10.9	155.1	1 290.9	8.3
B05	2005	小麦	0～10	15.1	0.9	1.0	21.9	79.5	25.2	178.2	1 280.5	8.3
B05	2005	小麦	10～20	14.2	0.9	0.8	22.5	71.0	8.7	153.3	1 288.5	8.3
B06	2005	小麦	0～10	14.0	0.9	0.9	21.9	69.7	27.1	156.2	1 237.3	8.3
B06	2005	小麦	10～20	10.9	0.7	0.7	21.7	54.4	3.4	138.7	1 254.7	8.3
B01	2004	玉米	0～20	13.7	0.9			60.7	23.2	133.7	1 477.7	8.5
B01	2004	玉米	20～40	11.9	0.8			56.1	1.8	121.3	1 479.7	8.5
B01	2004	玉米	40～60	10.3	0.7			38.3	1.8	125.0	1 511.4	8.5
B01	2004	玉米	60～100	11.4	0.7			42.2	1.1	110.4	1 393.7	8.4
B02	2004	玉米	0～20	13.6	0.9			61.1	9.2	127.2	1 338.1	8.5
B02	2004	玉米	20～40	8.6	0.6			40.3	1.7	98.8	1 324.8	8.4
B02	2004	玉米	40～60	6.9	0.5			34.7	1.0	89.2	1 383.1	8.6
B02	2004	玉米	60～100	7.4	0.5			31.7	0.9	82.8	1 166.0	8.6
B03	2004	玉米	0～20	12.8	0.9			68.0	19.0	144.1	1 415.7	8.4
B03	2004	玉米	20～40	10.6	0.8			44.2	3.5	164.7	1 398.9	8.8
B03	2004	玉米	40～60	12.9	0.8			52.1	1.2	135.2	1 202.1	8.5
B03	2004	玉米	60～100	9.9	0.7			35.0	1.6	112.0	1 290.9	8.5
B04	2004	玉米	0～20	13.3	0.9			62.0	8.7	139.3	1 368.8	8.5
B04	2004	玉米	20～40	8.7	0.6			36.0	1.3	103.4	1 290.5	8.5
B04	2004	玉米	40～60	9.9	0.7			38.0	0.9	101.6	1 241.3	8.5
B04	2004	玉米	60～100	10.6	0.7			37.0	1.0	100.7	1 329.6	8.5
B05	2004	玉米	0～20	13.8	1.0			59.7	10.8	134.1	1 360.9	8.6
B05	2004	玉米	20～40	11.3	0.8			48.8	3.6	125.8	1 441.9	8.4
B05	2004	玉米	40～60	9.4	0.7			41.6	2.0	113.0	1 243.7	8.5
B05	2004	玉米	60～100	10.2	0.7			37.3	0.9	108.0	1 317.1	8.5
B06	2004	玉米	0～20	13.2	0.9			59.8	11.3	141.4	1 451.7	8.4
B06	2004	玉米	20～40	10.6	0.8			53.1	2.7	126.8	1 430.6	8.4
B06	2004	玉米	40～60	8.6	0.6			35.3	1.1	112.2	1 402.4	8.4
B06	2004	玉米	60～100	8.4	0.6			34.3	0.5	118.5	1 331.9	8.5
B01	2003	玉米	0～15	13.0	0.8	0.7	21.5	51.2	5.2	132.6	1 357.8	8.5
B01	2003	玉米	15～30	12.7	0.9	0.8	21.1	62.3	11.0	122.2	1 310.7	8.2
B01	2003	玉米	30～60	10.4	0.7	0.7	22.9	43.1	2.3	126.2	1 344.3	8.5
B01	2003	玉米	60～90	11.4	0.7	0.6	22.8	44.4	1.2	132.0	1 533.7	8.6
B02	2003	玉米	0～15	13.4	0.9	0.8	21.5	58.2	11.2	123.5	1 334.9	8.7
B02	2003	玉米	15～30	14.2	0.9	0.8	20.1	55.2	9.8	124.1	1 122.3	8.5
B02	2003	玉米	30～60	11.8	0.8	0.7	21.4	54.5	1.9	121.4	1 384.7	8.7
B02	2003	玉米	60～90	10.3	0.7	0.7	21.4	34.3	1.9	128.0	1 488.9	8.7
B03	2003	玉米	0～15	14.1	1.0	0.8	21.2	62.6	8.5	123.3	1 382.4	8.5
B03	2003	玉米	15～30	12.9	1.0	0.7	21.8	57.5	4.0	119.1	1 388.5	8.6
B03	2003	玉米	30～60	9.8	0.8	0.6	21.0	57.2	1.3	125.7	1 543.1	8.7
B03	2003	玉米	60～90	10.8	0.7	0.7	22.5	62.3	0.9	124.7	1 522.6	8.7
B04	2003	玉米	0～15	13.7	0.9	0.8	21.5	65.3	14.7	138.2	1 401.4	8.5
B04	2003	玉米	15～30	12.5	0.9	0.8	20.8	58.4	11.2	127.6	1 349.6	8.6
B04	2003	玉米	30～60	10.0	0.8	0.6	21.9	39.4	2.4	125.1	1 384.1	8.7
B04	2003	玉米	60～90	10.8	0.7	0.5	22.1	33.7	1.7	117.1	1 411.7	8.6
B05	2003	玉米	0～15	13.2	0.9	0.8	21.0	53.2	9.7	117.3	1 448.7	8.5

（续）

样区编号	年份	作物	采样深度(cm)	有机质(g/kg)	全氮(N g/kg)	全磷(P g/kg)	全钾(K g/kg)	速效氮(N mg/kg)	有效磷(P mg/kg)	速效钾(K mg/kg)	缓效钾(K mg/kg)	水溶液提pH
B05	2003	玉米	15～30	11.6	0.9	0.7	20.9	54.9	2.4	113.5	1 544.6	8.7
B05	2003	玉米	30～60	8.6	0.7	0.6	21.0	37.7	1.5	116.0	1 318.0	8.8
B05	2003	玉米	60～90	10.7	0.7	0.6	20.9	43.1	1.2	109.7	1 251.6	8.7
B06	2003	玉米	0～15	12.6	0.9	0.8	20.7	59.2	7.3	115.5	1 296.5	8.5
B06	2003	玉米	15～30	12.2	0.9	0.8	21.0	46.4	5.2	113.3	1 330.7	8.6
B06	2003	玉米	30～60	9.9	0.8	0.7	21.2	48.1	1.3	109.0	1 393.5	8.7
B06	2003	玉米	60～90	10.8	0.7	0.7	20.5	39.7	1.5	110.0	1 324.4	8.7
B01	2002	小麦	0～20	12.9	0.9				4.2	154.3		
B02	2002	小麦	0～20	13.1	0.9				1.8	130.4		
B03	2002	小麦	0～20	13.3	0.9				7.7	145.1		
B01	2001	小麦	0～20	12.1	0.8	0.7	19.6	48.6	2.9	106.0	1 366.2	8.8
B01	2001	小麦	20～40	12.0	0.9	0.6	21.2	50.5	1.8	100.4	1 288.5	8.7
B01	2001	小麦	40～60	9.1	0.7	0.5	20.9	36.4	0.7	100.4	1 288.5	8.7
B02	2001	小麦	0～20	14.0	0.7	0.7	19.5	55.4	4.6	100.4	1 371.8	8.7
B02	2001	小麦	20～40	10.9	0.8	0.7	21.1	45.7	2.2	94.8	1 294.1	8.7
B02	2001	小麦	40～60	9.1	0.6	0.6	21.2	32.3	0.3	94.8	1 294.1	8.7
B01	2000	玉米	0～20	13.3	0.9	0.8	20.8		9.7	105.1		8.6
B01	2000	玉米	20～40	10.8	0.8	0.7	20.6		4.7	99.7		8.7
B01	2000	玉米	40～60	10.9	0.6	0.6	20.5		2.2	89.0		8.7
B01	1999	玉米	0～20	13.0	0.9	0.8				154.1		
B01	1999	玉米	20～40	12.5	0.9	0.7				140.6		
B01	1999	玉米	40～60	9.9	0.9	0.6				154.1		
B02	1999	玉米	0～20	13.0	0.9	0.8				154.1		
B02	1999	玉米	20～40	12.5	0.9	0.7				140.6		
B02	1999	玉米	40～60	9.9	0.7	0.6				154.1		
B03	1999	玉米	0～20	12.7	0.9	0.8				151.0		
B03	1999	玉米	20～40	9.3	0.9	0.7				140.6		
B03	1999	玉米	40～60	8.5	0.6	0.7				127.2		
B01	1998	小麦	0～20	12.8	0.9	0.7				164.0		
B02	1998	小麦	0～20	13.4	1.0	0.7				164.0		
B03	1998	小麦	0～20	13.5	1.0	0.8				154.0		

（2）辅助观测场

表 4-86　农田土壤要素辅助长期观测采样地（CK）土壤养分

土壤类型：黑垆土　母质：马兰黄土

样区编号	年份	作物	采样深度(cm)	有机质(g/kg)	全氮(N g/kg)	全磷(P g/kg)	全钾(K g/kg)	速效氮(N mg/kg)	有效磷(P mg/kg)	速效钾(K mg/kg)	缓效钾(K mg/kg)	水溶液提pH
B01	2008	小麦	0～20	13.26	0.88	0.79		65.9	13.3	148.8		8.7
B01	2008	小麦	20～40	11.56	0.81	0.75		61.9	8.3	142.4		8.7
B02	2008	小麦	0～20	12.84	0.91	0.78		61.6	15.2	146.2		8.7
B02	2008	小麦	20～40	10.89	0.77	0.68		70.2	9.2	145.6		8.5
B03	2008	小麦	0～20	13.57	0.93	0.86		85.5	14.6	144.3		8.5
B03	2008	小麦	20～40	12.15	0.82	0.75		61.9	8.4	182.4		8.5
B01	2007	小麦	0～20	13.68	0.91			71.7	15.0	147.1	1 338.5	8.6
B01	2007	小麦	20～40	10.09	0.74			50.9	8.0	143.1	1 300.5	8.6
B02	2007	小麦	0～20	13.36	0.91			68.3	15.4	161.1	1 412.4	8.5

（续）

样区编号	年份	作物	采样深度（cm）	有机质（g/kg）	全氮（N g/kg）	全磷（P g/kg）	全钾（K g/kg）	速效氮（N mg/kg）	有效磷（P mg/kg）	速效钾（K mg/kg）	缓效钾（K mg/kg）	水溶液提pH
B02	2007	小麦	20～40	10.63	0.77			54.4	10.6	134.0	1 382.0	8.6
B03	2007	小麦	0～20	12.64	0.93			68.3	14.6	131.7	1 252.8	8.7
B03	2007	小麦	20～40	10.76	0.81			54.4	10.6	117.7	1 224.3	8.7
B01	2006	小麦	0～10	13.0	0.8			58.8	8.8	146.4		8.4
B01	2006	小麦	10～20	12.4	0.8			56.1	5.7	143.4		8.4
B02	2006	小麦	0～10	13.4	0.9			65.5	11.0	157.5		8.5
B02	2006	小麦	10～20	12.8	0.8			56.8	6.8	153.1		8.4
B03	2006	小麦	0～10	14.0	0.9			64.2	10.8	167.8		8.3
B03	2006	小麦	10～20	12.5	0.9			54.8	6.7	144.7		8.4
B01	2005	小麦	0～10	14.8	0.9	0.9	22.8	79.5	13.3	188.1	1 278.2	8.4
B01	2005	小麦	10～20	12.9	0.8	0.9	23.6	61.2	7.9	147.6	1 312.9	8.4
B01	2005	小麦	20～40	10.9	0.7	0.7	20.3					
B01	2005	小麦	40～60	9.3	0.6	0.7	21.5					
B01	2005	小麦	60～100	10.5	0.6	0.6	22.3					
B02	2005	小麦	0～10	14.7	0.8	0.8	21.8	78.9	13.0	158.4	1 344.0	8.1
B02	2005	小麦	10～20	13.1	0.8	0.8	20.5	67.3	8.3	143.0	1 381.9	8.3
B02	2005	小麦	20～40	11.3	0.7	0.7	21.0					
B02	2005	小麦	40～60	9.9	0.7	0.7	21.2					
B02	2005	小麦	60～100	10.7	0.6	0.6	22.1					
B03	2005	小麦	0～10	14.4	0.8	0.8	20.3	74.0	14.4	173.1	1 417.3	8.4
B03	2005	小麦	10～20	12.9	0.8	0.8	19.8	71.0	9.6	157.9	1 399.0	8.4
B03	2005	小麦	20～40	10.6	0.7	0.7	20.9					
B03	2005	小麦	40～60	8.4	0.6	0.6	20.7					
B03	2005	小麦	60～100	10.6	0.6	0.6	22.0					
B01	2004	小麦	0～20	14.2	1.0			70.6	9.8	161.7	1 412.5	8.4
B01	2004	小麦	20～40	11.0	0.8			43.6	2.9	131.1	1 424.8	8.4

表4-87　农田土壤要素辅助长期观测采样地（NP＋M）土壤养分

土壤类型：黑垆土　母质：马兰黄土

样区编号	年份	作物	采样深度（cm）	有机质（g/kg）	全氮（N g/kg）	全磷（P g/kg）	全钾（K g/kg）	速效氮（N mg/kg）	有效磷（P mg/kg）	速效钾（K mg/kg）	缓效钾（K mg/kg）	水溶液提pH
B01	2008	小麦	0～20	13.67	0.90	0.78		65.9	21.6	136.1		8.7
B01	2008	小麦	20～40	11.44	0.78	0.69		54.9	9.7	200.8		8.5
B02	2008	小麦	0～20	11.60	0.78	0.70		64.7	18.4	148.8		8.7
B02	2008	小麦	20～40	10.67	0.76	0.68		61.9	10.7	156.2		8.7
B03	2008	小麦	0～20	12.74	0.84	0.74		60.4	15.9	165.0		8.7
B03	2008	小麦	20～40	10.94	0.74	0.67		58.3	8.3	186.5		8.6
B01	2007	小麦	0～20	12.76	0.89			64.8	13.5	163.1	1 354.4	8.6
B01	2007	小麦	20～40	9.56	0.72			50.9	7.8	138.8	1 340.2	8.5
B02	2007	小麦	0～20	13.30	0.93			61.3	13.4	152.5	1 314.5	8.7
B02	2007	小麦	20～40	10.60	0.74			50.9	8.3	121.0	1 257.0	8.7
B03	2007	小麦	0～20	13.38	0.88			61.3	16.2	195.7	1 243.8	8.5
B03	2007	小麦	20～40	10.76	0.73			50.9	10.2	142.1	1 236.4	8.5

（续）

样区编号	年份	作物	采样深度 (cm)	有机质 (g/kg)	全氮 (N g/kg)	全磷 (P g/kg)	全钾 (K g/kg)	速效氮 (N mg/kg)	有效磷 (P mg/kg)	速效钾 (K mg/kg)	缓效钾 (K mg/kg)	水溶液提pH
B01	2006	小麦	0~10	13.9	0.9			57.8	11.7	160.9		8.3
B01	2006	小麦	10~20	10.6	0.7			45.4	7.3	146.0		8.3
B02	2006	小麦	0~10	12.6	0.8			61.5	11.3	156.0		8.3
B02	2006	小麦	10~20	12.2	0.8			48.0	10.5	150.0		8.3
B03	2006	小麦	0~10	13.3	0.8			63.5	14.1	163.8		8.3
B03	2006	小麦	10~20	11.6	0.8			53.1	7.5	152.3		8.2
B01	2005	小麦	0~10	14.9	0.9	0.8	21.2	67.3	13.1	177.2	1 431.2	8.4
B01	2005	小麦	10~20	13.3	0.8	0.8	21.0	63.0	12.0	164.9	1 424.4	8.3
B01	2005	小麦	20~40	10.7	0.7	0.7	20.7					
B01	2005	小麦	40~60	9.2	0.6	0.6	22.0					
B01	2005	小麦	60~100	11.1	0.7	0.6	22.2					
B02	2005	小麦	0~10	14.6	0.8	0.8	20.8	67.9	14.4	182.7	1 467.0	8.4
B02	2005	小麦	10~20	13.1	0.8	0.8	19.8	66.1	15.8	167.2	1 553.0	8.4
B02	2005	小麦	20~40	10.8	0.7	0.7	20.2					
B02	2005	小麦	40~60	9.3	0.6	0.6	21.9					
B02	2005	小麦	60~100	11.0	0.7	0.7	21.1					
B03	2005	小麦	0~10	14.3	0.8	0.9	19.5	75.9	15.5	175.4	1 456.0	8.3
B03	2005	小麦	10~20	12.9	0.8	0.9	19.5	73.4	9.6	147.5	1 438.2	8.3
B03	2005	小麦	20~40	10.1	0.6	0.7	20.1					
B03	2005	小麦	40~60	8.3	0.6	0.7	20.1					
B03	2005	小麦	60~100	10.1	0.6	0.7	20.8					
B01	2004	小麦	0~20	12.0	0.9			70.3	8.4	145.0	1 401.7	8.5
B01	2004	小麦	20~40	10.4	0.7			45.5	2.8	126.8	1 405.7	8.5

表 4-88　站前塬面农田土壤生物采样地土壤养分

土壤类型：黑垆土　母质：马兰黄土

编号	年份	作物	采样深度 (cm)	有机质 (g/kg)	全氮 (N g/kg)	全磷 (P g/kg)	全钾 (K g/kg)	速效氮 (N mg/kg)	有效磷 (P mg/kg)	速效钾 (K mg/kg)	缓效钾 (K mg/kg)	水溶液提pH
B01	2008	玉米	0~20	14.20	0.99	0.90		77.6	16.1	181.9		8.6
B01	2008	玉米	20~40	12.53	0.89	0.71		61.9	13.7	124.6		8.7
B02	2008	玉米	0~20	13.73	0.97	0.87		81.5	18.3	186.0		8.6
B02	2008	玉米	20~40	11.85	0.86	0.69		72.7	14.2	123.5		8.6
B03	2008	玉米	0~20	13.88	1.03	0.92		77.6	19.0	185.7		8.5
B03	2008	玉米	20~40	11.8	0.87	0.73		89.4	15.2	121.9		8.6
B01	2007	小麦	0~20	14.28	0.94			68.3	22.3	156.7	1 317.5	8.5
B01	2007	小麦	20~40	10.14	0.72			54.4	12.9	131.6	1 312.9	8.5
B02	2007	小麦	0~20	13.68	0.89			66.5	22.1	156.6	1 208.5	8.7
B02	2007	小麦	20~40	11.41	0.78			54.4	8.8	144.2	1 278.0	8.6
B03	2007	小麦	0~20	13.98	0.97			68.3	17.8	175.8	1 327.3	8.6
B03	2007	小麦	20~40	10.92	0.79			57.9	9.9	166.1	1 305.9	8.6
B01	2006	小麦	0~10	13.5	0.9			69.6	15.5	145.4		8.4
B01	2006	小麦	10~20	11.3	0.8			61.8	11.7	146.6		8.4
B02	2006	小麦	0~10	13.1	0.8			59.1	16.1	150.5		8.1

（续）

编号	年份	作物	采样深度 （cm）	有机质 （g/kg）	全氮 （N g/kg）	全磷 （P g/kg）	全钾 （K g/kg）	速效氮 （N mg/kg）	有效磷 （P mg/kg）	速效钾 （K mg/kg）	缓效钾 （K mg/kg）	水溶液提 pH
B02	2006	小麦	10～20	10.6	0.7			51.7	5.8	127.1		8.3
B03	2006	小麦	0～10	14.1	0.9			58.5	19.2	159.2		8.4
B03	2006	小麦	10～20	12.4	0.8			52.8	8.1	143.1		8.3
B01	2005	玉米	0～10	10.7	0.7	0.8	19.4	65.5	18.9	134.4	1 274.7	8.3
B01	2005	玉米	10～20	12.3	0.8	0.9	20.0	69.7	19.7	124.4	1 275.4	8.2
B02	2005	玉米	0～10	10.8	0.7	0.9	19.9	64.8	20.2	123.6	1 327.5	8.3
B02	2005	玉米	10～20	10.5	0.7	0.8	20.2	64.2	15.8	120.6	1 211.6	8.2
B03	2005	玉米	0～10	8.6	0.5	0.8	19.7	46.5	13.8	114.1	1 190.1	8.3
B03	2005	玉米	10～20	10.0	0.6	0.8	19.2	61.2	18.0	122.0	1 241.7	8.3
B01	2005	玉米	0～10	10.7	0.7	0.8	19.4					
B01	2005	玉米	10～20	12.3	0.8	0.9	20.0					
B01	2005	玉米	20～40	11.0	0.8	0.8	20.2					
B01	2005	玉米	40～60	8.1	0.6	0.7	19.9					
B01	2005	玉米	60～100	8.9	0.6	0.6	20.3					
B02	2005	玉米	0～10	10.8	0.7	0.9	19.9					
B02	2005	玉米	10～20	10.5	0.7	0.8	20.2					
B02	2005	玉米	20～40	9.4	0.7	0.7	20.5					
B02	2005	玉米	40～60	7.5	0.6	0.6	20.2					
B02	2005	玉米	60～100	8.5	0.6	0.6	20.3					
B03	2005	玉米	0～10	8.6	0.5	0.8	19.7					
B03	2005	玉米	10～20	10.0	0.6	0.8	19.2					
B03	2005	玉米	20～40	10.4	0.7	0.8	18.7					
B03	2005	玉米	40～60	7.6	0.6	0.6	19.0					
B03	2005	玉米	60～100	9.0	0.6	0.6	20.9					
B01	2004	小麦	0～10	12.9	0.9			56.8	21.9	155.3	1 378.5	8.4
B01	2004	小麦	10～20	13.0	0.9			60.4	24.5	151.4	1 413.1	8.3
B01	2004	小麦	20～40	10.4	0.7			46.5	11.2	147.0	1 348.6	8.4
B01	2004	小麦	40～60	8.3	0.6			38.6	2.7	113.7	1 376.3	8.4
B01	2004	小麦	60～100	9.7	0.6			34.3	2.4	100.7	1 201.8	8.4
B02	2004	小麦	0～10	13.9	1.0			60.4	31.8	158.0	1 449.2	8.3
B02	2004	小麦	10～20	13.9	1.0			62.7	28.9	158.9	1 376.3	8.1
B02	2004	小麦	20～40	11.1	0.8			43.2	18.8	158.4	1 387.1	8.3
B02	2004	小麦	40～60	7.8	0.6			30.7	4.4	120.8	1 294.1	8.3
B02	2004	小麦	60～100	10.4	0.7			36.6	3.1	105.0	1 245.8	8.4
B03	2004	小麦	0～10	13.0	1.0			64.0	28.5	151.1	1 342.5	8.3
B03	2004	小麦	10～20	12.4	0.9			57.4	19.8	142.8	1 339.5	8.3
B03	2004	小麦	20～40	10.5	0.8			50.5	5.7	136.9	1 345.2	8.5
B03	2004	小麦	40～60	8.8	0.6			36.0	2.2	112.0	1 341.9	8.5
B03	2004	小麦	60～100	10.1	0.7			36.6	2.0	108.0	1 366.0	8.4
B04	2004	小麦	0～10	13.4	0.9			62.7	27.4	141.2	1 281.5	8.4
B04	2004	小麦	10～20	12.9	0.9			58.4	24.7	137.6	1 344.3	8.3
B04	2004	小麦	20～40	12.0	0.9			58.7	7.1	154.2	1 417.3	8.4
B04	2004	小麦	40～60	7.3	0.6			41.3	2.7	111.1	1 312.5	8.5
B04	2004	小麦	60～100	9.3	0.6			40.9	2.0	100.5	1 284.9	8.4

（续）

编号	年份	作物	采样深度 （cm）	有机质 （g/kg）	全氮 （N g/kg）	全磷 （P g/kg）	全钾 （K g/kg）	速效氮 （N mg/kg）	有效磷 （P mg/kg）	速效钾 （K mg/kg）	缓效钾 （K mg/kg）	水溶液提 pH
B05	2004	小麦	0~10	13.9	1.0			70.3	26.5	153.0	1 359.4	8.3
B05	2004	小麦	10~20	13.2	0.9			70.0	25.3	152.2	1 443.2	8.2
B05	2004	小麦	20~40	10.3	0.8			58.1	11.0	130.7	1 399.4	8.4
B05	2004	小麦	40~60	8.9	0.7			38.9	4.2	111.0	1 305.5	8.5
B05	2004	小麦	60~100	10.1	0.7			38.3	3.9	101.4	1 240.0	8.4
B06	2004	小麦	0~10	13.1	0.9			56.8	29.4	138.2	1 372.6	8.4
B06	2004	小麦	10~20	12.8	0.9			60.7	24.6	160.9	1 419.7	8.3
B06	2004	小麦	20~40	11.0	0.8			52.8	11.4	134.8	1 344.0	8.5
B06	2004	小麦	40~60	9.0	0.6			36.3	3.6	110.4	1 228.9	8.5
B06	2004	小麦	60~100	16.6	0.9			56.4	3.7	99.6	1 198.3	8.4
B01	2003	小麦	0~15	13.0	0.9	0.9	20.6	58.9	25.0	147.1	1 184.6	8.7
B01	2003	小麦	15~30	10.1	0.8	0.8	19.6	47.1	10.9	149.5	1 168.6	8.9
B01	2003	小麦	30~60	8.2	0.6	0.6	21.2	39.0	1.5	103.4	1 143.4	8.9
B01	2003	小麦	60~90	10.4	0.7	0.6	20.7	32.0	2.7	100.1	1 035.1	8.7
B02	2003	小麦	0~15	13.1	0.9	1.5	20.0	56.9	20.9	145.2	1 357.6	8.4
B02	2003	小麦	15~30	11.5	0.9	0.9	19.9	54.2	21.0	162.8	1 382.9	8.7
B02	2003	小麦	30~60	8.6	0.6	0.6	20.1	46.4	5.9	119.0	1 339.4	8.9
B02	2003	小麦	60~90	10.3	0.7	0.6	20.4	39.4	4.7	101.1	1 212.9	8.7
B03	2003	小麦	0~15	12.3	0.9	0.8	20.1	46.1	19.4	133.3	1 273.6	8.7
B03	2003	小麦	15~30	11.2	0.8	0.8	19.4	45.8	11.9	153.0	1 207.5	8.8
B03	2003	小麦	30~60	8.7	0.6	0.6	20.4	37.7	2.6	109.7	1 135.5	8.8
B03	2003	小麦	60~90	10.2	0.7	0.6	20.3	36.0	1.3	100.0	1 101.2	8.8
B04	2003	小麦	0~15	13.5	1.0	0.9	19.6	57.9	35.5	166.2	1 237.1	8.3
B04	2003	小麦	15~30	12.9	1.0	0.8	19.8	54.2	18.3	186.3	1 340.9	8.5
B04	2003	小麦	30~60	12.1	0.9	0.7	19.8	46.1	8.7	161.2	1 385.2	8.7
B04	2003	小麦	60~90	10.5	0.8	0.7	20.8	45.8	4.5	129.5	1 121.7	8.7
B05	2003	小麦	0~15	13.6	0.9	0.9	19.0	66.6	16.9	143.7	1 250.0	8.7
B05	2003	小麦	15~30	12.2	0.8	0.8	19.7	50.5	9.6	140.5	1 187.5	8.8
B05	2003	小麦	30~60	9.3	0.6	0.7	19.4	47.5	3.5	144.4	1 036.1	8.9
B05	2003	小麦	60~90	10.0	0.6	0.7	19.7	37.0	3.5	105.9	1 017.0	8.7
B06	2003	小麦	0~15	14.3	0.9	0.9	20.0	53.2	24.4	187.1	1 385.4	8.7
B06	2003	小麦	15~30	12.9	0.9	0.9	20.1	49.1	14.7	181.5	1 407.8	8.7
B06	2003	小麦	30~60	9.3	0.6	0.6	20.0	32.0	5.7	122.4	1 282.9	8.8
B06	2003	小麦	60~90	10.2	0.7	0.6	19.8	33.0	2.9	94.9	1 076.3	8.8
B01	2002	春玉米	0~20	13.5	0.9				11.7	167.1		
B01	2002	春玉米	20~40	10.2	0.7				1.3	140.6		
B02	2002	春玉米	0~20	13.3	0.9				11.5	173.1		
B02	2002	春玉米	20~40	10.8	0.8				2.4	142.1		
B03	2002	春玉米	0~20	12.8	0.9				9.6	170.3		
B03	2002	春玉米	20~40	10.3	0.7				2.2	138.6		

表4-89 杜家坪梯田农地土壤生物采样地土壤养分

土壤类型：黄绵土　母质：黄土

样区 编号	年份	作物	采样深度 （cm）	有机质 （g/kg）	全氮 （N g/kg）	全磷 （P g/kg）	全钾 （K g/kg）	速效氮 （N mg/kg）	有效磷 （P mg/kg）	速效钾 （K mg/kg）	缓效钾 （K mg/kg）	水溶液提 pH
B01	2008	小麦	0~20	10.38	0.73	0.76		81.5	16.0	136.1		8.4
B01	2008	小麦	20~40	7.98	0.61	0.61		105.1	10.6	117.3		8.3
B02	2008	小麦	0~20	9.48	0.66	0.75		61.9	16.2	102.5		8.5

（续）

样区编号	年份	作物	采样深度（cm）	有机质（g/kg）	全氮（N g/kg）	全磷（P g/kg）	全钾（K g/kg）	速效氮（N mg/kg）	有效磷（P mg/kg）	速效钾（K mg/kg）	缓效钾（K mg/kg）	水溶液提pH
B02	2008	小麦	20～40	7.38	0.54	0.59		69.8	11.1	93.0		8.5
B03	2008	小麦	0～20	10.98	0.74	0.67		81.5	12.0	86.7		8.5
B03	2008	小麦	20～40	7.94	0.56	0.57		51.0	7.6	103.5		8.6
B01	2007	小麦	0～20	10.66	0.78			54.4	10.6	103.0	983.5	8.5
B01	2007	小麦	20～40	8.26	0.59			56.1	6.0	92.9	831.1	8.5
B02	2007	小麦	0～20	10.42	0.68			54.4	13.1	115.3	958.2	8.7
B02	2007	小麦	20～40	7.38	0.51			40.5	5.6	82.2	896.8	8.7
B03	2007	小麦	0～20	11.72	0.80			61.3	14.0	119.8	949.5	8.6
B03	2007	小麦	20～40	8.30	0.57			44.1	15.1	80.6	861.9	8.7
B01	2006	小麦	0～10	11.3	0.7			53.1	10.1	110.3		8.3
B01	2006	小麦	10～20	9.0	0.6			40.3	6.0	99.7		8.4
B02	2006	小麦	0～10	8.9	0.6			54.4	9.9	87.5		8.2
B02	2006	小麦	10～20	6.9	0.5			36.3	4.0	76.1		8.3
B03	2006	小麦	0～10	10.3	0.7			52.1	11.1	101.0		8.3
B03	2006	小麦	10～20	6.8	0.5			39.6	5.0	89.4		8.3
B01	2005	小麦	0～10	12.4	0.7	0.8	19.4	66.1	25.2	113.1	1 148.7	8.3
B01	2005	小麦	10～20	10.4	0.6	0.7	16.6	59.9	11.6	111.7	1 009.1	8.3
B02	2005	小麦	0～10	12.0	1.0	0.8	17.7	77.7	25.4	134.2	1 049.7	8.3
B02	2005	小麦	10～20	9.9	0.7	0.8	17.6	69.7	7.6	130.7	1 002.4	8.2
B03	2005	小麦	0～10	11.5	0.7	0.9	16.9	82.6	38.7	137.8	1 043.7	8.3
B03	2005	小麦	10～20	10.6	0.7	0.8	16.9	79.5	19.9	119.3	1 038.3	8.2
B01	2005	小麦	0～10	12.4	0.7	0.8	19.4					
B01	2005	小麦	10～20	10.4	0.6	0.7	16.6					
B01	2005	小麦	20～40	8.9	0.5	0.7	17.3					
B01	2005	小麦	40～60	8.1	0.5	0.7	17.8					
B01	2005	小麦	60～100	8.1	0.5	0.7	17.9					
B02	2005	小麦	0～10	12.0	1.0	0.8	17.7					
B02	2005	小麦	10～20	9.9	0.7	0.8	17.6					
B02	2005	小麦	20～40	7.5	0.5	0.7	17.5					
B02	2005	小麦	40～60	6.7	0.4	0.7	17.6					
B02	2005	小麦	60～100	5.8	0.4	0.8	17.3					
B03	2005	小麦	0～10	11.5	0.7	0.9	16.9					
B03	2005	小麦	10～20	10.6	0.7	0.8	16.9					
B03	2005	小麦	20～40	9.5	0.6	0.8	17.3					
B03	2005	小麦	40～60	6.8	0.5	0.7	19.2					
B03	2005	小麦	60～100	6.6	0.4	0.7	18.2					
B01	2004	小麦	0～10	10.4	0.7			47.9	10.5	105.6	1083.2	8.4
B01	2004	小麦	10～20	10.8	0.7			55.1	12.3	130.2	1101.2	8.4
B01	2004	小麦	20～40	8.6	0.6			51.2	11.2	123.9	1040.3	8.5
B01	2004	小麦	40～60	6.6	0.5			32.3	2.2	78.7	1042.2	8.5
B01	2004	小麦	60～100	6.0	0.5			32.3	1.2	71.9	1022.0	8.5
B02	2004	小麦	0～10	9.2	0.7			48.2	7.5	98.4	1046.8	8.5
B02	2004	小麦	10～20	9.5	0.7			46.9	9.8	108.2	1059.1	8.5
B02	2004	小麦	20～40	6.0	0.5			33.3	1.6	73.0	1103.3	8.6
B02	2004	小麦	40～60	7.6	0.6			40.9	2.3	80.5	1057.2	8.5
B02	2004	小麦	60～100	6.5	0.5			32.7	1.4	81.2	1023.8	8.5
B03	2004	小麦	0～10	10.6	0.8			49.8	20.4	114.6	1098.6	8.3
B03	2004	小麦	10～20	10.0	0.7			44.6	12.0	108.6	1063.4	8.3

（续）

样区编号	年份	作物	采样深度 (cm)	有机质 (g/kg)	全氮 (N g/kg)	全磷 (P g/kg)	全钾 (K g/kg)	速效氮 (N mg/kg)	有效磷 (P mg/kg)	速效钾 (K mg/kg)	缓效钾 (K mg/kg)	水溶液提 pH
B03	2004	小麦	20～40	7.6	0.6			40.6	4.8	85.7	1108.0	8.4
B03	2004	小麦	40～60	6.5	0.5			31.4	2.1	71.6	944.8	8.6
B03	2004	小麦	60～100	6.5	0.5			31.7	2.0	69.0	882.0	8.5
B01	2003	小麦	0～15	9.9	0.7	0.7	20.4	55.9	10.4	92.6	809.0	8.5
B01	2003	小麦	15～30	8.8	0.6	0.6	18.0	45.1	5.6	75.0	936.3	8.6
B01	2003	小麦	30～60	7.7	0.6	0.6	17.9	34.0	0.6	72.8	891.2	8.9
B01	2003	小麦	60～90	8.0	0.6	0.6	17.9	33.3	1.2	70.5	863.6	8.8
B02	2003	小麦	0～15	10.5	0.8	0.6	19.2	51.8	12.2	78.3	923.3	8.2
B02	2003	小麦	15～30	10.0	0.7	0.7	19.2	45.1	18.1	96.0	870.4	8.3
B02	2003	小麦	30～60	7.6	0.5	0.6	18.7	33.3	1.0	67.6	810.9	8.7
B02	2003	小麦	60～90	7.3	0.5	0.6	19.6	34.7	0.1	69.8	842.6	8.7
B03	2003	小麦	0～15	11.5	0.8	0.6	18.5	51.5	6.8	95.9	927.0	8.4
B03	2003	小麦	15～30	9.6	0.8	0.6	18.0	47.5	3.0	77.8	756.3	8.5
B03	2003	小麦	30～60	7.7	0.5	0.6	18.7	33.3	1.1	65.5	756.6	8.7
B03	2003	小麦	60～90	7.8	0.5	0.6	19.2	41.1	1.0	85.8	799.9	8.7
B04	2003	小麦	0～15	9.8	0.7	0.6	19.2	44.1	8.0	95.2	815.7	8.4
B04	2003	小麦	15～30	8.4	0.6	0.6	19.0	40.0	7.5	81.4	846.3	8.4
B04	2003	小麦	30～60	7.4	0.6	0.6	18.8	33.0	1.6	68.8	846.8	8.7
B04	2003	小麦	60～90	7.9	0.6	0.6	19.5	35.0	1.6	69.0	863.1	8.7
B05	2003	小麦	0～15	10.1	0.7	0.6	19.9	41.4	6.5	89.3	872.3	8.6
B05	2003	小麦	15～30	8.8	0.6	0.6	20.0	40.4	5.0	78.6	849.5	8.6
B05	2003	小麦	30～60	8.1	0.5	0.6	20.0	35.7	2.5	72.5	840.3	8.7
B05	2003	小麦	60～90	6.6	0.5	0.6	19.3	27.6	2.0	93.6	644.4	8.8
B06	2003	小麦	0～15	10.9	0.7	0.6	19.2	50.5	7.5	74.5	676.3	8.5
B06	2003	小麦	15～30	8.7	0.6	0.6	18.4	42.4	3.1	73.6	757.3	8.5
B06	2003	小麦	30～60	8.0	0.6	0.6	19.4	36.3	1.2	62.1	680.3	8.8
B06	2003	小麦	60～90	6.0	0.4	0.6	18.5	32.6	0.8	57.7	718.8	8.8
B01	2002	撂荒	0～20	10.2	0.6				1.1	109.1		
B02	2002	撂荒	0～20	8.4	0.6				0.4	91.8		

（3）站区调查点

表 4 - 90　玉石塬面农田土壤生物采样地土壤养分

土壤类型：黑垆土　　母质：马兰黄土

样区编号	年份	作物	采样深度 (cm)	有机质 (g/kg)	全氮 (N g/kg)	全磷 (P g/kg)	全钾 (K g/kg)	速效氮 (N mg/kg)	有效磷 (P mg/kg)	速效钾 (K mg/kg)	缓效钾 (K mg/kg)	水溶液提 pH
B01	2008	小麦	0～20	16.25	1.09	0.92		80.8	20.6	263.0		8.6
B01	2008	小麦	20～40	14.19	0.98	0.80		81.5	13.1	175.5		8.6
B02	2008	小麦	0～20	14.57	1.02	0.82		65.9	19.0	266.8		8.6
B02	2008	小麦	20～40	13.45	0.93	0.75		72.9	11.9	211.0		8.6
B03	2008	小麦	0～20	15.22	1.02	0.87		80.0	19.5	350.1		8.5
B03	2008	小麦	20～40	13.46	0.96	0.82		98.8	11.9	191.4		8.5
B01	2007	小麦	0～20	15.20	1.00			71.7	26.8	324.8	1 303.1	8.7
B01	2007	小麦	20～40	11.90	0.84			64.8	14.0	182.6	1 475.9	8.6
B02	2007	小麦	0～20	14.65	0.98			80.4	33.2	302.3	1 236.2	8.6
B02	2007	小麦	20～40	12.56	0.87			64.8	16.2	205.5	1 274.5	8.7
B03	2007	小麦	0～20	17.08	1.19			82.1	33.8	349.2	1 358.4	8.5
B03	2007	小麦	20～40	15.75	1.10			85.6	16.0	291.6	1 307.9	8.4

（续）

样区编号	年份	作物	采样深度 (cm)	有机质 (g/kg)	全氮 (N g/kg)	全磷 (P g/kg)	全钾 (K g/kg)	速效氮 (N mg/kg)	有效磷 (P mg/kg)	速效钾 (K mg/kg)	缓效钾 (K mg/kg)	水溶液提 pH
B01	2006	小麦	0～10	15.4	1.0			64.8	30.6	199.6		8.3
B01	2006	小麦	10～20	14.6	1.0			64.2	20.9	283.4		8.3
B02	2006	小麦	0～10	16.6	1.1			74.6	33.7	311.8		8.4
B02	2006	小麦	10～20	13.7	0.9			61.2	20.4	222.5		8.4
B03	2006	小麦	0～10	14.3	0.9			69.9	33.2	229.2		8.3
B03	2006	小麦	10～20	13.4	0.9			58.8	23.6	224.2		8.4
B01	2005	小麦	0～10	18.0	1.1	1.0	18.2	84.4	24.1	240.0	1 580.1	8.3
B01	2005	小麦	10～20	16.9	1.0	0.9	17.8	83.8	48.4	237.7	1 521.5	8.2
B01	2005	小麦	0～10	18.0	1.1	1.0	18.2					
B01	2005	小麦	10～20	16.9	1.0	0.9	17.8					
B01	2005	小麦	20～40	14.0	0.9	0.9	18.5					
B01	2005	小麦	40～60	9.9	0.6	0.8	20.0					
B01	2005	小麦	60～100	12.1	0.7	0.9	21.0					
B01	2004	小麦	0～10	14.5	1.0			64.7	18.6	211.9	1 145.1	8.3
B01	2004	小麦	10～20	14.6	1.0			65.3	17.9	175.6	1 251.1	8.4
B01	2003	小麦	0～15	14.3	0.9	0.9	20.0	51.8	32.7	166.1	1 493.5	8.4
B01	2003	小麦	15～30	13.5	0.9	0.9	20.5	47.5	18.3	167.2	1 354.0	8.6
B01	2003	小麦	30～60	11.1	0.8	0.7	20.2	58.2	2.5	135.8	1 455.0	8.7
B01	2003	小麦	60～90	9.6	0.7	0.7	21.2	38.0	2.4	137.5	1 480.1	8.7
B02	2003	小麦	0～15	14.3	0.9	1.0	20.4	61.9	31.1	167.7	1 307.6	8.7
B02	2003	小麦	15～30	13.2	0.9	0.9	19.6	57.5	20.5	128.3	1 359.8	8.6
B02	2003	小麦	30～60	10.2	0.7	0.7	20.0	37.7	4.4	142.3	1 239.8	8.7
B02	2003	小麦	60～90	9.0	0.6	0.7	19.3	39.0	3.6	140.4	1 484.1	8.8
B03	2003	小麦	0～15	13.8	0.9	1.0	20.2	57.9	40.2	150.2	1 473.0	8.6
B03	2003	小麦	15～30	11.7	0.7	0.6	19.9	47.1	12.1	156.6	1 361.8	8.6
B03	2003	小麦	30～60	9.3	0.7	0.7	19.4	52.5	4.0	132.6	1 286.3	8.8
B03	2003	小麦	60～90	8.2	0.6	0.7	19.8	44.1	1.7	139.2	1 253.6	8.8
B01	2002	小麦	0～20	15.3	1.0				23.6	220.4		
B02	2002	小麦	0～20	14.3	1.0				7.6	239.3		
B03	2002	小麦	0～20	13.7	0.9				6.2	182.0		
B01	2001	春玉米	0～20	12.6	0.9	0.7	18.7	53.0	5.2	128.4	1 232.7	8.7
B01	2001	春玉米	20～40	9.6	0.7	0.6	17.5	40.6	3.6	145.2	1 216.1	8.8
B01	2001	春玉米	40～60	8.7	0.6	0.5	19.1	29.9	0.4	117.2	1 382.8	8.7
B02	2001	春玉米	0～20	13.0	0.9	0.7	18.4	54.0	7.9	145.2	1 327.0	8.7
B02	2001	春玉米	20～40	12.1	0.9	0.7	17.3	50.8	2.5	134.0	1 254.9	8.8
B02	2001	春玉米	40～60	8.0	0.6	0.6	18.8	28.2	0.3	117.2	1 271.7	8.8

表 4-91 枣泉塬面农田土壤生物采样地土壤养分

土壤类型：黑垆土　母质：马兰黄土

样区编号	年份	作物	采样深度 (cm)	有机质 (g/kg)	全氮 (N g/kg)	全磷 (P g/kg)	全钾 (K g/kg)	速效氮 (N mg/kg)	有效磷 (P mg/kg)	速效钾 (K mg/kg)	缓效钾 (K mg/kg)	水溶液提 pH
B01	2008	小麦	0～20	12.94	0.89	0.75		77.6	15.1	149.2		8.5
B01	2008	小麦	20～40	9.57	0.68	0.66		65.9	8.7	203.2		8.5
B02	2008	小麦	0～20	12.89	0.86	0.76		81.5	13.6	144.0		8.5
B02	2008	小麦	20～40	10.26	0.72	0.68		67.4	7.8	176.7		8.5
B03	2008	小麦	0～20	13.46	0.92	0.70		71.3	13.0	138.2		8.5
B03	2008	小麦	20～40	9.72	0.67	0.63		58.8	6.6	193.7		8.5

（续）

样区编号	年份	作物	采样深度(cm)	有机质(g/kg)	全氮(N g/kg)	全磷(P g/kg)	全钾(K g/kg)	速效氮(N mg/kg)	有效磷(P mg/kg)	速效钾(K mg/kg)	缓效钾(K mg/kg)	水溶液提pH
B01	2007	小麦	0~20	11.81	0.88			68.3	12.0	165.7	1 298.4	8.6
B01	2007	小麦	20~40	8.33	0.64			50.9	6.2	118.1	1 306.4	8.5
B02	2007	小麦	0~20	12.43	0.87			68.3	12.0	155.8	1 275.7	8.7
B02	2007	小麦	20~40	10.79	0.75			54.4	13.4	124.8	1 218.8	8.7
B03	2007	小麦	0~20	12.03	0.84			57.9	12.0	151.6	1 188.9	8.5
B03	2007	小麦	20~40	9.20	0.70			47.5	6.2	121.3	1 226.3	8.6
B01	2006	小麦	0~10	12.7	0.9			65.9	30.1	167.4		8.4
B01	2006	小麦	10~20	10.6	0.7			62.8	8.2	142.5		8.4
B02	2006	小麦	0~10	12.1	0.8			58.5	28.0	147.8		8.5
B02	2006	小麦	10~20	10.4	0.7			54.4	5.6	139.6		8.3
B03	2006	小麦	0~10	12.7	0.9			65.9	26.0	161.5		8.3
B03	2006	小麦	10~20	10.0	0.7			45.4	5.7	134.8		8.3
B01	2005	小麦	0~10	14.3	0.8	0.8	18.6	81.4	9.4	178.9	1 429.3	8.4
B01	2005	小麦	10~20	14.6	0.8	0.8	17.5	71.6	8.3	181.0	1 418.9	8.4
B01	2005	小麦	20~40	11.4	0.7	0.7	18.1					
B01	2005	小麦	40~60	8.7	0.5	0.6	17.8					
B01	2005	小麦	60~100	10.0	0.6	0.6	17.1					
B01	2004	小麦	0~10	12.2	0.8			54.8	7.9	134.5	1 140.0	8.4
B01	2004	小麦	10~20	11.8	0.8			53.1	7.9	129.9	1 115.4	8.4

表 4 - 92　中台塬面农田土壤生物采样地土壤养分

土壤类型：黑垆土　　母质：马兰黄土

样区编号	年份	作物	采样深度(cm)	有机质(g/kg)	全氮(N g/kg)	全磷(P g/kg)	全钾(K g/kg)	速效氮(N mg/kg)	有效磷(P mg/kg)	速效钾(K mg/kg)	缓效钾(K mg/kg)	水溶液提pH
B01	2008	小麦	0~20	14.28	0.97	0.78		81.5	16.3	138.3		8.5
B01	2008	小麦	20~40	11.90	0.83	0.70		67.8	13.8	206.9		8.5
B02	2008	小麦	0~20	15.92	1.06	0.81		77.6	16.2	153.6		8.5
B02	2008	小麦	20~40	13.23	0.92	0.75		76.8	11.4	119.5		8.6
B03	2008	小麦	0~20	14.29	0.95	0.82		77.6	16.2	149.0		8.5
B03	2008	小麦	20~40	11.77	0.82	0.70		73.7	12.2	195.0		8.5
B01	2007	小麦	0~20	14.22	1.03			73.5	15.3	133.4	1 330.7	8.6
B01	2007	小麦	20~40	12.82	0.98			68.3	12.0	132.9	1 397.6	8.5
B02	2007	小麦	0~20	15.06	1.04			71.7	16.0	175.3	1 350.2	8.5
B02	2007	小麦	20~40	12.49	0.88			68.3	11.1	153.3	1 287.8	8.5
B03	2007	小麦	0~20	13.75	0.96			68.3	15.8	195.5	1 345.5	8.6
B03	2007	小麦	20~40	11.72	0.83			54.4	15.4	154.5	1 329.6	8.5
B01	2006	小麦	0~10	12.3	0.8			66.5	32.7	192.7		8.4
B01	2006	小麦	10~20	11.8	0.8			53.8	9.3	171.0		8.3
B02	2006	小麦	0~10	14.2	1.0			69.6	33.7	279.4		8.3
B02	2006	小麦	10~20	12.3	0.8			52.1	16.3	190.2		8.4
B03	2006	小麦	0~10	14.9	1.0			66.5	29.3	197.4		8.4
B03	2006	小麦	10~20	13.9	0.9			59.8	15.3	175.6		8.5
B01	2005	小麦	0~10	13.9	0.9	0.9	18.9	79.5	17.7	181.4	1 352.0	8.3
B01	2005	小麦	10~20	15.0	0.9	1.0	18.8	79.5	24.4	195.5	1 312.8	8.3

（续）

样区编号	年份	作物	采样深度 (cm)	有机质 (g/kg)	全氮 (N g/kg)	全磷 (P g/kg)	全钾 (K g/kg)	速效氮 (N mg/kg)	有效磷 (P mg/kg)	速效钾 (K mg/kg)	缓效钾 (K mg/kg)	水溶液提 pH
B01	2005	小麦	20～40	13.7	0.8	0.9	18.3					
B01	2005	小麦	40～60	8.7	0.6	0.7	18.6					
B01	2005	小麦	60～100	10.1	0.6	0.7	19.3					
B01	2004	玉米	0～10	14.3	1.0			66.7	26.4	165.6	958.0	8.3
B01	2004	玉米	10～20	14.0	1.0			62.4	11.8	132.7	1 103.0	8.3

4.2.3 土壤矿质全量

（1）综合观测场

表 4－93 综合观测场土壤矿质全量

土壤类型：黑垆土 母质：马兰黄土

样区编号	年份	作物	采样深度 (cm)	SiO_2 (%)	Fe_2O_3 (%)	MnO (%)	TiO_2 (%)	Al_2O_3 (%)	CaO (%)	MgO (%)	K_2O (%)	Na_2O (%)	P_2O_5 (%)	LOI (烧失量,%)	S (g/kg)
B01	2005	小麦	0～10	60.14	5.12	0.09	0.67	12.72	6.28	2.27	2.54	1.34	0.20	8.31	0.23
B01	2005	小麦	10～20	60.65	5.08	0.09	0.68	12.78	6.27	2.29	2.58	1.36	0.19	8.22	0.21
B01	2005	小麦	20～40	61.59	5.06	0.09	0.68	12.89	5.61	2.30	2.58	1.38	0.17	7.51	0.20
B01	2005	小麦	40～60	64.09	5.23	0.10	0.69	13.49	3.88	2.28	2.66	1.33	0.15	6.18	0.18
B01	2005	小麦	60～100	63.02	5.47	0.10	0.69	13.78	3.88	2.24	2.71	1.24	0.15	6.47	0.17
B02	2005	小麦	0～10	60.63	5.04	0.09	0.67	12.72	6.26	2.27	2.54	1.38	0.21	8.33	0.21
B02	2005	小麦	10～20	60.51	4.98	0.09	0.67	12.68	6.34	2.28	2.54	1.39	0.20	8.07	0.20
B02	2005	小麦	20～40	61.69	4.95	0.09	0.67	12.72	5.87	2.26	2.53	1.41	0.17	7.52	0.20
B02	2005	小麦	40～60	63.85	5.06	0.09	0.67	13.08	4.73	2.23	2.59	1.38	0.15	6.48	0.18
B02	2005	小麦	60～100	63.18	5.35	0.09	0.69	13.56	4.22	2.17	2.65	1.28	0.15	6.63	0.16
B03	2005	小麦	0～10	60.52	5.15	0.09	0.67	12.83	6.42	2.30	2.59	1.34	0.22	8.31	0.22
B03	2005	小麦	10～20	60.20	5.15	0.09	0.67	12.82	6.39	2.31	2.58	1.35	0.20	8.53	0.22
B03	2005	小麦	20～40	60.39	5.09	0.09	0.68	12.83	6.17	2.30	2.56	1.36	0.18	8.09	0.23
B03	2005	小麦	40～60	62.66	5.29	0.10	0.69	13.39	4.45	2.31	2.66	1.33	0.15	6.65	0.20
B03	2005	小麦	60～100	64.29	5.62	0.11	0.69	14.23	2.75	2.26	2.77	1.24	0.13	5.86	0.16
B01	2001	小麦	0～20					34.1	10.54						
B01	2001	小麦	20～40					33.1	10.42						
B01	2001	小麦	40～60					22.83	10.3						
B02	2001	小麦	0～20					35.32	10.86						
B02	2001	小麦	20～40					34.15	10.75						
B02	2001	小麦	40～60					25.77	10.24						
B01	2000	玉米	0～20					37.5	12.55						
B01	2000	玉米	20～40					33.05	12.28						
B01	2000	玉米	40～60					29.23	12.24						

（2）辅助观测场

表 4－94 农田土壤要素辅助长期观测采样地（CK）土壤矿质全量

土壤类型：黑垆土 母质：马兰黄土

样区编号	年份	作物	采样深度 (cm)	SiO_2 (%)	Fe_2O_3 (%)	MnO (%)	TiO_2 (%)	Al_2O_3 (%)	CaO (%)	MgO (%)	K_2O (%)	Na_2O (%)	P_2O_5 (%)	LOI (烧失量,%)	S (g/kg)
B01	2005	小麦	0～10	59.87	5.10	0.09	0.67	12.73	6.63	2.29	2.59	1.36	0.20	8.94	0.20
B01	2005	小麦	10～20	60.01	5.04	0.09	0.67	12.68	6.49	2.29	2.55	1.39	0.19	8.72	0.19
B01	2005	小麦	20～40	60.59	5.03	0.09	0.67	12.66	6.44	2.24	2.53	1.40	0.17	8.12	0.18

（续）

样区编号	年份	作物	采样深度(cm)	SiO₂(%)	Fe₂O₃(%)	MnO(%)	TiO₂(%)	Al₂O₃(%)	CaO(%)	MgO(%)	K₂O(%)	Na₂O(%)	P₂O₅(%)	LOI(烧失量,%)	S(g/kg)
B01	2005	小麦	40~60	61.71	5.15	0.09	0.67	13.00	5.71	2.29	2.58	1.33	0.15	7.47	0.17
B01	2005	小麦	60~100	63.02	5.40	0.10	0.69	13.52	4.33	2.22	2.66	1.28	0.15	6.70	0.16
B02	2005	小麦	0~10	60.47	5.07	0.09	0.67	12.78	6.27	2.30	2.55	1.37	0.19	8.13	0.20
B02	2005	小麦	10~20	60.84	4.99	0.09	0.66	12.70	6.35	2.27	2.52	1.39	0.19	8.25	0.19
B02	2005	小麦	20~40	60.80	5.04	0.09	0.67	12.81	6.05	2.28	2.60	1.37	0.17	7.90	0.19
B02	2005	小麦	40~60	62.40	5.09	0.09	0.68	13.09	4.84	2.27	2.60	1.37	0.15	7.25	0.17
B02	2005	小麦	60~100	62.83	5.33	0.10	0.68	13.63	4.05	2.23	2.67	1.27	0.15	6.83	0.16
B03	2005	小麦	0~10	59.94	5.05	0.09	0.67	12.69	6.58	2.29	2.56	1.39	0.19	8.70	0.20
B03	2005	小麦	10~20	59.71	5.14	0.09	0.67	12.74	6.73	2.32	2.55	1.35	0.17	8.74	0.19
B03	2005	小麦	20~40	60.19	5.04	0.09	0.67	12.74	6.35	2.30	2.56	1.36	0.17	8.17	0.18
B03	2005	小麦	40~60	63.09	5.22	0.09	0.69	13.35	4.21	2.29	2.66	1.34	0.15	6.50	0.16
B03	2005	小麦	60~100	63.62	5.51	0.10	0.70	13.86	3.47	2.24	2.73	1.25	0.15	6.48	0.16

表 4-95 农田土壤要素辅助长期观测采样地（NP+M）土壤矿质全量

土壤类型：黑垆土　母质：马兰黄土

样区编号	年份	作物	采样深度(cm)	SiO₂(%)	Fe₂O₃(%)	MnO(%)	TiO₂(%)	Al₂O₃(%)	CaO(%)	MgO(%)	K₂O(%)	Na₂O(%)	P₂O₅(%)	LOI(烧失量,%)	S(g/kg)
B01	2005	小麦	0~10	60.27	5.07	0.09	0.68	12.81	6.00	2.30	2.58	1.37	0.19	8.28	0.20
B01	2005	小麦	10~20	60.70	4.99	0.09	0.66	12.71	6.07	2.29	2.54	1.40	0.18	8.31	0.20
B01	2005	小麦	20~40	60.71	5.05	0.09	0.67	12.76	6.14	2.28	2.56	1.37	0.17	8.09	0.20
B01	2005	小麦	40~60	63.32	5.28	0.10	0.68	13.48	4.01	2.29	2.67	1.33	0.14	6.58	0.17
B01	2005	小麦	60~100	62.51	5.59	0.11	0.69	13.95	3.74	2.28	2.74	1.21	0.15	6.86	0.16
B02	2005	小麦	0~10	60.56	5.09	0.09	0.67	12.82	6.15	2.29	2.56	1.37	0.19	8.32	0.20
B02	2005	小麦	10~20	60.56	5.03	0.09	0.67	12.78	6.19	2.28	2.54	1.37	0.19	8.30	0.19
B02	2005	小麦	20~40	60.60	5.08	0.09	0.67	12.82	6.17	2.28	2.56	1.37	0.17	8.23	0.19
B02	2005	小麦	40~60	62.27	5.21	0.10	0.69	13.27	4.63	2.28	2.62	1.34	0.17	7.12	0.17
B02	2005	小麦	60~100	62.72	5.39	0.10	0.68	13.58	3.98	2.22	2.67	1.30	0.16	7.04	0.16
B03	2005	小麦	0~10	60.77	4.97	0.09	0.66	12.63	6.24	2.27	2.52	1.40	0.19	8.45	0.21
B03	2005	小麦	10~20	63.17	5.36	0.10	0.68	13.60	4.04	2.20	2.66	1.27	0.15	6.76	0.16
B03	2005	小麦	20~40	60.85	5.03	0.09	0.67	12.77	6.06	2.28	2.56	1.37	0.17	8.06	0.20
B03	2005	小麦	40~60	63.30	5.03	0.09	0.68	13.09	4.41	2.24	2.58	1.37	0.15	6.79	0.17
B03	2005	小麦	60~100	63.15	5.34	0.10	0.69	13.62	4.00	2.21	2.66	1.27	0.15	6.74	0.16

表 4-96 站前塬面农田土壤生物采样地土壤矿质全量

土壤类型：黑垆土　母质：马兰黄土

样区编号	年份	作物	采样深度(cm)	SiO₂(%)	Fe₂O₃(%)	MnO(%)	TiO₂(%)	Al₂O₃(%)	CaO(%)	MgO(%)	K₂O(%)	Na₂O(%)	P₂O₅(%)	LOI(烧失量,%)	S(g/kg)
B01	2005	玉米	0~10	59.38	4.95	0.09	0.65	12.44	7.18	2.24	2.50	1.39	0.19	8.93	0.18
B01	2005	玉米	10~20	59.68	4.95	0.09	0.66	12.54	6.79	2.24	2.52	1.37	0.21	8.75	0.20
B01	2005	玉米	20~40	59.93	4.94	0.09	0.66	12.48	6.78	2.24	2.51	1.39	0.19	8.61	0.19
B01	2005	玉米	40~60	61.90	4.91	0.09	0.67	12.65	5.66	2.22	2.54	1.42	0.17	7.55	0.17
B01	2005	玉米	60~100	63.67	5.09	0.09	0.67	13.25	4.08	2.16	2.55	1.35	0.14	6.96	0.16
B02	2005	玉米	0~10	59.50	4.94	0.09	0.67	12.43	6.96	2.26	2.49	1.39	0.20	8.92	0.19
B02	2005	玉米	10~20	60.26	4.82	0.09	0.65	12.32	6.83	2.23	2.47	1.42	0.19	8.69	0.19
B02	2005	玉米	20~40	59.81	4.93	0.09	0.66	12.38	6.87	2.24	2.50	1.41	0.18	8.61	0.18
B02	2005	玉米	40~60	62.24	4.93	0.09	0.67	12.74	5.40	2.22	2.54	1.40	0.16	7.48	0.17

（续）

样区编号	年份	作物	采样深度 (cm)	SiO₂ (%)	Fe₂O₃ (%)	MnO (%)	TiO₂ (%)	Al₂O₃ (%)	CaO (%)	MgO (%)	K₂O (%)	Na₂O (%)	P₂O₅ (%)	LOI (烧失量,%)	S (g/kg)
B02	2005	玉米	60～100	65.07	5.06	0.09	0.67	13.26	3.65	2.13	2.55	1.38	0.14	5.70	0.16
B03	2005	玉米	0～10	59.93	4.91	0.09	0.65	12.27	7.48	2.24	2.44	1.42	0.17	8.42	0.17
B03	2005	玉米	10～20	59.64	4.91	0.09	0.65	12.25	7.47	2.23	2.47	1.40	0.19	8.54	0.19
B03	2005	玉米	20～40	60.26	4.94	0.09	0.66	12.38	6.99	2.22	2.48	1.40	0.18	8.32	0.19
B03	2005	玉米	40～60	63.60	4.79	0.09	0.66	12.59	5.13	2.18	2.49	1.45	0.15	6.59	0.17
B03	2005	玉米	60～100	64.80	5.09	0.09	0.67	13.29	3.75	2.10	2.56	1.37	0.13	6.00	0.17

表 4－97　杜家坪梯田农地土壤生物采样地土壤矿质全量

土壤类型：黄绵土　　母质：黄土

样区编号	年份	作物	采样深度 (cm)	SiO₂ (%)	Fe₂O₃ (%)	MnO (%)	TiO₂ (%)	Al₂O₃ (%)	CaO (%)	MgO (%)	K₂O (%)	Na₂O (%)	P₂O₅ (%)	LOI (烧失量,%)	S (g/kg)
B01	2005	小麦	0～10	55.98	4.81	0.08	0.64	11.84	9.58	2.31	2.29	1.39	0.16	10.47	0.21
B01	2005	小麦	10～20	55.90	4.84	0.08	0.65	11.83	9.74	2.32	2.29	1.39	0.15	10.37	0.21
B01	2005	小麦	20～40	55.78	4.83	0.08	0.65	11.83	9.83	2.34	2.29	1.37	0.15	10.42	0.18
B01	2005	小麦	40～60	55.73	4.88	0.08	0.66	11.83	9.98	2.33	2.29	1.36	0.14	10.48	0.18
B01	2005	小麦	60～100	56.63	4.82	0.08	0.65	11.77	9.72	2.32	2.27	1.38	0.14	10.40	0.17
B02	2005	小麦	0～10	56.19	4.87	0.08	0.66	11.87	9.29	2.35	2.32	1.41	0.17	10.41	0.21
B02	2005	小麦	10～20	56.02	4.93	0.08	0.66	11.93	9.69	2.37	2.31	1.37	0.15	10.61	0.20
B02	2005	小麦	20～40	56.02	4.95	0.08	0.66	11.97	9.72	2.39	2.30	1.38	0.14	10.66	0.17
B02	2005	小麦	40～60	55.81	5.07	0.09	0.66	12.09	9.72	2.43	2.35	1.33	0.14	10.51	0.16
B02	2005	小麦	60～100	55.52	5.07	0.09	0.66	12.07	9.81	2.44	2.34	1.33	0.14	10.51	0.15
B03	2005	小麦	0～10	56.84	4.87	0.08	0.66	11.87	9.54	2.35	2.31	1.42	0.18	10.41	0.24
B03	2005	小麦	10～20	55.96	4.81	0.08	0.65	11.79	9.54	2.34	2.28	1.42	0.15	10.53	0.22
B03	2005	小麦	20～40	56.41	4.82	0.08	0.66	11.82	9.61	2.35	2.28	1.42	0.15	10.12	0.20
B03	2005	小麦	40～60	56.46	4.93	0.08	0.66	11.82	9.87	2.35	2.29	1.42	0.15	10.34	0.17
B03	2005	小麦	60～100	56.18	4.96	0.09	0.66	11.95	9.75	2.41	2.35	1.39	0.14	10.19	0.16

（3）站区调查点

表 4－98　玉石塬面农田土壤生物采样地土壤矿质全量

土壤类型：黑垆土　　母质：马兰黄土

样区编号	年份	作物	采样深度 (cm)	SiO₂ (%)	Fe₂O₃ (%)	MnO (%)	TiO₂ (%)	Al₂O₃ (%)	CaO (%)	MgO (%)	K₂O (%)	Na₂O (%)	P₂O₅ (%)	LOI (烧失量,%)	S (g/kg)
B01	2005	小麦	0～10	60.29	4.98	0.09	0.66	12.53	6.48	2.29	2.58	1.40	0.20	8.20	0.22
B01	2005	小麦	10～20	59.72	5.02	0.09	0.67	12.58	6.60	2.30	2.59	1.38	0.22	8.45	0.28
B01	2005	小麦	20～40	60.29	4.99	0.09	0.66	12.53	6.49	2.29	2.53	1.40	0.19	8.21	0.21
B01	2005	小麦	40～60	62.91	5.36	0.10	0.69	13.22	4.93	2.36	2.71	1.33	0.18	6.96	0.18
B01	2005	小麦	60～100	62.00	5.65	0.11	0.68	13.72	4.37	2.33	2.82	1.23	0.21	7.02	0.18

表 4－99　枣泉塬面农田土壤生物采样地土壤矿质全量

土壤类型：黑垆土　　母质：马兰黄土

样区编号	年份	作物	采样深度 (cm)	SiO₂ (%)	Fe₂O₃ (%)	MnO (%)	TiO₂ (%)	Al₂O₃ (%)	CaO (%)	MgO (%)	K₂O (%)	Na₂O (%)	P₂O₅ (%)	LOI (烧失量,%)	S (g/kg)
B01	2005	小麦	0～10	60.34	4.92	0.09	0.66	12.41	6.68	2.27	2.50	1.41	0.19	8.34	0.21
B01	2005	小麦	10～20	60.01	5.00	0.09	0.66	12.49	6.89	2.28	2.52	1.39	0.20	8.69	0.21
B01	2005	小麦	20～40	60.34	4.87	0.09	0.65	12.33	6.61	2.26	2.46	1.43	0.18	8.38	0.20
B01	2005	小麦	40～60	63.90	4.94	0.09	0.68	12.82	4.73	2.21	2.52	1.42	0.15	6.50	0.16
B01	2005	小麦	60～100	63.39	5.24	0.10	0.68	13.34	4.23	2.17	2.59	1.31	0.14	6.55	0.16

表 4－100　中台塬面农田土壤生物采样地土壤矿质全量

土壤类型：黑垆土　　母质：马兰黄土

样区编号	年份	作物	采样深度 (cm)	SiO₂ (%)	Fe₂O₃ (%)	MnO (%)	TiO₂ (%)	Al₂O₃ (%)	CaO (%)	MgO (%)	K₂O (%)	Na₂O (%)	P₂O₅ (%)	LOI (烧失量,%)	S (g/kg)
B01	2005	小麦	0～10	60.75	4.92	0.09	0.66	12.45	6.53	2.26	2.50	1.42	0.19	8.35	0.20
B01	2005	小麦	10～20	60.71	4.94	0.09	0.67	12.43	6.60	2.27	2.50	1.41	0.19	8.38	0.21
B01	2005	小麦	20～40	60.85	4.86	0.09	0.66	12.44	6.51	2.26	2.48	1.42	0.18	8.08	0.20
B01	2005	小麦	40～60	63.59	4.98	0.09	0.68	12.84	4.85	2.22	2.54	1.41	0.15	6.55	0.16
B01	2005	小麦	60～100	63.45	5.28	0.10	0.69	13.37	4.46	2.17	2.60	1.29	0.14	6.56	0.17

4.2.4　土壤微量元素和重金属元素

（1）综合观测场

表 4－101　综合观测场土壤微量元素和重金属元素

土壤类型：黑垆土　　母质：马兰黄土　　　　　　　　　　　　　　　　　　　　单位：mg/kg

样区编号	年份	作物	采样深度 (cm)	全硼 (B)	全钼 (Mo)	全锰 (Mn)	全锌 (Zn)	全铜 (Cu)	全铁 (Fe)	硒 (Se)	镉 (Cd)	铅 (Pb)	铬 (Cr)	镍 (Ni)	汞 (Hg)	砷 (As)
B01	2005	小麦	0～10	57.0	0.878	796.8	70.5	27.1	33 319	0.139	0.149	21.2	76.8	34.6	0.030	14.9
B01	2005	小麦	10～20	56.0	0.803	788.4	72.2	28.1	33 825	0.133	0.161	22.3	77.0	35.8	0.027	14.8
B01	2005	小麦	20～40	67.0	0.818	780.5	72.9	28.7	34 419	0.123	0.132	21.0	81.7	36.3	0.036	14.4
B01	2005	小麦	40～60	56.0	0.750	798.1	72.2	30.7	36 047	0.130	0.147	21.7	79.0	36.3	0.023	16.1
B01	2005	小麦	60～100	56.0	0.818	844.9	78.5	29.7	38 016	0.139	0.249	27.7	85.5	40.5	0.030	15.9
B02	2005	小麦	0～10	53.0	0.788	759.5	70.9	27.7	33 275	0.151	0.183	22.5	78.4	34.2	0.027	13.0
B02	2005	小麦	10～20	52.0	0.795	788.4	71.3	27.7	34 628	0.147	0.143	22.1	78.3	35.1	0.057	15.0
B02	2005	小麦	20～40	50.0	0.749	766.4	73.5	24.6	34 133	0.135	0.224	25.5	69.0	33.3	0.040	14.7
B02	2005	小麦	40～60	47.0	0.746	783.2	69.5	27.3	34 100	0.133	0.118	21.9	81.3	35.9	0.032	14.6
B02	2005	小麦	60～100	57.0	0.795	829.7	74.0	27.4	37 378	0.128	0.122	23.1	82.3	39.1	0.023	15.9
B03	2005	小麦	0～10	43.0	0.825	797.3	72.8	26.5	34 474	0.145	0.164	23.3	75.7	36.1	0.051	15.6
B03	2005	小麦	10～20	45.0	0.825	789.2	74.6	28.0	33 363	0.129	0.152	21.2	80.8	36.4	0.024	11.8
B03	2005	小麦	20～40	56.0	0.795	791.3	75.5	30.3	34 320	0.123	0.221	24.6	81.3	36.1	0.031	13.7
B03	2005	小麦	40～60	48.0	0.795	864.3	75.3	27.2	35 970	0.124	0.170	24.4	74.0	38.4	0.019	14.2
B03	2005	小麦	60～100	56.0	0.825	972.4	80.4	33.4	39 908	0.155	0.124	23.8	86.6	40.5	0.020	15.7

（2）辅助观测场

表 4－102　农田土壤要素辅助长期观测采样地（CK）土壤微量元素和重金属元素

土壤类型：黑垆土　　母质：马兰黄土　　　　　　　　　　　　　　　　　　　　单位：mg/kg

样区编号	年份	作物	采样深度 (cm)	全硼 (B)	全钼 (Mo)	全锰 (Mn)	全锌 (Zn)	全铜 (Cu)	全铁 (Fe)	硒 (Se)	镉 (Cd)	铅 (Pb)	铬 (Cr)	镍 (Ni)	汞 (Hg)	砷 (As)
B01	2005	小麦	0～10	47.0	0.803	811.0	72.9	26.5	35 431	0.145	0.155	21.8	80.8	35.2	0.026	14.2
B01	2005	小麦	10～20	53.0	0.795	803.2	73.3	30.5	34 870	0.131	0.143	21.9	80.2	36.1	0.032	13.0
B01	2005	小麦	20～40	50.0	0.795	802.9	75.7	28.8	34 848	0.118	0.142	21.1	80.3	39.9	0.082	12.8
B01	2005	小麦	40～60	47.0	0.765	833.6	72.7	27.5	36 333	0.119	0.137	22.3	77.8	35.9	0.023	15.3
B01	2005	小麦	60～100	48.0	0.810	904.1	77.7	27.7	37 620	0.116	0.137	23.7	85.0	39.4	0.020	14.4
B02	2005	小麦	0～10	38.0	0.810	776.2	69.6	25.8	33 088	0.142	0.173	23.2	77.7	32.4	0.026	12.8
B02	2005	小麦	10～20	56.0	0.795	733.3	69.7	26.3	32 593	0.128	0.173	22.9	74.1	32.9	0.027	13.7
B02	2005	小麦	20～40	52.0	0.773	767.5	67.6	25.6	33 418	0.118	0.141	22.1	75.3	32.4	0.024	14.4
B02	2005	小麦	40～60	56.0	0.716	780.0	67.8	21.2	34 001	0.130	0.195	25.3	65.5	32.3	0.017	14.1
B02	2005	小麦	60～100	57.0	0.795	831.0	72.0	29.9	34 584	0.118	0.124	21.7	80.6	36.7	0.016	18.1

（续）

样区编号	年份	作物	采样深度(cm)	全硼(B)	全钼(Mo)	全锰(Mn)	全锌(Zn)	全铜(Cu)	全铁(Fe)	硒(Se)	镉(Cd)	铅(Pb)	铬(Cr)	镍(Ni)	汞(Hg)	砷(As)
B03	2005	小麦	0～10	47.0	0.803	771.0	73.7	26.8	33 572	0.130	0.159	20.7	75.3	32.1	0.021	13.3
B03	2005	小麦	10～20	50.0	0.930	724.1	68.7	27.9	31 823	0.122	0.147	21.6	75.7	32.8	0.021	14.1
B03	2005	小麦	20～40	46.0	0.773	779.0	69.9	26.0	33 165	0.114	0.131	20.9	75.9	33.6	0.022	13.4
B03	2005	小麦	40～60	57.0	0.825	737.6	71.9	28.6	34 166	0.114	0.196	23.1	79.2	36.1	0.020	15.1
B03	2005	小麦	60～100	49.0	0.825	794.2	72.9	30.6	36 080	0.130	0.133	22.9	83.5	36.5	0.020	14.9

表 4-103 农田土壤要素辅助长期观测采样地（NP+M）土壤微量元素和重金属元素

土壤类型：黑垆土　母质：马兰黄土

单位：mg/kg

样区编号	年份	作物	采样深度(cm)	全硼(B)	全钼(Mo)	全锰(Mn)	全锌(Zn)	全铜(Cu)	全铁(Fe)	硒(Se)	镉(Cd)	铅(Pb)	铬(Cr)	镍(Ni)	汞(Hg)	砷(As)
B01	2005	小麦	0～10	48.0	0.803	756.4	69.0	28.4	33 176	0.138	0.159	22.4	77.3	33.4	0.052	15.9
B01	2005	小麦	10～20	46.0	0.780	786.7	73.3	23.5	33 759	0.128	0.172	22.3	66.6	32.5	0.051	15.7
B01	2005	小麦	20～40	46.0	0.803	762.7	70.1	26.3	32 945	0.122	0.157	22.7	74.7	33.0	0.031	12.8
B01	2005	小麦	40～60	50.0	0.840	715.6	74.1	28.0	33 902	0.156	0.130	23.2	79.6	36.3	0.020	13.5
B01	2005	小麦	60～100	50.0	0.855	815.4	75.7	30.2	36 344	0.133	0.129	23.2	84.5	38.4	0.019	16.5
B02	2005	小麦	0～10	46.0	0.795	743.4	70.7	25.4	32 450	0.132	0.154	21.4	78.1	35.2	0.042	14.4
B02	2005	小麦	10～20	47.0	0.788	750.1	69.7	25.9	32 780	0.134	0.149	20.8	76.4	33.8	0.046	15.9
B02	2005	小麦	20～40	52.0	0.818	750.8	71.9	24.8	32 879	0.120	0.149	22.0	76.3	34.9	0.027	13.6
B02	2005	小麦	40～60	50.0	0.737	792.8	70.4	26.2	34 870	0.112	0.121	22.4	70.1	34.3	0.020	14.5
B02	2005	小麦	60～100	50.0	0.788	769.1	71.5	27.2	34 221	0.131	0.122	22.8	79.8	36.7	0.020	15.4
B03	2005	小麦	0～10	47.0	0.773	749.3	75.4	23.5	32 714	0.114	0.194	22.1	65.6	30.6	0.028	13.7
B03	2005	小麦	10～20	48.0	0.737	742.4	67.2	25.6	34 177	0.125	0.109	20.4	72.6	33.8	0.031	14.8
B03	2005	小麦	20～40	48.0	0.818	748.0	72.5	26.6	32 725	0.109	0.180	23.5	76.4	33.3	0.022	12.6
B03	2005	小麦	40～60	52.0	0.750	730.4	67.9	24.4	33 913	0.122	0.111	22.2	67.7	32.8	0.017	15.5
B03	2005	小麦	60～100	53.0	0.795	758.6	83.3	25.2	35 673	0.129	0.158	21.4	72.5	33.9	0.023	14.5

表 4-104 站前塬面农田土壤生物采样地土壤微量元素和重金属元素

土壤类型：黑垆土　母质：马兰黄土

单位：mg/kg

样区编号	年份	作物	采样深度(cm)	全硼(B)	全钼(Mo)	全锰(Mn)	全锌(Zn)	全铜(Cu)	全铁(Fe)	硒(Se)	镉(Cd)	铅(Pb)	铬(Cr)	镍(Ni)	汞(Hg)	砷(As)
B01	2005	玉米	0～10	53.0	0.780	766.6	69.3	23.8	33 253	0.097	0.146	21.5	65.8	32.2	0.032	14.2
B01	2005	玉米	10～20	46.0	0.795	724.8	68.9	24.9	32 582	0.105	0.468	22.6	63.9	31.2	0.023	13.0
B01	2005	玉米	20～40	46.0	0.788	728.5	69.7	24.5	31 955	0.113	0.125	21.0	73.2	31.3	0.023	12.2
B01	2005	玉米	40～60	53.0	0.788	754.0	65.2	22.8	33 253	0.095	0.121	21.4	66.2	32.6	0.019	12.9
B01	2005	玉米	60～100	51.0	0.810	745.9	69.3	28.9	33 572	0.115	0.120	19.9	78.4	37.1	0.221	15.9
B02	2005	玉米	0～10	49.0	0.773	756.7	69.3	25.4	32 571	0.102	0.212	26.7	69.5	30.8	0.020	12.3
B02	2005	玉米	10～20	45.0	0.810	719.4	68.6	23.9	31 702	0.605	0.131	20.4	63.7	30.4	0.022	13.3
B02	2005	玉米	20～40	45.0	0.803	718.1	67.2	24.6	31 845	0.115	0.124	21.7	66.7	31.2	0.018	12.1
B02	2005	玉米	40～60	51.0	0.795	734.3	70.4	20.8	32 626	0.101	0.125	22.0	66.8	31.6	0.022	9.4
B02	2005	玉米	60～100	55.0	0.742	731.0	66.8	24.0	32 956	0.119	0.114	22.3	69.2	34.1	0.016	13.6
B03	2005	玉米	0～10	49.0	0.780	766.6	68.8	23.6	33 341	0.083	0.189	20.4	67.8	32.4	0.014	11.4
B03	2005	玉米	10～20	44.0	0.810	763.4	70.7	23.4	33 286	0.086	0.147	22.1	57.2	32.4	0.018	11.1
B03	2005	玉米	20～40	40.0	0.795	769.3	67.9	24.3	33 671	0.101	0.136	20.0	65.9	32.0	0.028	11.4
B03	2005	玉米	40～60	58.0	0.818	686.8	67.7	25.4	31 625	0.098	0.120	19.6	65.5	31.6	0.016	10.2
B03	2005	玉米	60～100	55.0	0.765	680.8	68.8	26.3	33 660	0.120	0.103	20.9	70.0	33.4	0.015	12.6

表4-105 杜家坪梯田农地土壤生物采样地土壤微量元素和重金属元素

土壤类型：黄绵土　母质：黄土　　　　　　　　　　　　　　　　　　　　　　　　　　　单位：mg/kg

样区编号	年份	作物	采样深度(cm)	全硼(B)	全钼(Mo)	全锰(Mn)	全锌(Zn)	全铜(Cu)	全铁(Fe)	硒(Se)	镉(Cd)	铅(Pb)	铬(Cr)	镍(Ni)	汞(Hg)	砷(As)
B01	2005	小麦	0～10	38.0	0.780	736.4	67.1	22.2	31 977	0.100	0.159	20.6	67.4	31.1	0.014	12.8
B01	2005	小麦	10～20	36.0	0.730	724.4	65.2	23.7	31 295	0.099	0.138	20.6	64.5	30.0	0.014	13.1
B01	2005	小麦	20～40	46.0	0.773	729.7	64.4	21.5	31 757	0.100	0.203	19.0	62.8	30.3	0.014	11.2
B01	2005	小麦	40～60	43.0	0.773	731.8	63.9	22.3	32 439	0.085	0.134	21.0	66.3	29.3	0.013	11.5
B01	2005	小麦	60～100	44.0	0.750	723.7	63.7	23.6	32 175	0.081	0.156	18.9	65.8	29.0	0.013	9.1
B02	2005	小麦	0～10	41.0	0.780	736.4	71.0	23.6	32 802	0.097	0.152	22.6	69.2	30.4	0.012	9.5
B02	2005	小麦	10～20	41.0	0.773	744.6	68.4	25.4	32 483	0.088	0.143	20.7	64.2	32.1	0.013	10.4
B02	2005	小麦	20～40	45.0	0.765	753.7	68.2	24.1	33 385	0.084	0.129	21.4	68.3	31.6	0.012	11.3
B02	2005	小麦	40～60	40.0	0.765	769.9	66.9	21.9	33 891	0.072	0.122	20.1	66.7	32.3	0.014	12.1
B02	2005	小麦	60～100	47.0	0.788	780.0	69.8	29.2	33 594	0.067	0.124	21.2	61.4	33.9	0.012	10.9
B03	2005	小麦	0～10	45.0	0.738	738.2	66.1	24.0	31 867	0.099	0.152	21.2	65.9	28.9	0.016	10.7
B03	2005	小麦	10～20	43.0	0.765	728.2	65.1	24.3	32 208	0.097	0.138	22.8	67.0	30.4	0.013	10.0
B03	2005	小麦	20～40	45.0	0.743	736.6	64.6	20.9	32 329	0.441	0.126	20.6	66.1	29.9	0.018	10.4
B03	2005	小麦	40～60	43.0	0.788	741.6	65.5	22.5	32 637	0.096	0.121	18.6	64.3	30.5	0.014	9.8
B03	2005	小麦	60～100	36.0	0.773	746.9	68.6	24.3	33 154	0.078	0.144	20.2	65.9	29.6	0.018	11.3

（3）站区调查点

表4-106 玉石塬面农田土壤生物采样地土壤微量元素和重金属元素

土壤类型：黑垆土　母质：马兰黄土　　　　　　　　　　　　　　　　　　　　　　　　　单位：mg/kg

样区编号	年份	作物	采样深度(cm)	全硼(B)	全钼(Mo)	全锰(Mn)	全锌(Zn)	全铜(Cu)	全铁(Fe)	硒(Se)	镉(Cd)	铅(Pb)	铬(Cr)	镍(Ni)	汞(Hg)	砷(As)
B01	2005	小麦	0～10	50.0	0.810	701.2	72.6	23.8	32 285	0.119	0.165	20.9	67.5	32.4	0.030	12.6
B01	2005	小麦	10～20	50.0	0.833	748.0	74.7	25.0	32 890	0.118	0.159	23.6	67.8	33.3	0.044	13.1
B01	2005	小麦	20～40	50.0	0.803	741.5	73.5	25.6	33 143	0.114	0.144	23.7	69.3	47.8	0.030	11.2
B01	2005	小麦	40～60	53.0	0.810	843.4	81.1	26.8	35 970	0.114	0.170	23.0	72.0	35.9	0.017	10.2
B01	2005	小麦	60～100	51.0	0.818	837.1	81.0	29.2	35 992	0.117	0.138	22.0	74.5	36.9	0.031	11.2

表4-107 枣泉塬面农田土壤生物采样地土壤微量元素和重金属元素

土壤类型：黑垆土　母质：马兰黄土　　　　　　　　　　　　　　　　　　　　　　　　　单位：mg/kg

样区编号	年份	作物	采样深度(cm)	全硼(B)	全钼(Mo)	全锰(Mn)	全锌(Zn)	全铜(Cu)	全铁(Fe)	硒(Se)	镉(Cd)	铅(Pb)	铬(Cr)	镍(Ni)	汞(Hg)	砷(As)
B01	2005	小麦	0～10	51.0	0.855	765.6	81.2	58.7	33 550	0.106	0.152	21.8	65.7	56.6	0.019	10.8
B01	2005	小麦	10～20	57.0	0.810	758.0	69.1	25.0	33 484	0.117	0.151	22.7	71.4	31.7	0.020	11.0
B01	2005	小麦	20～40	47.0	0.780	751.0	68.9	24.8	33 110	0.104	0.181	21.1	67.7	32.6	0.016	11.7
B01	2005	小麦	40～60	53.0	0.758	726.5	69.5	27.4	33 979	0.103	0.124	21.6	69.8	34.1	0.015	10.5
B01	2005	小麦	60～100	61.0	0.795	741.8	74.3	27.5	35 739	0.113	0.130	24.5	80.8	35.2	0.014	10.0

表4-108 中台塬面农田土壤生物采样地土壤微量元素和重金属元素

土壤类型：黑垆土　母质：马兰黄土　　　　　　　　　　　　　　　　　　　　　　　　　单位：mg/kg

样区编号	年份	作物	采样深度(cm)	全硼(B)	全钼(Mo)	全锰(Mn)	全锌(Zn)	全铜(Cu)	全铁(Fe)	硒(Se)	镉(Cd)	铅(Pb)	铬(Cr)	镍(Ni)	汞(Hg)	砷(As)
B01	2005	小麦	0～10	54.0	0.730	751.4	67.9	24.5	32 780	0.107	0.132	21.6	68.3	31.1	0.049	11.2
B01	2005	小麦	10～20	60.0	0.765	714.7	66.6	22.4	31 878	0.113	0.137	19.7	66.9	30.4	0.037	11.0
B01	2005	小麦	20～40	51.0	0.746	731.6	66.0	23.1	32 725	0.146	0.133	18.9	67.2	32.4	0.022	10.9
B01	2005	小麦	40～60	51.0	0.803	759.7	73.2	26.8	34 639	0.105	0.196	22.1	75.5	33.8	0.018	10.2
B01	2005	小麦	60～100	49.0	0.773	730.8	68.1	24.8	33 396	0.113	0.115	18.8	73.7	34.8	0.014	10.5

4.2.5　土壤速效氮含量

（1）综合观测场

表 4－109　综合观测场硝态氮和铵态氮

土壤类型：黑垆土　母质：马兰黄土

样区编号	年份	月份	作物	采样深度（cm）	硝态氮（mg/kg）	铵态氮（mg/kg）
B01	2003	10	玉米	0～15	13.1	15.1
B01	2003	10	玉米	15～30	32.5	11.7
B01	2003	10	玉米	30～60	20.5	11.4
B01	2003	10	玉米	60～90	7.3	13.3
B02	2003	10	玉米	0～15	7.2	15.2
B02	2003	10	玉米	15～30	34.9	14.2
B02	2003	10	玉米	30～60	6.4	14.7
B02	2003	10	玉米	60～90	4.4	14.7
B03	2003	10	玉米	0～15	8.9	16.6
B03	2003	10	玉米	15～30	6.8	13.1
B03	2003	10	玉米	30～60	3.4	14.4
B03	2003	10	玉米	60～90	2.6	13.9
B04	2003	10	玉米	0～15	19.8	13.1
B04	2003	10	玉米	15～30	7.9	13.0
B04	2003	10	玉米	30～60	5.8	14.0
B04	2003	10	玉米	60～90	2.5	10.7
B05	2003	10	玉米	0～15	13.5	14.0
B05	2003	10	玉米	15～30	4.1	16.5
B05	2003	10	玉米	30～60	3.4	13.7
B05	2003	10	玉米	60～90	2.4	17.7
B06	2003	10	玉米	0～15	43.3	18.2
B06	2003	10	玉米	15～30	23.5	12.8
B06	2003	10	玉米	30～60	8.5	15.3
B06	2003	10	玉米	60～90	6.9	15.2
B01	2002	7	小麦	0～20	5.5	11.4
B02	2002	7	小麦	0～20	4.5	14.1
B03	2002	7	小麦	0～20	6.2	13.0
B01	2001	10	小麦	0～20	2.9	
B01	2001	10	小麦	20～40	2.0	
B01	2001	10	小麦	40～60	1.4	
B02	2001	10	小麦	0～20	3.3	
B02	2001	10	小麦	20～40	1.8	
B02	2001	10	小麦	40～60	1.3	
B01	2000	9	玉米	0～20	3.0	6.2
B01	2000	9	玉米	20～40	3.0	4.5
B01	2000	9	玉米	40～60	2.0	3.7

注：2002 年之前为土壤风干样测定结果，2003 年为鲜样测定结果。

（2）辅助观测场

表 4－110　站前塬面农田土壤生物采样地硝态氮和铵态氮

土壤类型：黑垆土　母质：马兰黄土

样区编号	年份	月份	作物	采样深度（cm）	硝态氮（mg/kg）	铵态氮（mg/kg）
B01	2003	7	冬小麦	0～15	4.8	17.6
B01	2003	7	冬小麦	15～30	4.0	13.2

（续）

样区编号	年份	月份	作物	采样深度（cm）	硝态氮（mg/kg）	铵态氮（mg/kg）
B01	2003	7	冬小麦	30～60	1.8	10.2
B01	2003	7	冬小麦	60～90	2.2	8.7
B02	2003	7	冬小麦	0～15	7.2	10.4
B02	2003	7	冬小麦	15～30	5.6	13.7
B02	2003	7	冬小麦	30～60	2.6	10.7
B02	2003	7	冬小麦	60～90	2.5	10.7
B03	2003	7	冬小麦	0～15	4.3	12.6
B03	2003	7	冬小麦	15～30	4.1	14.0
B03	2003	7	冬小麦	30～60	2.1	11.8
B03	2003	7	冬小麦	60～90	1.8	8.9
B04	2003	7	冬小麦	0～15	27.2	15.3
B04	2003	7	冬小麦	15～30	29.2	15.1
B04	2003	7	冬小麦	30～60	25.7	12.6
B04	2003	7	冬小麦	60～90	10.8	12.5
B05	2003	7	冬小麦	0～15	4.6	13.4
B05	2003	7	冬小麦	15～30	3.7	13.0
B05	2003	7	冬小麦	30～60	2.5	12.1
B05	2003	7	冬小麦	60～90	2.3	12.0
B06	2003	7	冬小麦	0～15	5.4	12.8
B06	2003	7	冬小麦	15～30	4.7	11.5
B06	2003	7	冬小麦	30～60	2.5	11.2
B06	2003	7	冬小麦	60～90	2.4	9.3
B01	2002	9	春玉米	0～20	10.3	8.0
B01	2002	9	春玉米	20～40	8.0	7.5
B02	2002	9	春玉米	0～20	6.3	7.8
B02	2002	9	春玉米	20～40	9.6	7.8
B03	2002	9	春玉米	0～20	7.1	8.6
B03	2002	9	春玉米	20～40	7.9	7.5

注：2002年为土壤风干样测定结果，2003年为鲜样测定结果。

表4-111　杜家坪梯田农地土壤生物采样地硝态氮和铵态氮

土壤类型：黄绵土　母质：黄土

样区编号	年份	月份	作物	采样深度（cm）	硝态氮（mg/kg）	铵态氮（mg/kg）
B01	2003	7	冬小麦	0～15	40.6	14.3
B01	2003	7	冬小麦	15～30	30.0	17.5
B01	2003	7	冬小麦	30～60	3.2	11.9
B01	2003	7	冬小麦	60～90	4.7	13.6
B02	2003	7	冬小麦	0～15	75.1	13.2
B02	2003	7	冬小麦	15～30	52.6	12.0
B02	2003	7	冬小麦	30～60	4.5	12.4
B02	2003	7	冬小麦	60～90	3.0	13.0
B03	2003	7	冬小麦	0～15	27.0	14.8
B03	2003	7	冬小麦	15～30	28.8	15.9
B03	2003	7	冬小麦	30～60	3.9	22.2
B03	2003	7	冬小麦	60～90	2.3	16.4
B04	2003	7	冬小麦	0～15	49.5	20.8
B04	2003	7	冬小麦	15～30	40.2	21.3
B04	2003	7	冬小麦	30～60	4.8	18.5
B04	2003	7	冬小麦	60～90	3.8	18.8
B05	2003	7	冬小麦	0～15	19.4	18.0
B05	2003	7	冬小麦	15～30	18.2	20.0

（续）

样区编号	年份	月份	作物	采样深度（cm）	硝态氮（mg/kg）	铵态氮（mg/kg）
B05	2003	7	冬小麦	30～60	4.9	18.4
B05	2003	7	冬小麦	60～90	2.0	14.1
B06	2003	7	冬小麦	0～15	30.5	15.3
B06	2003	7	冬小麦	15～30	28.8	18.0
B06	2003	7	冬小麦	30～60	3.2	15.9
B06	2003	7	冬小麦	60～90	9.4	14.6
B01	2002	9	撂荒	0～20	4.3	11.9
B02	2002	9	撂荒	0～20	3.3	11.8

注：2002年为土壤风干样测定结果，2003年为鲜样测定结果。

（3）站区调查点

表4-112　玉石塬面农田土壤生物采样地硝态氮和铵态氮

土壤类型：黑垆土　母质：马兰黄土

样区编号	年份	月份	作物	采样深度（cm）	硝态氮（mg/kg）	铵态氮（mg/kg）
B01	2003	7	冬小麦	0～15	8.8	11.2
B01	2003	7	冬小麦	15～30	11.6	13.9
B01	2003	7	冬小麦	30～60	5.4	13.9
B01	2003	7	冬小麦	60～90	6.2	10.9
B02	2003	7	冬小麦	0～15	7.6	12.2
B02	2003	7	冬小麦	15～30	8.3	14.8
B02	2003	7	冬小麦	30～60	3.8	13.6
B02	2003	7	冬小麦	60～90	4.6	14.0
B03	2003	7	冬小麦	0～15	9.5	13.2
B03	2003	7	冬小麦	15～30	10.6	15.3
B03	2003	7	冬小麦	30～60	4.3	13.8
B03	2003	7	冬小麦	60～90	4.4	14.7
B01	2002	7	冬小麦	0～20	25.8	12.0
B02	2002	7	冬小麦	0～20	16.2	10.5
B03	2002	7	冬小麦	0～20	14.8	11.3
B01	2001	10	春玉米	0～20	5.2	
B01	2001	10	春玉米	20～40	5.7	
B01	2001	10	春玉米	40～60	3.3	
B02	2001	10	春玉米	0～20	6.5	
B02	2001	10	春玉米	20～40	6.1	
B02	2001	10	春玉米	40～60	3.4	

注：2002年之前为土壤风干样测定结果，2003年为鲜样测定结果。

4.2.6　土壤速效微量元素

（1）综合观测场

表4-113　综合观测场土壤速效微量元素

土壤类型：黑垆土　母质：马兰黄土

样区编号	年份	作物	采样深度（cm）	有效铁（Fe mg/kg）	有效铜（Cu mg/kg）	有效钼（Mo mg/kg）	有效锌（Zn mg/kg）	有效硫（S mg/kg）	有效锰（Mn mg/kg）
B01	2005	小麦	0～10	5.39	0.73	0.065	0.42	28.72	10.37
B01	2005	小麦	10～20	6.69	0.77	0.041	0.32	21.84	10.96
B02	2005	小麦	0～10	6.07	0.67	0.045	0.41	25.00	13.11
B02	2005	小麦	10～20	5.84	0.67	0.051	0.34	27.22	8.47
B03	2005	小麦	0～10	6.24	0.69	0.071	0.43	25.79	12.92

（续）

样区编号	年份	作物	采样深度（cm）	有效铁（Fe mg/kg）	有效铜（Cu mg/kg）	有效钼（Mo mg/kg）	有效锌（Zn mg/kg）	有效硫（S mg/kg）	有效锰（Mn mg/kg）
B03	2005	小麦	10~20	6.07	0.71	0.060	0.43	33.79	9.77
B04	2005	小麦	0~10	6.25	0.73	0.075	0.54	24.55	11.44
B04	2005	小麦	10~20	6.26	0.78	0.079	0.45	28.19	11.73
B05	2005	小麦	0~10	7.58	0.77	0.070	0.45	24.15	16.00
B05	2005	小麦	10~20	6.81	0.76	0.071	0.33	27.49	14.02
B06	2005	小麦	0~10	6.77	0.71	0.042	0.37	25.71	14.27
B06	2005	小麦	10~20	6.56	0.77	0.049	0.32	41.08	8.48
B01	2003	玉米	0~15	9.03	1.65		0.58		15.17
B01	2003	玉米	15~30	7.68	1.32		0.66		13.12
B01	2003	玉米	30~60	7.68	1.48		0.81		12.42
B01	2003	玉米	60~90	8.21	1.96		0.34		13.73
B02	2003	玉米	0~15	6.13	1.30		0.65		12.94
B02	2003	玉米	15~30	6.55	1.35		0.69		13.87
B02	2003	玉米	30~60	6.77	1.49		0.35		13.21
B02	2003	玉米	60~90	6.81	1.52		0.47		13.10
B03	2003	玉米	0~15	7.52	1.33		1.30		14.55
B03	2003	玉米	15~30	8.32	1.37		0.34		12.91
B03	2003	玉米	30~60	8.35	1.80		0.46		14.62
B03	2003	玉米	60~90	7.84	1.97		0.49		14.57
B04	2003	玉米	0~15	6.82	1.30		0.88		14.92
B04	2003	玉米	15~30	7.81	1.32		1.11		12.95
B04	2003	玉米	30~60	7.76	1.58		0.96		14.56
B04	2003	玉米	60~90	8.84	1.93		0.41		12.99
B05	2003	玉米	0~15	6.52	1.25		0.31		13.81
B05	2003	玉米	15~30	7.14	1.36		0.31		12.16
B05	2003	玉米	30~60	7.17	1.59		0.53		12.74
B05	2003	玉米	60~90	8.13	1.80		0.28		12.00
B06	2003	玉米	0~15	6.19	1.29		0.47		13.46
B06	2003	玉米	15~30	6.62	1.25		0.49		12.15
B06	2003	玉米	30~60	7.28	1.55		0.33		14.28
B06	2003	玉米	60~90	7.49	1.82		0.40		12.39
B01	2001	小麦	0~20	6.04	1.06		0.38		
B01	2001	小麦	20~40	6.69	1.09		0.23		
B01	2001	小麦	40~60	6.20	1.26		0.18		
B02	2001	小麦	0~20	6.29	0.98		0.31		
B02	2001	小麦	20~40	5.75	1.05		0.24		
B02	2001	小麦	40~60	6.02	1.26		0.27		
B01	2000	玉米	0~20	5.32	0.85		0.76		
B01	2000	玉米	20~40	5.18	0.86		0.72		
B01	2000	玉米	40~60	5.07	0.94		0.59		

（2）辅助观测场

表4-114 农田土壤要素辅助长期观测采样地（CK）土壤速效微量元素

土壤类型：黑垆土　母质：马兰黄土

样区编号	年份	作物	采样深度（cm）	有效铁（Fe mg/kg）	有效铜（Cu mg/kg）	有效钼（Mo mg/kg）	有效锌（Zn mg/kg）	有效硫（S mg/kg）	有效锰（Mn mg/kg）
B01	2005	小麦	0~10	6.49	0.88	0.07	0.42	29.29	12.08
B01	2005	小麦	10~20	5.67	0.98	0.06	0.36	23.87	10.10
B02	2005	小麦	0~10	6.69	0.89	0.05	0.37	68.30	10.91
B02	2005	小麦	10~20	6.72	0.92	0.05	0.34	28.06	11.03
B03	2005	小麦	0~10	5.73	0.83	0.04	0.44	28.87	11.52
B03	2005	小麦	10~20	7.31	0.94	0.06	0.32	30.12	9.44

表 4－115　农田土壤要素辅助长期观测采样地（NP＋M）土壤速效微量元素

土壤类型：黑垆土　母质：马兰黄土

样区编号	年份	作物	采样深度（cm）	有效铁（Fe mg/kg）	有效铜（Cu mg/kg）	有效钼（Mo mg/kg）	有效锌（Zn mg/kg）	有效硫（S mg/kg）	有效锰（Mn mg/kg）
B01	2005	小麦	0～10	6.21	0.87	0.05	0.38	25.83	12.33
B01	2005	小麦	10～20	6.41	0.86	0.06	0.33	26.30	10.13
B02	2005	小麦	0～10	6.34	0.87	0.05	0.40	22.29	11.53
B02	2005	小麦	10～20	7.19	0.88	0.05	0.40	27.04	10.69
B03	2005	小麦	0～10	5.76	0.87	0.05	0.45	28.72	13.73
B03	2005	小麦	10～20	5.73	0.87	0.05	0.36	27.94	10.17

表 4－116　站前塬面农田土壤生物采样地土壤速效微量元素

土壤类型：黑垆土　母质：马兰黄土

样区编号	年份	作物	采样深度（cm）	有效铁（Fe mg/kg）	有效铜（Cu mg/kg）	有效钼（Mo mg/kg）	有效锌（Zn mg/kg）	有效硫（S mg/kg）	有效锰（Mn mg/kg）
B01	2005	玉米	0～10	3.97	0.89	0.05	0.52	26.56	4.95
B01	2005	玉米	10～20	3.70	0.85	0.03	0.62	34.01	4.83
B02	2005	玉米	0～10	3.66	0.77	0.07	0.64	26.22	4.39
B02	2005	玉米	10～20	3.70	0.82	0.12	0.64	27.40	4.64
B03	2005	玉米	0～10	4.15	0.94	0.04	0.50	54.57	4.25
B03	2005	玉米	10～20	4.13	0.81	0.06	0.45	60.40	5.01
B01	2003	小麦	0～15	5.23	2.96		0.69		16.87
B01	2003	小麦	15～30	5.60	1.10		0.43		16.99
B01	2003	小麦	30～60	5.59	1.31		0.25		9.41
B01	2003	小麦	60～90	5.96	1.50		0.23		9.08
B02	2003	小麦	0～15	4.37	1.02		0.85		11.79
B02	2003	小麦	15～30	5.41	1.07		0.58		21.84
B02	2003	小麦	30～60	5.77	1.29		0.29		11.46
B02	2003	小麦	60～90	6.25	1.50		0.32		9.33
B03	2003	小麦	0～15	5.56	0.97		0.41		13.13
B03	2003	小麦	15～30	5.52	1.07		0.93		16.08
B03	2003	小麦	30～60	5.38	1.24		0.35		10.95
B03	2003	小麦	60～90	6.13	1.48		0.33		8.50
B04	2003	小麦	0～15	5.58	1.01		0.66		19.91
B04	2003	小麦	15～30	5.38	1.11		0.36		28.38
B04	2003	小麦	30～60	5.22	1.10		0.42		16.89
B04	2003	小麦	60～90	5.48	1.29		0.20		14.49
B05	2003	小麦	0～15	5.42	1.06		0.55		16.07
B05	2003	小麦	15～30	5.34	1.06		0.42		15.46
B05	2003	小麦	30～60	4.37	1.10		0.29		12.12
B05	2003	小麦	60～90	5.97	1.34		0.20		9.31
B06	2003	小麦	0～15	5.18	1.04		0.75		13.72
B06	2003	小麦	15～30	5.36	1.10		0.53		19.12
B06	2003	小麦	30～60	5.53	1.33		0.41		12.07
B06	2003	小麦	60～90	6.46	1.45		0.33		8.76

表 4－117　杜家坪梯田农地土壤生物采样地土壤速效微量元素

土壤类型：黄绵土　母质：黄土

样区编号	年份	作物	采样深度（cm）	有效铁（Fe mg/kg）	有效铜（Cu mg/kg）	有效钼（Mo mg/kg）	有效锌（Zn mg/kg）	有效硫（S mg/kg）	有效锰（Mn mg/kg）
B01	2005	小麦	0～10	5.48	0.71	0.01	0.25	32.33	11.83
B01	2005	小麦	10～20	5.81	0.72	0.01	0.22	62.13	10.59
B02	2005	小麦	0～10	5.67	0.73	0.02	0.47	30.36	10.60
B02	2005	小麦	10～20	7.06	0.75	0.02	0.24	26.56	9.84

（续）

样区编号	年份	作物	采样深度（cm）	有效铁（Fe mg/kg）	有效铜（Cu mg/kg）	有效钼（Mo mg/kg）	有效锌（Zn mg/kg）	有效硫（S mg/kg）	有效锰（Mn mg/kg）
B03	2005	小麦	0～10	5.80	0.66	0.02	0.39	41.22	10.71
B03	2005	小麦	10～20	5.48	0.64	0.01	0.31	61.77	10.05
B01	2003	小麦	0～15	5.23	0.95		0.40		11.60
B01	2003	小麦	15～30	4.97	0.97		0.32		10.17
B01	2003	小麦	30～60	4.93	1.11		0.29		7.13
B01	2003	小麦	60～90	4.80	1.09		0.36		7.91
B02	2003	小麦	0～15	4.87	1.00		0.40		10.72
B02	2003	小麦	15～30	4.85	1.04		0.39		11.15
B02	2003	玉米	30～60	4.00	1.11		0.28		6.90
B02	2003	玉米	60～90	4.93	1.28		0.32		6.88
B03	2003	玉米	0～15	4.89	1.09		0.46		11.20
B03	2003	玉米	15～30	6.22	1.16		0.39		12.23
B03	2003	玉米	30～60	5.74	1.16		0.23		9.26
B03	2003	玉米	60～90	6.49	1.28		0.28		9.68
B04	2003	玉米	0～15	5.64	1.08		0.36		11.48
B04	2003	玉米	15～30	5.94	1.16		0.24		10.44
B04	2003	玉米	30～60	5.01	1.04		0.10		8.71
B04	2003	玉米	60～90	4.42	1.05		0.18		9.33
B05	2003	玉米	0～15	5.35	1.12		0.33		11.75
B05	2003	玉米	15～30	5.93	1.12		0.32		11.08
B05	2003	玉米	30～60	6.58	1.19		0.22		9.76
B05	2003	玉米	60～90	5.59	1.10		0.14		8.11
B06	2003	玉米	0～15	5.87	1.10		0.42		12.35
B06	2003	玉米	15～30	6.09	1.13		0.23		10.85
B06	2003	玉米	30～60	6.33	1.35		0.19		9.49
B06	2003	玉米	60～90	5.93	0.99		0.17		6.18

（3）站区调查点

表 4-118　玉石塬面农田土壤生物采样地土壤速效微量元素

土壤类型：黑垆土　母质：马兰黄土

样区编号	年份	作物	采样深度（cm）	有效铁（Fe mg/kg）	有效铜（Cu mg/kg）	有效钼（Mo mg/kg）	有效锌（Zn mg/kg）	有效硫（S mg/kg）	有效锰（Mn mg/kg）
B01	2005	小麦	0～10	5.92	0.86	0.09	0.73	28.35	14.76
B01	2005	小麦	10～20	5.53	0.84	0.07	0.77	50.30	13.67
B01	2003	小麦	0～15	6.55	1.31		0.70		16.25
B01	2003	小麦	15～30	8.18	1.45		0.59		28.44
B01	2003	小麦	30～60	6.39	1.31		0.36		12.45
B01	2003	小麦	60～90	6.46	1.52		0.40		11.95
B02	2003	小麦	0～15	7.07	1.20		0.76		16.06
B02	2003	小麦	15～30	6.78	1.28		0.69		16.39
B02	2003	小麦	30～60	6.24	1.42		0.46		12.76
B02	2003	小麦	60～90	5.29	1.58		0.43		12.12
B03	2003	小麦	0～15	6.43	1.23		0.73		13.55
B03	2003	小麦	15～30	6.34	1.28		0.48		14.29
B03	2003	小麦	30～60	5.51	1.25		0.41		11.71
B03	2003	小麦	60～90	5.88	1.32		0.27		12.31
B01	2001	玉米	0～20	6.13	0.91		1.11		
B01	2001	玉米	20～40	6.27	1.06		0.54		
B01	2001	玉米	40～60	6.78	1.41		0.32		
B02	2001	玉米	0～20	5.78	0.96		1.32		
B02	2001	玉米	20～40	5.61	1.04		0.40		
B02	2001	玉米	40～60	6.43	1.24		0.33		

表4-119　枣泉塬面农田土壤生物采样地土壤速效微量元素

土壤类型：黑垆土　　母质：马兰黄土

样区编号	年份	作物	采样深度（cm）	有效铁（Fe mg/kg）	有效铜（Cu mg/kg）	有效钼（Mo mg/kg）	有效锌（Zn mg/kg）	有效硫（S mg/kg）	有效锰（Mn mg/kg）
B01	2005	小麦	0～10	7.38	0.83	0.06	0.36	34.64	13.88
B01	2005	小麦	10～20	6.51	0.83	0.07	0.47	28.08	14.41

表4-120　中台塬面农田土壤生物采样地土壤速效微量元素

土壤类型：黑垆土　　母质：马兰黄土

样区编号	年份	作物	采样深度（cm）	有效铁（Fe mg/kg）	有效铜（Cu mg/kg）	有效钼（Mo mg/kg）	有效锌（Zn mg/kg）	有效硫（S mg/kg）	有效锰（Mn mg/kg）
B01	2005	小麦	0～10	5.98	0.78	0.08	0.46	24.63	12.73
B01	2005	小麦	10～20	6.20	0.80	0.07	0.46	32.75	13.57

4.2.7　土壤机械组成

（1）综合观测场

表4-121　综合观测场土壤机械组成

土壤类型：黑垆土　　母质：马兰黄土

样区编号	年份	作物	采样深度（cm）	2～0.05mm（%）	0.05～0.002mm（%）	＜0.002mm（%）	土壤质地名称
B01	2005	小麦	0～10	10.04	74.79	15.17	粘壤土
B02	2005	小麦	0～10	9.88	74.78	15.34	粘壤土
B03	2005	小麦	0～10	10.16	75.52	14.32	粉壤土
B01	2005	小麦	10～20	9.15	76.25	14.59	粉壤土
B02	2005	小麦	10～20	9.63	74.16	16.21	粘壤土
B03	2005	小麦	10～20	11.66	73.67	14.67	粉壤土
B01	2005	小麦	20～40	7.71	73.37	18.92	粘壤土
B02	2005	小麦	20～40	8.44	74.29	17.27	粘壤土
B03	2005	小麦	20～40	7.46	73.16	19.38	粘壤土
B01	2005	小麦	40～60	6.29	81.55	12.16	粉壤土
B02	2005	小麦	40～60	7.84	78.97	13.19	粉壤土
B03	2005	小麦	40～60	9.12	79.97	10.91	粉壤土
B01	2005	小麦	60～80	8.02	76.63	15.35	粘壤土
B02	2005	小麦	60～80	10.17	75.57	14.26	粉壤土
B03	2005	小麦	60～80	8.50	79.74	11.76	粉壤土

（2）辅助观测场

表4-122　农田土壤要素辅助长期观测采样地（CK）土壤机械组成

土壤类型：黑垆土　　母质：马兰黄土

样区编号	年份	作物	采样深度（cm）	2～0.05mm（%）	0.05～0.002mm（%）	＜0.002mm（%）	土壤质地名称
B01	2005	小麦	0～10	10.4	75.0	14.6	粉壤土
B02	2005	小麦	0～10	10.0	73.3	16.7	粘壤土
B03	2005	小麦	0～10	10.3	75.3	14.4	粉壤土
B01	2005	小麦	10～20	9.0	76.1	14.9	粉壤土
B02	2005	小麦	10～20	8.8	75.9	15.3	粘壤土
B03	2005	小麦	10～20	8.9	75.0	16.1	粘壤土

（续）

样区编号	年份	作物	采样深度 (cm)	2～0.05mm (%)	0.05～0.002mm (%)	<0.002mm (%)	土壤质地名称
B01	2005	小麦	20～40	10.8	73.4	15.8	粘壤土
B02	2005	小麦	20～40	8.7	77.1	14.2	粉壤土
B03	2005	小麦	20～40	8.0	72.0	20.0	粘壤土
B01	2005	小麦	40～60	8.7	77.1	14.2	粉壤土
B02	2005	小麦	40～60	9.0	79.2	11.8	粉壤土
B03	2005	小麦	40～60	9.1	79.7	11.2	粉壤土
B01	2005	小麦	60～80	8.0	79.9	12.1	粉壤土
B02	2005	小麦	60～80	8.0	80.1	11.9	粉壤土
B03	2005	小麦	60～80	6.8	80.7	12.5	粉壤土

表 4-123　农田土壤要素辅助长期观测采样地（NP＋M）土壤机械组成

土壤类型：黑垆土　母质：马兰黄土

样区编号	年份	作物	采样深度 (cm)	2～0.05mm (%)	0.05～0.002mm (%)	<0.002mm (%)	土壤质地名称
B01	2005	小麦	0～10	10.4	74.8	14.8	粉壤土
B02	2005	小麦	0～10	10.0	74.3	15.7	粘壤土
B03	2005	小麦	0～10	10.3	75.3	14.4	粉壤土
B01	2005	小麦	10～20	9.0	76.1	14.9	粉壤土
B02	2005	小麦	10～20	8.8	75.9	15.3	粘壤土
B03	2005	小麦	10～20	9.9	74.0	16.1	粘壤土
B01	2005	小麦	20～40	10.8	73.4	15.8	粘壤土
B02	2005	小麦	20～40	7.7	78.1	14.2	粉壤土
B03	2005	小麦	20～40	8.0	72.0	20.0	粘壤土
B01	2005	小麦	40～60	8.7	79.1	12.2	粉壤土
B02	2005	小麦	40～60	9.0	79.2	11.8	粉壤土
B03	2005	小麦	40～60	9.1	79.7	11.2	粉壤土
B01	2005	小麦	60～80	8.0	79.8	12.0	粉壤土
B02	2005	小麦	60～80	8.0	80.1	11.9	粉壤土
B03	2005	小麦	60～80	6.8	80.7	12.5	粉壤土

表 4-124　站前塬面农田土壤生物采样地土壤机械组成

土壤类型：黑垆土　母质：马兰黄土

样区编号	年份	作物	采样深度 (cm)	2～0.05mm (%)	0.05～0.002mm (%)	<0.002mm (%)	土壤质地名称
B01	2005	小麦	0～10	10.0	74.8	15.2	粘壤土
B02	2005	小麦	0～10	9.9	74.8	15.3	粘壤土
B03	2005	小麦	0～10	10.3	75.5	14.3	粉壤土
B01	2005	小麦	10～20	9.2	76.3	14.6	粉壤土
B02	2005	小麦	10～20	9.6	75.2	15.2	粉壤土
B03	2005	小麦	10～20	12.7	73.7	13.7	粉壤土
B01	2005	小麦	20～40	7.7	73.4	18.9	粘壤土
B02	2005	小麦	20～40	8.4	74.3	17.3	粘壤土
B03	2005	小麦	20～40	7.5	73.2	19.4	粘壤土
B01	2005	小麦	40～60	6.3	81.6	12.2	粉壤土
B02	2005	小麦	40～60	7.8	76.0	16.2	粘壤土
B03	2005	小麦	40～60	9.1	80.0	10.9	粉壤土
B01	2005	小麦	60～80	8.0	76.6	15.3	粘壤土
B02	2005	小麦	60～80	10.2	75.6	14.3	粉壤土
B03	2005	小麦	60～80	8.5	79.7	11.8	粉壤土

表 4-125 杜家坪梯田农地土壤生物采样地土壤机械组成

土壤类型：黄绵土　　母质：黄土

样区编号	年份	作物	采样深度 （cm）	2～0.05mm （%）	0.05～0.002mm （%）	<0.002mm （%）	土壤质地名称
B01	2005	小麦	0～10	13.2	72.0	14.8	粉壤土
B02	2005	小麦	0～10	12.2	72.3	15.4	粘壤土
B03	2005	小麦	0～10	10.8	69.6	19.5	粘壤土
B01	2005	小麦	10～20	12.0	71.6	16.4	粘壤土
B02	2005	小麦	10～20	10.8	71.4	17.7	粘壤土
B03	2005	小麦	10～20	7.0	79.6	13.4	粉壤土
B01	2005	小麦	20～40	11.6	72.9	15.5	粉壤土
B02	2005	小麦	20～40	8.9	72.1	19.1	粘壤土
B03	2005	小麦	20～40	10.3	73.0	16.6	粘壤土
B01	2005	小麦	40～60	9.5	78.0	12.5	粉壤土
B02	2005	小麦	40～60	9.4	74.4	16.1	粉壤土
B03	2005	小麦	40～60	11.2	73.4	15.4	粘壤土
B01	2005	小麦	60～80	11.1	74.0	14.9	粉壤土
B02	2005	小麦	60～80	6.9	74.4	18.7	粘壤土
B03	2005	小麦	60～80	11.0	74.4	14.6	粉壤土

（3）站区调查点

表 4-126 玉石塬面农田土壤生物采样地土壤机械组成

土壤类型：黑垆土　　母质：马兰黄土

样区编号	年份	作物	采样深度 （cm）	2～0.05mm （%）	0.05～0.002mm （%）	<0.002mm （%）	土壤质地名称
B01	2005	小麦	0～10	9.7	70.2	20.1	粘壤土
B02	2005	小麦	0～10	11.1	70.0	18.9	粘壤土
B03	2005	小麦	0～10	10.9	73.7	15.4	粘壤土
B01	2005	小麦	10～20	10.1	73.5	16.4	粘壤土
B02	2005	小麦	10～20	12.6	71.8	15.6	粘壤土
B03	2005	小麦	10～20	13.9	69.6	16.5	粘壤土
B01	2005	小麦	20～40	11.8	73.8	14.4	粉壤土
B02	2005	小麦	20～40	11.7	73.6	14.7	粉壤土
B03	2005	小麦	20～40	9.8	70.4	19.8	粘壤土
B01	2005	小麦	40～60	9.5	76.3	14.2	粉壤土
B02	2005	小麦	40～60	9.0	79.3	11.7	粉壤土
B03	2005	小麦	40～60	10.3	70.9	18.8	粘壤土
B01	2005	小麦	60～80	7.7	79.2	13.1	粉壤土
B02	2005	小麦	60～80	7.5	79.1	13.4	粉壤土
B03	2005	小麦	60～80	16.4	69.9	13.7	粉壤土

表 4-127 枣泉塬面农田土壤生物采样地土壤机械组成

土壤类型：黑垆土　　母质：马兰黄土

样区编号	年份	作物	采样深度 （cm）	2～0.05mm （%）	0.05～0.002mm （%）	<0.002mm （%）	土壤质地名称
B01	2005	小麦	0～10	7.7	80.3	12.0	粉壤土
B02	2005	小麦	0～10	12.4	72.0	15.7	粉壤土
B03	2005	小麦	0～10	11.4	72.2	16.3	粘壤土
B01	2005	小麦	10～20	10.2	75.2	14.6	粉壤土
B02	2005	小麦	10～20	10.3	74.5	15.2	粘壤土
B03	2005	小麦	10～20	9.5	73.8	16.7	粘壤土

（续）

样区编号	年份	作物	采样深度 （cm）	2～0.05mm （%）	0.05～0.002mm （%）	＜0.002mm （%）	土壤质地名称
B01	2005	小麦	20～40	9.3	75.9	14.8	粉壤土
B02	2005	小麦	20～40	9.9	75.1	15.0	粉壤土
B03	2005	小麦	20～40	10.5	74.7	14.8	粉壤土
B01	2005	小麦	40～60	8.2	74.2	17.5	粘壤土
B02	2005	小麦	40～60	8.0	73.2	18.8	粘壤土
B03	2005	小麦	40～60	8.5	78.6	12.8	粉壤土
B01	2005	小麦	60～80	10.2	75.1	14.7	粉壤土
B02	2005	小麦	60～80	11.7	73.0	15.3	粘壤土
B03	2005	小麦	60～80	9.5	72.5	18.0	粘壤土

表 4-128　中台塬面农田土壤生物采样地土壤机械组成

土壤类型：黑垆土　　母质：马兰黄土

样区编号	年份	作物	采样深度 （cm）	2～0.05mm （%）	0.05～0.002mm （%）	＜0.002mm （%）	土壤质地名称
B01	2005	小麦	0～10	11.6	74.2	14.2	粉壤土
B02	2005	小麦	0～10	11.1	74.1	14.8	粉壤土
B03	2005	小麦	0～10	8.7	77.2	14.1	粉壤土
B01	2005	小麦	10～20	11.2	74.1	14.7	粉壤土
B02	2005	小麦	10～20	10.8	74.6	14.6	粉壤土
B03	2005	小麦	10～20	10.5	74.4	15.1	粉壤土
B01	2005	小麦	20～40	9.2	79.5	11.3	粉壤土
B02	2005	小麦	20～40	8.6	75.2	16.2	粉壤土
B03	2005	小麦	20～40	9.9	72.4	17.7	粉壤土
B01	2005	小麦	40～60	14.5	70.7	14.9	粉壤土
B02	2005	小麦	40～60	8.6	75.0	16.4	粘壤土
B03	2005	小麦	40～60	7.9	72.5	19.5	粘壤土
B01	2005	小麦	60～80	8.8	75.5	15.7	粘壤土
B02	2005	小麦	60～80	8.2	72.4	19.4	粘壤土
B03	2005	小麦	60～80	8.9	74.7	16.4	粘壤土

4.2.8　土壤容重

（1）综合观测场

表 4-129　综合观测场土壤容重

土壤类型：黑垆土　　母质：马兰黄土

样区编号	年份	作物	采样深度（cm）	土壤容重平均值（g/cm³）	均方差
B01	2005	小麦	0～10	1.27	0.02
B01	2005	小麦	10～20	1.27	0.05
B01	2005	小麦	20～40	1.35	0.05
B01	2005	小麦	40～60	1.30	0.03
B01	2005	小麦	60～80	1.25	0.02
B01	2003	玉米	0～5	1.25	0.08
B02	2003	玉米	0～5	1.09	0.08
B03	2003	玉米	0～5	1.33	0.08
B04	2003	玉米	0～5	1.15	0.08
B05	2003	玉米	0～5	1.22	0.08
B06	2003	玉米	0～5	1.17	0.08

（2）辅助观测场

表 4-130 农田土壤要素辅助长期观测采样地（CK）土壤容重

土壤类型：黑垆土　母质：马兰黄土

样区编号	年份	作物	采样深度（cm）	土壤容重平均值（g/cm³）	均方差
B01	2005	小麦	0～10	1.43	0.02
B01	2005	小麦	10～20	1.40	0.03
B01	2005	小麦	20～40	1.48	0.02
B01	2005	小麦	40～60	1.36	0.01
B01	2005	小麦	60～80	1.41	0.01

表 4-131 农田土壤要素辅助长期观测采样地（NP+M）土壤容重

土壤类型：黑垆土　母质：马兰黄土

样区编号	年份	作物	采样深度（cm）	土壤容重平均值（g/cm³）	均方差
B01	2005	小麦	0～10	1.43	0.04
B01	2005	小麦	10～20	1.41	0.04
B01	2005	小麦	20～40	1.48	0.03
B01	2005	小麦	40～60	1.37	0.03
B01	2005	小麦	60～80	1.42	0.01

表 4-132 站前塬面农田土壤生物采样地土壤容重

土壤类型：黑垆土　母质：马兰黄土

样区编号	年份	作物	采样深度（cm）	土壤容重平均值（g/cm³）	均方差
B01	2005	小麦	0～10	1.28	0.02
B01	2005	小麦	10～20	1.31	0.01
B01	2005	小麦	20～40	1.35	0.04
B01	2005	小麦	40～60	1.30	0.02
B01	2005	小麦	60～80	1.26	0.01
B01	2003	小麦	0～5	1.16	0.067
B02	2003	小麦	0～5	1.19	0.067
B03	2003	小麦	0～5	1.10	0.067
B04	2003	小麦	0～5	1.27	0.067
B05	2003	小麦	0～5	1.28	0.067
B06	2003	小麦	0～5	1.22	0.067

表 4-133 杜家坪梯田农地土壤生物采样地土壤容重

土壤类型：黄绵土　母质：黄土

样区编号	年份	作物	采样深度（cm）	土壤容重平均值（g/cm³）	均方差
B01	2005	小麦	0～10	1.27	0.04
B01	2005	小麦	10～20	1.28	0.06
B01	2005	小麦	20～40	1.22	0.01
B01	2005	小麦	40～60	1.17	0.04
B01	2005	小麦	60～80	1.16	0.04
B01	2003	小麦	0～5	1.27	0.06
B02	2003	小麦	0～5	1.23	0.06
B03	2003	小麦	0～5	1.20	0.06
B04	2003	小麦	0～5	1.17	0.06
B05	2003	小麦	0～5	1.16	0.06
B06	2003	小麦	0～5	1.11	0.06

（3）站区调查点

表 4 – 134　玉石塬面农田土壤生物采样地土壤容重

土壤类型：黑垆土　母质：马兰黄土

样区编号	年份	作物	采样深度（cm）	土壤容重平均值（g/cm³）	均方差
B01	2005	小麦	0～10	1.27	0.08
B01	2005	小麦	10～20	1.31	0.04
B01	2005	小麦	20～40	1.34	0.02
B01	2005	小麦	40～60	1.49	0.01
B01	2005	小麦	60～80	1.38	0.04

表 4 – 135　枣泉塬面农田土壤生物采样地土壤容重

土壤类型：黑垆土　母质：马兰黄土

样区编号	年份	作物	采样深度（cm）	土壤容重平均值（g/cm³）	均方差
B01	2005	小麦	0～10	1.36	0.04
B01	2005	小麦	10～20	1.41	0.01
B01	2005	小麦	20～40	1.36	0.03
B01	2005	小麦	40～60	1.37	0.02
B01	2005	小麦	60～80	1.17	0.02

表 4 – 136　中台塬面农田土壤生物采样地土壤容重

土壤类型：黑垆土　母质：马兰黄土

样区编号	年份	作物	采样深度（cm）	土壤容重平均值（g/cm³）	均方差
B01	2005	小麦	0～10	1.19	0.01
B01	2005	小麦	10～20	1.29	0.02
B01	2005	小麦	20～40	1.48	0.01
B01	2005	小麦	40～60	1.29	0.03
B01	2005	小麦	60～80	1.37	0.08

4.2.9　长期试验土壤养分

表 4 – 137　长期试验部分处理土壤养分

土壤类型：黑垆土　母质：马兰黄土

年份	处理	作物	采样深度 （cm）	有机质 （g/kg）	全氮 （N g/kg）	碱解氮 （N mg/kg））	有效磷 （P mg/kg）	速效钾 （K mg/kg）	缓效钾 （K mg/kg）	水溶液 提 pH
2003	N120P60M75000	小麦	0～20	18.0	1.19	90.10	47.68	414.75	1 125.87	8.34
2003	N120P60	小麦	0～20	13.0	0.94	77.23	14.18	124.00	1 131.56	8.38
2003	P60	小麦	0～20	12.0	0.83	70.30	29.64	137.10	1 206.24	8.35
2003	N120	小麦	0～20	12.0	0.89	81.52	3.82	133.45	1 186.61	8.34
2003	M75000	小麦	0～20	17.0	1.19	89.77	33.07	507.05	1 185.01	8.39
2003	CK	小麦	0～20	12.0	0.85	79.21	3.49	142.15	1 178.27	8.44
2003	R	休闲	0～20	10.0	0.78	81.19	8.81	160.65	1 241.19	8.44
2003	P60M75000	小麦	0～20	18.00	1.21	88.12	62.89	416.55	1 216.41	8.38
2003	N120M75000	小麦	0～20	17.00	1.16	85.15	28.54	376.80	1 290.30	8.35

4.2.10 肥料用量、作物产量和养分含量

表4-138 观测场肥料用量、作物产量和养分含量

年份	样地名称	处理	作物	氮肥用量 (折纯,N) kg/hm²	磷肥用量 (折纯,P₂O₅) kg/hm²	钾肥用量 (折纯,K₂O) kg/hm²	有机肥 用量 (kg/hm²)	有机肥 种类	作物产量 (籽实、 秸秆) kg/hm²	作物产量 (秸秆) kg/hm²	作物籽实 养分含量 (N g/kg)	作物籽实 养分含量 (P g/kg)	作物籽实 养分含量 (K g/kg)	作物秸秆 养分含量 (N g/kg)	作物秸秆 养分含量 (P g/kg)	作物秸秆 养分含量 (K g/kg)
2008	长武综合观测场土壤生物采样地	施用 NP	小麦	138	90	0	0		4 020.2							
2008	长武农田土壤要素辅助长期观测采样地 (CK)	不施肥	小麦	0	0	0	0									
2008	长武农田土壤要素辅助长期观测采样地 (NP+M)	施用 NPM	小麦	138	90	0	65 000	农家肥								
2008	长武站前塬面农田土壤生物采样地	塬面	春玉米	135	90	0	0		7 866.8							
2008	长武杜家坪梯田农地土壤生物采样地	坡地梯田	小麦	138	90	0	0		1 941.2							
2008	长武玉石塬面农田土壤生物采样地	农民地 1	小麦	71	169	90	0		3 657.9							
2008	长武中台塬面农田土壤生物采样地	农民地 2	小麦	138	90	0	0		5 694.1							
2008	长武枣泉塬面农田土壤生物采样地	农民地 3	小麦	104	90	0	0		4 676							
2007	长武综合观测场土壤生物采样地	施用 NP	春玉米	138	90	0	0		7 653							
2007	长武农田土壤要素辅助长期观测采样地 (CK)	不施肥	小麦	0	0	0	0									
2007	长武农田土壤要素辅助长期观测采样地 (NP+M)	施用 NPM	小麦	138	90	0	65 000	农家肥								
2007	长武站前塬面农田土壤生物采样地	塬面	小麦	138	90	0	0		2 242							
2007	长武杜家坪梯田农地土壤生物采样地	坡地梯田	小麦	80	115	0	0		1 525							

（续）

年份	样地名称	处理	作物	氮肥用量（折纯,N）kg/hm²	磷肥用量（折纯,P₂O₅）kg/hm²	钾肥用量（折纯,K₂O）kg/hm²	有机肥用量 kg/hm²	有机肥种类	作物产量（籽实）kg/hm²	作物产量（秸秆）kg/hm²	作物籽实养分含量（N g/kg）	作物籽实养分含量（P g/kg）	作物籽实养分含量（K g/kg）	作物秸秆养分含量（N g/kg）	作物秸秆养分含量（P g/kg）	作物秸秆养分含量（K g/kg）
2007	长武王石塬面农田土壤生物采样地	农民地1	小麦	89.3	205	160	0		3 155.6							
2007	长武中台塬面农田土壤生物采样地	农民地2	小麦	124	122	0	0		2 166.7							
2007	长武枣泉塬面农田土壤生物采样地	农民地3	小麦	345	90	0	0		2 033.3							
2006	长武综合观测场土壤生物采样地	施用NP	小麦	138	90	0	0		6 424							
2006	长武农田土壤要素辅助长期观测采样地（CK）	不施肥	小麦	0	0	0	0									
2006	长武农田土壤要素辅助长期观测采样地（NP+M）	施用NPM	小麦	138	90	0	65 000	农家肥	7 195							
2006	长武站前塬面农田土壤生物采样地	塬面	小麦	138	90	0	0		3 564							
2006	长武杜家坪梯田农地土壤生物采样地	坡地梯田	小麦	138	90	0	0									
2006	长武王石塬面农田土壤生物采样地	农民地1	小麦	40	90	0	8 000		4 608							
2006	长武中台塬面农田土壤生物采样地	农民地2	小麦	153	100	0	0		4 522							
2006	长武枣泉塬面农田土壤生物采样地	农民地3	小麦	138	338	0	0		5 087							
2005	长武综合观测场土壤生物采样地	施用NP	小麦	138	90	0	0		5 450.0	6 900.0						
2005	长武农田土壤要素辅助长期观测采样地（CK）	不施肥	小麦	0	0	0	0									
2005	长武农田土壤要素辅助长期观测采样地（NP+M）	施用NPM	小麦	138	90	0	65 000	农家肥								

（续）

年份	样地名称	处理	作物	氮肥用量(折纯,N)(kg/hm²)	磷肥用量(折纯,P₂O₅)(kg/hm²)	钾肥用量(折纯,K₂O)(kg/hm²)	有机肥用量(kg/hm²)	有机肥种类	作物产量(籽实,kg/hm²)	作物产量(秸秆,kg/hm²)	作物籽实养分含量(N g/kg)	作物籽实养分含量(P g/kg)	作物籽实养分含量(K g/kg)	作物秸秆养分含量(N g/kg)	作物秸秆养分含量(P g/kg)	作物秸秆养分含量(K g/kg)
2005	长武站前塬面农田土壤生物采样地	塬面	玉米	138	90	0	0		10 645.0	15 430.0						
2005	长武杜家坪梯田农地土壤生物采样地	坡地梯田	小麦	138	90	0	0		2 803.0	2 472.4						
2005	长武玉石塬面农田土壤生物采样地	农民地1	小麦	40	90	0	80 000	农家肥	5 300.0	7 300.0						
2005	长武中台塬面农田土壤生物采样地	农民地2	小麦	153	100	0	50 000	农家肥	6 217.0	8 300.0						
2005	长武枣泉塬面农田土壤生物采样地	农民地3	小麦	226	112.5	112.5	0		5 600.0	5 700.0						
2004	长武综合观测场土壤生物采样地	施用NP	玉米	138	90	0	0		10 080.7	16 442.7	10.39	2.05	3.07	5.42	0.38	9.24
2004	长武农田土壤要素辅助长期观测采样地 (CK)	不施肥	小麦	0	0	0	0									
2004	长武农田土壤要素辅助长期观测采样地 (NP＋M)	施用NPM	小麦	0	0	0	0									
2004	长武站前塬面农田土壤生物采样地	塬面	小麦	138	90	0	0		3 316.7	10 183.3	23.91	3.45	3.32	5.37	0.16	14.76
2004	长武杜家坪梯田农地土壤生物采样地	坡地梯田	小麦	138	90	0	0		4 183.3	13 616.7	22.34	2.50	3.17	3.84	0.07	12.69
2004	长武玉石塬面农田土壤生物采样地	农民地1	小麦	41	60	0	80 000	农家肥	5 250.0							
2004	长武中台塬面农田土壤生物采样地	农民地2	玉米	104	90	0	50 000	农家肥	6 000.0							
2004	长武枣泉塬面农田土壤生物采样地	农民地3	小麦	158	138	0	0		4 725.0							

4.2.11 区域土壤肥力调查

表4-139 站区王东沟流域土壤肥力调查（0～20cm）

土壤类型：黑垆土和黄绵土 母质：黄土

年份	植被（作物）	样品号	土壤有机质 （g/kg）	全氮 （N g/kg）	全磷 （P g/kg）	碱解氮 （N mg/kg）	有效磷 （P mg/kg）	速效钾 （K mg/kg）	缓效钾 （K mg/kg）	水溶液 提 pH
2002	果园瓜田	2002-1	13.3	0.930	0.748	52.33	11.11	174.98	1 131.18	8.22
2002	麦茬云豆	2002-2	12.6	0.907	0.770	53.21	12.10	256.02	1 282.24	8.17
2002	地膜玉米	2002-3	11.7	0.826	0.614	44.00	8.83	155.72	1 082.79	8.37
2002	果园	2002-4	10.8	0.812	0.776	42.33	21.63	164.49	1 002.42	8.29
2002	果园	2002-5	11.1	0.825	0.752	43.50	27.68	221.11	1 163.30	8.18
2002	地膜玉米云豆	2002-6	12.1	0.873	0.732	47.67	18.55	141.96	1 152.25	8.26
2002	麦茬休闲	2002-7	10.9	0.847	0.720	44.17	10.12	167.88	1 034.88	8.28
2002	地膜玉米土豆	2002-8	13.6	1.022	0.780	61.33	14.29	196.99	1 056.12	8.21
2002	麦茬黄豆	2002-9	14.1	1.037	0.815	57.00	14.38	266.57	953.39	8.20
2002	果园玉米	2002-10	11.3	0.835	0.800	45.50	19.35	214.13	947.47	8.26
2002	麦茬苜蓿	2002-11	12.6	0.912	0.919	46.67	23.21	142.86	999.09	8.15
2002	荒坡草地	2002-12	10.3	0.498	0.625	35.00	12.10	194.49	980.87	8.29
2002	果园	2002-13	14.3	1.040	1.272	53.21	67.86	622.96	1 315.60	8.20
2002	麦茬休闲	2002-14	13.1	0.912	0.766	55.34	21.73	174.01	1 204.49	8.22
2002	麦茬休闲	2002-15	12.0	0.852	0.716	46.87	12.60	120.64	1 179.51	8.34
2002	塬面果树	2002-16	10.1	0.702	0.986	40.17	47.52	472.87	1 249.53	8.34
2002	麦茬休闲	2002-17	12.4	0.809	0.746	42.64	9.82	132.62	1 253.13	8.33
2002	麦茬糜子	2002-18	10.7	0.830	0.759	42.85	17.36	144.82	1 237.98	8.19
2002	休闲地	2002-19	10.8	0.861	0.684	52.15	10.12	134.15	1 196.46	8.28
2002	玉米地	2002-20	12.4	0.939	0.710	52.66	14.88	207.99	1 187.91	8.19
2002	麦茬休闲	2002-21	12.6	0.962	0.728	55.85	13.99	243.70	1 132.56	8.34
2002	麦茬休闲	2002-22	15.2	1.114	0.829	67.48	23.81	405.90	1 131.26	8.26
2002	新修梯田黄豆	2002-23	4.4	0.401	0.612	8.88	10.52	106.99	791.21	8.33
2002	麦茬休闲	2002-24	9.2	0.631	0.608	34.53	9.82	140.59	831.92	8.35
2002	沟面苗圃	2002-25	12.7	0.878	0.847	50.57	24.50	326.88	1 044.82	8.37
2002	塬面土豆	2002-26	9.5	0.713	0.700	33.19	11.90	566.71	1 437.90	8.58
2002	麦茬黄豆	2002-27	14.1	1.061	0.804	56.57	19.44	323.41	1 239.55	8.26
2002	麦茬休闲	2002-28	14.5	1.001	0.839	56.38	22.02	217.98	1 226.57	8.22
2002	麦茬休闲	2002-29	12.9	0.980	0.788	52.84	19.74	240.68	1 187.17	8.22
2002	麦茬黄豆	2002-30	12.8	0.964	0.768	53.03	13.93	150.77	1 318.09	8.18
2002	塬面麦茬休闲	2002-31	13.4	0.915	0.795	51.76	13.43	124.03	1 306.88	8.26
2002	梯田果园	2002-32	11.8	0.833	0.826	48.63	54.01	236.45	1 104.00	8.27
2002	混合林（杨，柳，刺）	2002-33	13.6	0.777	0.660	46.67	3.81	311.34	724.87	8.44
2002	阶地麦地	2002-34	9.7	0.739	0.662	28.68	13.53	117.50	977.56	8.37
2002	新修梯田玉米豆子	2002-35	6.9	0.369	0.645	11.36	16.53	190.98	819.38	8.45
2002	麦茬休闲	2002-36	12.3	0.913	0.719	51.13	16.33	165.55	1 064.46	8.35
2002	玉米大豆间作	2002-37	13.8	0.862	0.769	49.72	22.75	214.53	1 173.32	8.28
2002	农田黄豆	2002-38	12.3	0.889	0.733	50.92	19.24	131.26	1 003.99	8.09
2002	农田玉米	2002-39	10.3	0.728	0.688	41.76	8.52	106.54	916.72	8.25
2002	新修梯田麦地	2002-40	14.8	0.882	0.769	57.47	19.24	169.05	950.46	8.21
2002	新梯田谷子苜蓿	2002-41	4.3	0.370	0.651	9.06	13.13	82.28	869.37	8.39
2002	沟底刺槐林	2002-42	19.2	1.022	0.635	69.77	4.11	296.96	1 289.69	8.19
2002	荒坡草地	2002-43	10.0	0.671	0.581	40.31	10.42	119.90	764.51	8.47
2002	坡台黄豆地	2002-44	12.0	0.748	0.676	45.67	21.34	195.36	1 053.60	8.13

（续）

年份	植被（作物）	样品号	土壤有机质 （g/kg）	全氮 （N g/kg）	全磷 （P g/kg）	碱解氮 （N mg/kg）	有效磷 （P mg/kg）	速效钾 （K mg/kg）	缓效钾 （K mg/kg）	水溶液 提 pH
2002	果园	2002 - 45	12.8	0.879	0.995	52.47	88.58	581.14	445.22	7.89
2002	麦茬休闲	2002 - 46	13.4	0.981	0.755	57.30	20.74	202.01	1 163.50	8.15
2002	麦茬休闲	2002 - 47	13.2	0.864	0.753	60.86	18.24	224.26	1 269.70	8.16
2002	塬面麦地	2002 - 48	13.5	0.912	0.784	59.98	19.04	240.77	1 233.78	8.16
2002	果园	2002 - 49	9.9	0.655	0.810	42.99	28.16	373.80	1 179.96	8.31
2002	塬面麦田	2002 - 50	13.7	0.827	0.801	51.98	28.96	214.17	1 320.19	8.17
2002	麦茬休闲	2002 - 51	14.8	0.958	0.793	61.03	21.14	212.10	1 247.11	8.17
2002	豆地/新建果园	2002 - 52	13.2	0.761	0.692	39.78	13.73	105.68	904.15	8.22
2002	刺槐林	2002 - 53	9.5	0.482	0.524	67.30	16.43	76.78	748.62	8.36
2002	坡地未成年刺槐林	2002 - 54	13.1	0.729	0.589	50.04	3.11	112.79	827.27	8.36
2002	沟底刺槐林	2002 - 55	17.2	1.051	0.577	75.83	3.61	248.34	880.82	8.23
2002	新修梯田荒草地	2002 - 56	7.0	0.468	0.668	16.39	3.31	105.22	1 067.34	8.37
2002	新梯田麦茬	2002 - 57	13.8	0.904	0.739	56.35	8.34	164.85	1 159.60	8.20
2002	梯田高粱地	2002 - 58	11.5	0.698	0.734	47.54	15.40	109.80	1 042.60	8.10
2002	苜蓿幼龄果园	2002 - 59	9.6	0.646	0.695	35.94	15.30	83.43	1 039.53	8.29
2002	麦茬休闲	2002 - 60	11.9	0.731	0.771	45.63	8.24	91.23	921.93	8.27
2002	沟地刺槐林	2002 - 61	20.6	1.153	0.634	78.37	24.63	246.96	857.79	8.16
2002	刺槐林	2002 - 62	9.6	0.559	0.606	30.23	8.05	171.73	1 000.92	8.30
2002	梯田苹果地	2002 - 63	8.2	0.688	0.892	40.49	10.53	232.05	1 030.60	7.92
2002	塬面果园	2002 - 64	11.2	0.737	0.725	45.93	49.36	240.42	1 185.65	8.36
2002	塬面玉米地	2002 - 65	13.8	0.831	0.755	55.61	48.67	140.77	1 226.14	8.28
2002	荒坡杂林	2002 - 66	20.2	1.059	0.536	74.42	8.84	146.73	804.87	8.34
2002	荒草地	2002 - 67	5.7	0.395	0.406	20.93	17.38	85.95	949.30	8.35
2002	坡地松柏刺槐	2002 - 68	11.1	0.617	0.551	38.41	5.56	126.55	643.45	8.35
2002	果园	2002 - 69	9.1	0.527	0.675	29.32	8.74	115.42	1 296.26	8.45
2002	果园	2002 - 70	9.3	0.615	0.700	38.80	3.18	146.79	1 110.32	8.40
2002	沟底刺槐林	2002 - 71	16.6	0.982	0.649	71.92	6.26	320.98	1 221.05	8.19
2002	玉米地	2002 - 72	9.1	0.645	0.696	36.68	14.70	95.52	968.25	8.30
2002	玉米地	2002 - 73	8.8	0.625	0.685	35.89	5.26	103.48	861.35	8.27
2002	高粱地	2002 - 74	7.0	0.510	0.645	25.37	18.08	100.90	1 019.06	8.34
2002	谷子地	2002 - 75	7.9	0.607	0.604	29.71	13.51	103.72	948.33	8.38
2002	果园	2002 - 76	6.3	0.519	0.670	28.37	7.35	92.95	939.16	8.34
2002	刺槐林	2002 - 77	13.6	0.827	0.618	53.91	2.88	154.52	1 023.90	8.31
2002	刺槐林	2002 - 78	12.2	0.742	0.580	46.94	22.65	114.48	851.30	8.35
2002	刺槐林	2002 - 79	26.3	1.671	0.625	103.67	3.87	355.86	1 426.06	8.14
2002	麦茬休闲	2002 - 80	10.0	0.656	0.710	71.46	3.97	305.53	1 200.75	8.26
2002	刺槐林	2002 - 81	19.3	0.656	0.686	38.73	4.97	104.65	1 099.24	8.22
2002	沟边荒地	2002 - 82	9.4	0.554	0.657	35.70	3.87	98.56	1 135.69	8.34
2002	梯田果园	2002 - 83	8.7	0.596	0.746	33.65	10.13	162.01	1 134.50	8.30
2002	梯田果园	2002 - 84	7.9	0.530	0.781	29.74	5.86	188.00	1 128.05	8.36
2002	坡地刺槐林	2002 - 85	12.2	0.751	0.637	53.39	26.55	177.23	1 093.28	8.38
2002	梯田果园	2002 - 86	7.6	0.556	0.627	53.91	25.06	143.75	1 036.53	8.26
2002	梯田果园	2002 - 87	6.9	0.471	0.646	30.27	3.88	106.99	941.60	8.24
2002	梯田麦茬休闲	2002 - 88	9.4	0.646	0.000	36.08	9.45	81.24	997.98	8.25
2002	塬面果园	2002 - 89	9.3	0.661	0.847	41.02	10.44	90.37	1 094.96	8.28
2002	塬面果园	2002 - 90	10.3	0.720	0.662	45.77	10.14	85.92	1 001.66	8.31
2002	刺槐林	2002 - 91	20.0	1.181	0.623	87.67	41.47	125.26	1 228.97	8.16
2002	梯田果园	2002 - 92	7.4	0.725	0.641	37.00	9.25	124.78	969.77	8.45

（续）

年份	植被（作物）	样品号	土壤有机质（g/kg）	全氮（N g/kg）	全磷（P g/kg）	碱解氮（N mg/kg）	有效磷（P mg/kg）	速效钾（K mg/kg）	缓效钾（K mg/kg）	水溶液提 pH
2002	荒草地	2002-93	11.2	0.703	0.643	38.52	5.87	206.03	1 117.45	8.42
2002	果园	2002-94	6.7	0.543	0.728	25.86	9.84	207.43	1 152.56	8.37
2002	梯田果园	2002-95	9.9	0.574	0.615	40.79	9.84	118.93	1 038.56	8.32
2002	果园	2002-96	7.6	0.556	0.558	28.47	15.81	361.01	971.75	8.34
2002	梯田休闲	2002-97	8.5	0.616	0.653	37.16	6.96	128.76	918.27	8.30
2002	荒草坡地	2002-98	16.2	1.054	0.603	61.10	4.77	164.12	907.44	8.26
2002	果园	2002-99	12.2	0.885	0.786	55.69	11.83	288.90	1 393.91	8.31
2002	沟边果园	2002-100	9.0	0.661	0.622	50.39	3.78	133.22	1 060.23	8.31
2002	麦茬苜蓿	2002-101	8.9	0.613	0.755	52.38	34.81	254.96	887.40	8.24
2002	梯田果园	2002-102	10.2	0.720	0.821	51.32	4.47	258.23	1 136.53	8.21
2002	刺槐林	2002-103	10.8	0.750	0.616	46.32	18.40	132.28	990.97	8.25
2002	梯田麦茬休闲	2002-104	11.8	0.870	0.684	49.95	68.91	239.74	1 207.78	8.20
2002	刺槐荒草	2002-105	15.9	0.965	0.583	58.69	3.68	127.13	1 082.74	8.22
2002	梯田果园	2002-106	10.3	0.770	0.867	47.94	18.50	202.05	1 269.95	8.22
2002	果园	2002-107	9.8	0.719	0.863	45.00	4.47	270.87	1 258.21	8.25
2002	果园	2002-108	9.9	0.671	0.774	41.59	40.77	214.69	1 316.13	8.31
2002	果园	2002-109	9.7	0.672	0.610	40.40	29.63	88.50	1 005.05	8.28
2002	枣树林	2002-110	11.4	0.794	0.651	44.58	20.49	140.24	1 127.68	8.35
2002	荒草地	2002-111	8.5	0.619	0.650	33.79	6.17	106.53	1 195.40	8.36
2002	果园	2002-112	9.0	0.697	0.746	18.85	4.87	237.40	1 529.26	8.08
2002	梯田果园	2002-113	8.7	0.675	0.835	34.18	27.99	396.60	1 823.94	8.33
2002	苹果地	2002-114	7.7	0.581	0.635	26.64	15.74	146.79	1 467.27	8.24
2002	梯田糜子地	2002-115	8.1	0.544	0.615	32.21	21.72	86.86	1 083.36	8.29
2002	麦田	2002-116	13.4	0.837	0.666	48.45	18.53	216.79	1 518.12	8.21
2002	梯田豆子地	2002-117	10.7	0.758	0.664	50.04	11.85	328.47	1 511.90	8.16
2002	梯田麦茬休闲	2002-118	13.1	0.825	0.704	60.79	15.24	239.50	1 487.80	8.27
2002	刺槐林	2002-119	16.7	0.984	0.523	69.63	5.58	107.46	1 069.75	8.23
2002	荒草地	2002-120	22.7	1.266	0.635	84.61	4.88	134.45	1 422.31	8.23
2002	荒草地	2002-121	17.2	1.013	0.554	58.00	5.08	261.96	1 485.50	8.17
2002	荒草地	2002-122	19.2	1.210	0.634	71.18	5.28	137.55	1 342.70	8.31
2002	玉米地	2002-123	12.1	0.856	0.827	49.37	26.50	377.54	1 966.30	8.36
2002	麦茬休闲	2002-124	9.4	0.673	0.652	35.77	11.95	105.07	1 312.84	8.32
2002	向日葵地	2002-125	14.5	0.964	0.810	51.98	13.65	177.90	1 474.06	8.40
2002	大豆麦茬	2002-126	11.5	0.856	0.749	48.70	10.66	195.34	1 381.47	8.17
2002	苜蓿	2002-127	10.5	0.800	0.638	47.61	4.38	97.19	1 098.88	8.32
2002	麦茬休闲	2002-128	10.7	0.814	0.800	46.82	14.64	239.99	1 405.10	8.26
2002	荒坡草地	2002-129	12.3	0.829	0.625	54.27	4.78	164.77	1 103.72	8.34

4.2.12 长期采样地空间变异调查

表 4-140 综合观测场长期采样地空间变异调查

年份	采样点北→南（米）	采样点西→东（米）	土壤有机质（g/kg）	全氮（N g/kg）	碱解氮（N mg/kg）	有效磷（P mg/kg）	速效钾（K mg/kg）	缓效钾（K mg/kg）	水溶液提 pH
2004	2	2	13.4	0.91	62.05	23.69	147.05	1 412.65	8.37
2004	8	2	14.0	0.97	60.73	15.96	145.60	1 438.18	8.46
2004	14	2	14.5	1.00	67.33	15.86	141.75	1 475.15	8.43

（续）

年份	采样点 北→南 （米）	采样点 西→东 （米）	土壤 有机质 （g/kg）	全氮 （N g/kg）	碱解氮 （N mg/kg）	有效磷 （P mg/kg）	速效钾 （K mg/kg）	缓效钾 （K mg/kg）	水溶液 提 pH
2004	20	2	14.2	0.98	64.03	15.29	135.20	1 561.08	8.45
2004	26	2	14.8	0.97	67.99	14.29	148.25	1 526.78	8.47
2004	32	2	13.1	0.91	58.42	24.04	131.55	1 530.53	8.38
2004	38	2	13.8	0.95	58.42	24.05	134.50	1 538.08	8.46
2004	2	8	13.1	0.90	58.75	18.62	128.40	1 440.98	8.50
2004	8	8	13.9	0.97	64.03	22.47	148.55	1 520.55	8.49
2004	14	8	14.6	1.00	62.71	15.86	135.00	1 539.60	8.51
2004	20	8	14.6	1.01	66.34	16.33	140.05	1 526.75	8.47
2004	26	8	13.9	0.97	58.75	13.83	146.45	1 481.95	8.46
2004	32	8	12.8	0.92	58.42	9.51	138.80	1 409.08	8.55
2004	38	8	13.0	0.91	59.41	10.57	134.00	1 425.64	8.53
2004	2	14	13.5	0.91	57.76	20.87	133.80	1 399.14	8.45
2004	8	14	13.7	0.96	57.76	10.20	128.05	1 484.21	8.35
2004	14	14	13.5	0.93	58.75	8.82	114.30	1 462.80	8.38
2004	20	14	14.4	0.98	63.37	12.42	145.60	1 534.70	8.43
2004	26	14	13.2	0.93	58.42	8.65	125.40	1 512.42	8.43
2004	32	14	11.8	0.87	55.78	12.98	136.90	1 479.14	8.33
2004	38	14	12.5	0.88	55.12	8.76	128.25	1 397.19	8.50
2004	2	20	13.9	0.95	59.08	18.90	146.00	1 416.94	8.48
2004	8	20	14.2	0.97	60.07	21.88	139.10	1 350.10	8.48
2004	14	20	14.8	0.90	63.04	15.58	133.70	1 471.06	8.52
2004	20	20	14.2	0.97	58.75	8.92	129.75	1 422.99	8.51
2004	26	20	13.1	0.90	60.73	9.39	132.65	1 392.61	8.52
2004	32	20	12.7	0.87	58.09	7.70	123.95	1 384.99	8.52
2004	38	20	12.8	0.88	56.77	11.14	135.15	1 385.13	8.53
2004	2	26	13.8	0.96	61.39	20.87	135.15	1 416.93	8.46
2004	8	26	13.6	0.95	58.09	15.35	136.35	1 356.99	8.49
2004	14	26	13.9	0.94	66.01	24.49	147.05	1 326.37	8.46
2004	20	26	13.4	0.90	60.40	11.25	132.65	1 383.35	8.57
2004	26	26	13.3	0.95	67.99	21.39	149.70	1 333.56	8.57
2004	32	26	12.6	0.86	59.74	13.20	128.10	1 334.94	8.48
2004	38	26	12.8	0.89	54.46	12.38	141.00	1 306.86	8.52
2004	2	32	14.2	0.94	61.39	19.30	121.65	1 279.77	8.41
2004	8	32	14.0	1.00	66.67	12.39	131.55	1 363.65	8.42
2004	14	32	13.7	0.93	60.73	11.04	116.30	1 330.42	8.45
2004	20	32	13.7	0.93	62.71	16.23	119.95	1 389.17	8.46
2004	26	32	13.4	0.91	60.73	7.93	126.55	1 415.99	8.45
2004	32	32	13.1	0.90	63.37	13.14	121.05	1 401.63	8.52
2004	38	32	13.4	0.91	65.35	12.27	127.55	1 325.23	8.50
2004	2	38	13.0	0.89	59.08	14.68	122.85	1 389.57	8.51
2004	8	38	13.9	0.95	68.32	18.30	122.45	1 356.07	8.43
2004	14	38	13.2	0.89	62.05	12.80	117.00	1 333.80	8.51
2004	20	38	13.9	0.95	63.37	15.86	132.35	1 378.99	8.41
2004	26	38	13.7	0.92	58.42	9.33	131.60	1 354.90	8.49
2004	32	38	13.0	0.89	57.43	16.08	123.90	1 393.62	8.53
2004	38	38	12.8	0.87	58.09	10.99	122.40	1 439.10	8.48

注：作物为玉米；采样深度为 0～20cm

4.2.13　土壤理化性质分析方法

表 4 - 141　土壤理化分析方法

表代码	表名称	分析项目名称	分析方法名称	分析方法引用标准
AB01	交换量	CEC	EDTA—铵盐快速法	
AB01	交换量	交换性钾	乙酸铵—火焰光度法	GB 7866—87
AB01	交换量	交换性钠	乙酸铵—火焰光度法	GB 7866—87
AB02	土壤养分	土壤有机质	重铬酸钾氧化—外加热法	GB7857—87
AB02	土壤养分	全氮	半微量凯式法	GB7173—87
AB02	土壤养分	全磷	NaOH 碱熔—原子吸收法	GB7852—87
AB02	土壤养分	全钾	NaOH 碱熔—原子吸收法	GB7852—87
AB02	土壤养分	速效氮（碱解氮）	碱扩散法（1.8Mol/LNaOH）	GB7849—87
AB02	土壤养分	有效磷	碳酸氢钠浸提—钼锑抗比色法	GB12297—90
AB02	土壤养分	速效钾	乙酸铵浸提—火焰光度法	GB7856—87
AB02	土壤养分	缓效钾	硝酸浸提—火焰光度法	GB7855—87
AB02	土壤养分	pH	电位法	GB7859—87
AB07	速效微量元素	有效态铜	DTPA 浸提—原子吸收法	GB7879—87
AB07	速效微量元素	有效态锌	DTPA 浸提—原子吸收法	GB7879—87
AB07	速效微量元素	有效态锰	DTPA 浸提—原子吸收法	GB7879—87
AB07	速效微量元素	有效态铁	DTPA 浸提—原子吸收法	GB7879—87
AB07	速效微量元素	有效硫	磷酸盐浸提—硫酸钡比浊法	
AB07	速效微量元素	有效钼	草酸—草酸铵浸提—ICP—MS 法	
AB09	容重	容重	环刀法	
AB03	矿质全量	矿质全量（Si，Ca，Mg，K，Na，Cu，Zn，Fe，Mn，Al，Ti，P）	X 射线荧光光谱法测定	(GB/T 14506.28—1993)
AB03	矿质全量	硫	X 射线荧光光谱法测定	(GB/T 14506.28—1993)
AB04	微量元素和重金属	钼	氢氟酸—高氯酸—硝酸消煮石墨炉原子吸收分光光度法	
AB04	微量元素和重金属	锰	氢氟酸—高氯酸—硝酸消煮—ICP—AES 法	
AB04	微量元素和重金属	铁	氢氟酸—高氯酸—硝酸消煮—ICP—AES 法	
AB04	微量元素和重金属	铜	氢氟酸—高氯酸—硝酸消煮—ICP—AES 法	
AB04	微量元素和重金属	锌	氢氟酸—高氯酸—硝酸消煮—ICP—AES 法	
AB04	微量元素和重金属	铅	盐酸—硝酸—氢氟酸—高氯酸消煮—ICP—AES 法	GB/T17141—1997
AB04	微量元素和重金属	镉	盐酸—硝酸—氢氟酸—高氯酸—硫酸消煮石墨炉原子吸收分光光度法	GB/T17141—1997
AB04	微量元素和重金属	铬	盐酸—硝酸—氢氟酸—高氯酸消煮—ICP 法	GB/T17137—1997
AB04	微量元素和重金属	镍	盐酸—硝酸—氢氟酸—高氯酸消煮—ICP 法	GB/T17139—1997
AB04	微量元素和重金属	硒	1：1 王水消煮氢化物发生原子荧光光谱法	ISO 11466
AB04	微量元素和重金属	汞	1：1 王水消煮冷原子荧光吸收法	ISO 11466
AB04	微量元素和重金属	砷	1：1 王水消煮氢化物发生原子荧光光谱法	ISO 11466
AB08	机械组成	机械组成	颗粒分析仪测定	

4.3　水分监测数据

4.3.1　土壤含水量

（1）综合观测场中子仪监测地

表4－142　综合观测场中子仪监测地土壤含水量

单位：v/v·％

年份	月份	10cm	20cm	30cm	40cm	50cm	60cm	70cm	80cm	90cm	100cm	120cm	140cm	160cm	180cm	200cm	220cm	240cm	260cm	280cm	300cm
2004	1	33.5	37.7	32.1	26.5	25.6	26.7	27.2	27.6	28.1	28.3	28.2	27.7	28.3	28.6	29.4	29.2	29.4	30.1	30.5	31.5
2004	2	31.4	38.0	36.7	30.8	26.4	25.8	26.2	26.5	26.9	27.0	27.4	26.8	27.1	27.7	28.3	28.5	29.2	28.9	29.9	30.8
2004	3	22.2	30.7	31.9	29.7	28.2	27.6	27.2	27.3	27.3	27.0	27.1	26.4	26.8	27.3	27.6	28.0	28.4	28.6	29.3	30.8
2004	4	13.9	25.3	28.9	27.8	26.9	26.5	26.5	26.8	26.6	26.9	26.7	26.1	26.3	26.2	26.9	26.7	27.1	27.1	27.9	29.4
2004	5	16.6	25.7	27.2	26.4	25.7	25.6	25.8	26.0	25.7	26.1	26.1	25.2	25.6	25.7	26.3	26.2	26.5	26.5	27.0	28.7
2004	6	13.9	20.3	21.8	21.1	21.8	23.1	23.6	24.1	24.5	24.7	25.3	24.4	25.0	25.2	25.5	25.6	25.9	25.9	26.9	28.2
2004	7	14.4	18.6	17.6	15.0	15.2	16.2	16.5	16.9	17.3	18.1	20.1	21.5	22.7	23.9	24.8	24.9	25.2	25.2	26.0	27.4
2004	8	23.7	28.0	27.8	24.5	22.3	20.5	19.1	17.9	17.4	17.5	18.6	19.5	20.9	22.7	23.4	24.5	24.8	25.1	26.1	27.6
2004	9	25.8	32.1	32.7	30.7	29.3	28.2	26.8	24.9	23.2	21.7	20.2	19.8	20.8	22.4	23.4	24.0	24.4	24.8	26.0	27.5
2004	10	22.4	30.3	31.0	29.8	28.4	28.0	28.1	28.0	27.5	27.2	25.0	22.2	21.9	22.8	23.3	23.7	23.9	24.2	25.3	27.2
2004	11	20.1	26.2	28.3	27.4	26.6	26.9	27.0	27.0	26.9	26.6	25.8	24.1	23.3	23.5	24.0	24.0	24.2	24.2	25.4	27.1
2004	12	22.3	26.6	27.6	26.6	25.9	26.4	26.3	26.4	26.3	26.0	25.4	24.3	23.9	23.9	24.2	24.2	24.5	24.6	25.4	26.8
2005	1	24.8	29.3	31.8	26.3	23.7	24.8	25.5	25.8	25.7	25.7	25.2	23.9	24.0	24.2	24.7	24.5	24.6	24.7	25.5	27.7
2005	2	23.5	30.2	33.4	28.2	23.7	24.3	25.0	25.2	25.4	25.1	24.9	23.9	24.0	24.3	24.6	24.4	24.8	26.0	27.7
2005	3	19.3	25.6	27.7	25.4	24.5	24.9	25.1	25.1	25.0	25.0	24.7	23.7	23.6	23.9	24.2	24.4	24.6	24.4	25.5	27.1
2005	4	14.5	21.3	23.2	22.4	23.3	24.4	24.6	24.8	24.9	24.8	24.6	23.4	23.6	23.8	24.3	24.3	24.4	24.4	25.4	27.2
2005	5	13.2	19.3	19.9	19.1	20.5	21.8	22.3	22.7	23.0	23.3	23.8	23.0	23.3	23.8	23.9	24.1	24.0	24.3	25.5	27.4
2005	6	13.9	20.2	21.1	20.1	20.8	21.0	20.9	20.9	21.3	21.5	22.0	21.7	22.1	22.5	22.8	22.9	23.0	23.3	24.7	26.6
2005	7	25.1	30.4	31.5	28.9	27.2	25.3	23.5	22.1	21.6	21.0	21.4	21.1	21.4	21.9	22.0	22.1	22.1	22.6	24.0	26.2
2005	8	22.4	28.7	29.6	27.4	26.4	25.9	24.9	23.7	22.4	21.6	21.4	20.8	21.2	21.6	21.6	22.0	22.3	23.5	25.5
2005	9	24.2	31.2	32.8	31.3	30.3	29.7	28.8	27.1	25.5	24.4	23.3	22.1	21.4	21.5	21.8	21.7	21.8	22.3	23.8	25.6
2005	10	28.1	33.4	34.6	32.6	31.2	31.3	31.4	31.6	31.9	31.9	32.1	30.5	29.1	26.4	23.6	21.8	22.2	22.5	23.5	25.2
2005	11	20.4	27.3	29.5	28.5	27.7	26.9	28.8	28.8	28.9	29.1	29.3	28.6	28.2	27.4	26.2	23.9	22.4	21.8	22.9	24.6
2005	12	20.2	27.1	26.7	24.6	25.1	26.0	26.7	27.0	27.0	27.2	27.4	26.9	26.9	25.8	25.0	23.6	22.4	22.1	23.0	24.4
2006	1	17.8	27.7	30.3	27.6	24.6	23.4	24.5	25.1	25.4	25.5	25.8	25.1	25.4	25.0	24.3	23.2	22.2	21.5	22.1	23.5
2006	2	20.8	24.9	26.7	25.6	23.0	21.9	22.4	22.6	22.9	23.0	23.5	22.6	22.6	22.8	22.2	21.1	20.4	19.9	20.3	21.6
2006	3	16.0	22.3	24.6	23.3	22.6	22.6	22.9	23.0	23.1	23.4	23.4	22.9	22.7	22.6	22.0	21.4	20.7	20.2	20.6	22.1
2006	4	13.0	19.8	21.6	21.2	21.6	22.7	23.5	23.9	23.9	24.1	24.5	24.2	24.4	24.5	24.1	23.3	22.8	22.2	22.8	24.0
2006	5	11.0	15.1	15.5	15.2	16.1	17.2	17.9	18.1	18.6	18.9	19.7	19.6	19.9	20.3	20.2	20.0	19.5	19.3	20.0	21.3
2006	6	10.8	14.3	14.8	14.7	15.2	16.2	16.8	17.2	17.2	17.6	18.3	18.6	18.9	19.6	19.5	19.5	19.3	19.4	20.4	21.9
2006	7	14.9	19.1	18.0	15.1	14.4	15.1	15.6	15.8	15.9	16.2	16.7	16.9	17.2	17.8	18.1	18.0	18.0	18.0	19.1	20.7
2006	8	12.5	17.6	18.6	16.4	15.5	16.0	16.1	16.0	16.1	16.3	16.9	16.8	17.4	17.8	17.6	18.0	18.0	18.9	20.6
2006	9	23.1	28.7	30.7	29.0	27.4	26.1	24.1	21.8	19.8	18.2	17.2	17.1	17.4	18.0	17.9	18.1	18.1	19.4	21.1
2006	10	18.4	24.3	27.3	26.5	25.3	25.0	24.5	23.9	22.7	21.4	18.3	17.4	17.2	17.7	17.6	17.7	17.5	17.8	18.8	20.4
2006	11	16.2	22.3	24.8	24.4	24.4	24.9	24.9	24.4	23.5	22.3	20.4	18.9	18.5	19.0	19.0	18.7	18.9	19.0	20.2	22.0
2006	12	15.3	20.9	22.9	22.2	22.7	23.0	23.2	22.8	21.9	20.8	19.5	18.3	18.1	18.3	18.1	18.1	18.4	18.5	19.8	21.3
2007	1	13.7	22.5	23.6	21.5	20.3	21.2	21.6	21.9	21.2	20.3	19.3	17.8	17.6	17.9	17.5	17.4	17.6	17.8	18.8	20.0
2007	2	14.9	16.6	20.0	20.0	20.1	20.7	21.1	21.1	20.3	20.0	18.8	17.8	18.5	18.2	18.0	17.9	17.5	17.7	18.3	19.6
2007	3	16.4	20.6	22.2	21.1	21.1	21.7	22.2	21.7	21.5	21.2	20.2	19.2	19.0	19.0	18.7	18.5	18.8	18.9	19.7	21.1
2007	4	9.1	15.7	18.7	18.5	19.4	20.7	21.2	21.0	20.5	20.2	19.0	18.4	18.5	18.4	18.7	18.3	18.2	18.4	19.2	20.8
2007	5	10.0	16.4	18.7	18.3	19.3	20.5	20.8	20.9	20.6	19.3	18.6	18.6	18.7	18.6	18.5	18.6	18.5	19.2	20.8
2007	6	14.4	18.6	21.5	20.2	19.9	20.6	20.7	20.4	20.2	20.1	19.4	18.7	18.5	18.8	18.3	18.6	18.2	18.2	19.0	20.6

（续）

年份	月份	10cm	20cm	30cm	40cm	50cm	60cm	70cm	80cm	90cm	100cm	120cm	140cm	160cm	180cm	200cm	220cm	240cm	260cm	280cm	300cm
2007	7	16.9	19.0	19.8	18.5	17.3	17.8	17.8	17.8	17.6	17.5	16.7	16.4	16.4	16.3	16.2	16.2	16.3	16.4	17.1	18.2
2007	8	15.3	18.7	20.0	18.5	17.7	17.8	17.8	17.4	17.3	17.4	17.1	16.6	16.8	16.9	16.7	16.9	16.8	17.0	17.4	18.9
2007	9	19.2	23.7	24.7	22.5	20.2	19.1	18.3	17.7	17.3	17.3	17.0	16.9	16.7	17.0	17.1	17.0	17.1	17.0	17.8	19.0
2007	10	22.9	27.3	29.0	27.7	26.0	25.6	24.9	24.4	23.7	23.0	21.5	19.2	16.9	16.7	16.7	16.6	16.7	16.5	17.4	18.7
2007	11	16.0	20.1	23.2	23.4	23.0	23.3	23.5	23.8	23.8	23.4	22.3	20.4	18.6	17.4	16.9	16.6	16.7	16.8	17.7	19.0
2007	12	14.1	18.1	20.4	20.9	21.3	21.8	22.2	22.0	22.2	22.3	21.4	20.6	19.5	18.4	17.7	17.3	17.0	17.2	17.8	19.0
2008	1	14.5	20.8	24.3	21.3	20.1	21.0	21.9	21.8	22.0	22.3	21.9	20.8	19.7	19.3	18.4	17.5	17.6	17.9	17.7	18.7
2008	2	22.7	25.0	27.1	23.3	22.2	21.7	20.9	21.3	21.5	21.7	20.9	19.9	19.2	18.4	18.0	17.6	17.4	18.1	18.1	19.3
2008	3	18.7	22.9	24.9	22.5	22.2	21.9	20.9	20.1	22.3	22.3	22.0	21.3	20.3	19.7	19.2	18.7	18.3	18.7	19.0	20.4
2008	4	11.9	15.5	18.1	17.9	18.2	19.2	19.6	19.8	20.1	20.1	19.9	19.5	19.4	19.1	18.6	18.2	18.2	18.5	18.8	19.9
2008	5	8.2	11.0	13.2	13.4	14.1	15.2	15.6	15.5	15.6	15.5	15.8	16.0	15.9	16.2	16.2	16.4	16.6	17.0	18.1	19.4
2008	6	17.6	19.6	18.6	15.4	13.8	14.0	14.0	14.0	14.1	14.1	14.5	14.1	14.4	14.6	14.5	15.1	15.3	15.9	17.2	19.0
2008	7	21.3	24.1	24.1	21.5	19.1	17.7	16.7	15.8	15.0	14.7	14.7	14.6	14.6	14.8	14.8	14.9	15.1	15.5	16.6	18.2
2008	8	16.6	21.7	23.4	22.6	21.8	21.8	20.0	19.6	17.8	16.4	15.0	14.8	15.0	15.0	15.0	15.3	15.4	15.6	16.6	18.1
2008	9	20.5	24.8	26.0	24.8	23.9	23.4	23.0	22.0	20.0	18.1	15.0	15.0	15.1	15.3	15.2	15.4	15.4	15.5	16.6	17.9
2008	10	21.4	24.9	26.6	25.7	25.2	24.5	25.0	25.0	24.2	21.3	17.3	15.5	15.4	15.4	15.0	15.6	15.6	16.0	17.2	18.5
2008	11	18.9	22.7	24.3	23.6	23.7	24.1	24.2	24.4	24.6	23.9	22.0	19.3	16.9	15.3	14.9	14.9	15.2	15.7	17.2	18.9
2008	12	15.5	21.2	22.7	21.9	22.1	23.0	23.2	23.2	23.1	22.7	21.1	18.6	16.7	15.6	15.0	14.9	15.2	15.8	16.9	18.5

表 4-143   综合观测场中子仪监测地土壤储水量月变化状况

单位：mm

年份	土层范围	1	2	3	4	5	6	7	8	9	10	11	12
2004	0～20cm	71.1	69.4	52.9	39.1	42.2	34.2	33.0	51.7	57.9	52.7	46.3	48.9
2004	0～300cm	879.0	864.8	839.6	796.9	777.9	735.1	649.4	685.4	742.0	759.5	754.3	754.7
2005	0～20cm	54.1	53.7	44.9	35.8	32.5	34.0	55.6	51.1	55.3	61.5	47.7	47.3
2005	0～300cm	761.6	762.6	740.2	719.3	691.1	665.0	706.1	695.9	735.8	831.3	786.9	752.8
2006	0～20cm	45.5	45.7	38.3	32.8	26.1	25.1	34.0	30.1	51.7	42.7	38.5	36.2
2006	0～300cm	728.3	667.9	661.1	689.0	563.3	545.5	521.0	521.4	613.3	600.2	621.2	592.5
2007	0～20cm	36.1	31.5	36.9	24.8	26.4	33.0	35.9	34.0	43.0	50.2	36.1	32.2
2007	0～300cm	571.6	559.5	596.1	559.9	564.9	573.4	512.4	519.9	545.4	608.4	588.2	577.2
2008	0～20cm	35.3	47.6	41.6	27.4	19.2	37.3	45.4	38.3	45.2	46.3	41.6	36.7
2008	0～300cm	588.9	608.5	618.0	559.4	472.9	464.1	497.2	513.5	539.6	583.0	574.9	555.3

（2）站前塬面农田中子仪监测地

表 4-144   站前塬面农田中子仪监测地土壤含水量

单位：v/v · %

年份	月份	10cm	20cm	30cm	40cm	50cm	60cm	70cm	80cm	90cm	100cm	120cm	140cm	160cm	180cm	200cm	220cm	240cm	260cm	280cm	300cm
2003	1	24.1	24.7	22.9	20.9	19.3	17.9	17.9	16.9	17.0	17.0	16.8	17.3	17.8	18.1	18.4	18.4	17.5	18.7	19.4	19.4
2003	2	15.4	20.3	20.8	20.6	19.1	18.7	18.7	18.2	16.7	17.7	17.5	17.7	18.0	18.9	19.4	19.4	18.3	19.0	19.2	20.6
2003	3	13.3	19.0	19.9	19.4	18.9	18.7	17.9	17.2	17.4	17.1	17.3	17.9	18.4	18.5	18.9	18.1	18.0	18.7	19.5	20.4
2003	4	13.5	17.7	18.1	17.8	17.9	17.4	16.7	16.7	16.6	16.6	17.1	17.4	17.9	18.3	18.5	18.3	17.5	18.3	19.4	20.6
2003	5	8.0	10.9	12.0	12.9	13.2	13.7	13.9	14.4	14.7	14.9	15.4	15.9	16.7	17.3	17.7	17.0	17.5	18.0	19.0	20.5
2003	6	14.0	13.6	12.0	11.7	11.9	12.3	12.7	13.1	13.6	13.9	14.4	14.5	14.8	15.3	16.0	15.9	16.5	17.2	18.8	20.6
2003	7	19.6	27.8	29.5	27.2	25.3	24.1	22.4	19.8	17.0	15.4	15.1	15.1	15.1	15.4	15.7	16.2	16.0	17.4	19.1	20.8
2003	8	20.9	32.4	34.1	33.4	32.7	31.8	31.3	30.8	30.6	29.2	23.9	17.9	15.3	16.0	16.1	16.1	16.5	17.1	18.7	20.6
2003	9	23.6	34.3	34.8	34.5	33.3	32.2	31.7	31.6	31.6	32.0	32.6	32.7	30.9	27.0	21.0	17.3	16.1	17.3	18.9	21.4
2003	10	30.8	35.3	34.8	34.3	33.4	32.7	32.3	32.4	32.8	33.3	33.3	34.6	34.0	34.0	34.5	33.5	31.2	29.9	27.6	27.2

（续）

年份	月份	10cm	20cm	30cm	40cm	50cm	60cm	70cm	80cm	90cm	100cm	120cm	140cm	160cm	180cm	200cm	220cm	240cm	260cm	280cm	300cm
2003	11	27.8	33.0	31.9	31.0	29.8	29.4	28.9	29.0	29.2	29.8	30.1	30.7	30.5	30.5	31.3	31.8	31.7	32.4	32.4	34.1
2003	12	25.6	31.9	28.7	28.0	27.6	27.7	27.4	27.4	28.1	28.4	28.7	29.1	28.9	29.1	29.9	30.1	30.1	31.2	31.7	33.2
2004	1	26.1	33.5	28.3	25.7	24.6	25.3	25.6	26.0	26.4	26.5	27.5	27.7	27.8	28.0	28.1	28.3	29.0	29.9	30.4	31.9
2004	2	22.1	31.7	30.8	28.1	26.5	24.3	24.4	24.8	25.1	25.4	26.2	27.1	26.9	26.8	27.9	27.9	27.8	28.7	29.6	31.7
2004	3	17.5	25.1	26.3	25.9	25.0	24.6	24.7	24.8	25.1	25.5	25.9	26.3	26.2	26.3	26.9	27.3	26.9	28.1	29.2	31.2
2004	4	8.6	15.7	18.2	19.7	20.1	20.6	21.1	21.7	22.4	22.8	24.2	25.0	25.2	25.6	26.0	26.5	26.3	27.2	28.3	30.4
2004	5	9.0	12.6	13.6	13.9	14.3	14.7	15.2	15.9	16.6	17.3	18.6	20.4	21.8	22.9	24.1	24.9	24.8	26.2	26.9	29.1
2004	6	9.3	12.2	12.3	12.8	13.0	13.2	13.5	14.2	14.7	15.2	16.2	17.3	18.3	19.8	21.6	23.1	23.7	25.1	26.2	28.7
2004	7	14.3	17.7	15.8	14.5	13.9	13.7	13.7	14.1	14.7	15.1	15.9	16.9	18.1	19.5	21.0	21.9	22.8	24.0	25.2	27.6
2004	8	23.1	28.3	28.4	26.6	24.2	22.5	20.8	19.5	18.4	17.3	16.9	18.0	18.9	19.9	21.4	22.1	22.5	24.1	25.3	27.9
2004	9	24.8	31.0	30.7	30.0	28.8	27.9	26.7	25.6	24.3	22.4	19.6	18.8	19.5	20.4	21.5	21.8	22.5	23.9	25.2	27.7
2004	10	22.4	29.4	30.5	29.8	28.9	28.1	27.5	26.8	26.3	25.5	23.1	20.9	20.2	20.3	21.5	22.4	22.0	23.4	24.5	27.3
2004	11	19.8	26.0	27.7	27.5	27.1	26.7	26.1	25.9	25.7	25.3	24.2	22.7	21.6	21.1	21.8	22.3	22.0	23.4	24.4	27.3
2004	12	19.7	25.8	27.0	26.9	26.6	26.1	25.9	25.5	25.3	25.2	24.0	23.0	22.2	21.5	22.2	22.5	22.2	23.1	24.5	26.8
2005	1	23.3	28.6	29.8	25.9	23.4	24.0	24.4	24.3	24.4	24.3	23.9	24.1	23.3	23.3	24.0	24.1	24.0	24.8	25.7	27.7
2005	2	24.0	31.4	33.5	26.9	24.0	24.2	23.9	24.0	23.9	24.1	23.9	23.3	22.8	22.4	22.9	22.9	22.3	24.0	25.3	28.4
2005	3	17.6	25.3	27.1	25.7	24.7	24.4	24.1	24.0	24.2	23.9	23.5	23.3	22.6	22.4	22.7	23.1	22.6	23.7	25.1	27.4
2005	4	14.4	22.9	24.3	24.1	24.1	24.2	24.2	24.1	24.2	24.0	23.7	23.4	22.8	22.5	23.1	23.1	22.8	24.0	25.3	27.8
2005	5	15.4	24.5	25.6	25.0	24.6	24.6	24.5	24.5	24.6	24.4	24.1	23.7	23.2	23.0	23.3	23.7	23.3	24.6	26.1	27.6
2005	6	13.1	21.0	22.9	23.3	23.5	24.1	24.6	24.5	24.8	24.8	24.5	24.2	23.5	23.3	23.7	24.1	23.6	24.7	26.1	28.5
2005	7	21.2	28.1	27.7	26.2	24.0	21.9	20.9	21.0	21.9	22.4	23.4	23.7	23.4	23.3	23.5	23.8	23.5	24.7	26.1	28.1
2005	8	20.1	25.6	24.2	22.8	21.6	20.9	20.5	20.5	20.9	21.2	22.0	22.4	22.7	22.9	23.4	23.7	23.3	24.6	26.0	28.4
2005	9	18.2	26.5	27.6	26.5	25.1	23.8	22.2	21.4	21.1	21.4	21.9	22.8	22.7	22.9	23.5	23.7	23.6	24.9	26.3	28.4
2005	10	25.5	32.7	33.5	32.6	31.5	31.2	30.4	30.6	31.1	30.9	30.6	29.6	27.0	25.6	24.8	24.4	23.8	25.0	26.4	28.6
2005	11	18.9	26.1	27.7	27.8	27.5	27.4	27.2	27.4	27.8	27.8	28.3	28.6	27.8	26.9	26.4	25.4	24.5	25.2	26.5	27.9
2005	12	17.7	25.5	25.3	24.2	24.9	25.0	25.2	25.6	26.1	26.3	26.7	27.2	26.3	26.1	25.8	25.0	24.6	25.1	26.4	27.9
2006	1	16.3	27.0	27.9	28.6	23.3	22.4	23.2	23.6	24.3	24.8	25.4	25.7	25.6	24.9	24.5	24.2	23.8	24.6	25.5	26.6
2006	2	19.7	24.3	25.3	25.1	22.5	21.7	21.2	21.7	22.1	22.5	22.6	23.1	23.0	22.8	22.6	22.3	21.8	22.4	23.1	23.7
2006	3	14.8	21.2	22.9	22.7	22.2	22.1	22.1	22.2	22.5	22.5	22.8	23.4	22.9	22.5	22.9	22.6	21.9	22.3	23.7	25.6
2006	4	9.6	15.2	17.5	18.5	19.7	20.3	21.0	21.4	22.0	23.0	23.7	24.0	23.9	23.6	23.6	23.4	23.2	24.1	25.4	27.0
2006	5	8.7	11.5	12.1	12.4	13.3	13.8	14.5	15.2	15.7	16.4	18.1	19.1	19.2	19.3	19.4	19.4	19.6	20.7	22.1	24.3
2006	6	8.6	11.4	12.2	12.4	13.0	13.2	13.6	14.0	14.4	15.0	15.8	16.7	17.0	17.6	18.3	18.3	18.4	20.0	21.8	24.3
2006	7	13.8	18.5	17.1	13.8	12.6	12.3	12.5	12.9	13.4	13.8	14.7	15.2	15.6	16.1	16.4	16.7	16.9	18.2	20.2	22.7
2006	8	11.7	18.5	19.4	17.3	15.4	14.0	13.8	14.1	14.5	15.1	15.6	16.5	16.6	17.2	17.6	17.7	17.7	19.4	21.2	23.4
2006	9	21.0	28.9	29.9	28.9	27.5	25.9	23.4	21.3	19.0	16.7	15.3	15.9	16.2	16.6	16.9	17.1	17.3	18.9	20.7	22.5
2006	10	17.3	24.2	25.2	25.5	25.0	24.2	24.0	23.4	22.8	20.9	17.5	15.8	15.7	16.4	16.4	16.7	17.2	18.4	20.1	21.5
2006	11	13.7	18.7	20.2	21.1	21.6	21.2	22.0	22.0	21.8	21.3	19.7	18.0	17.4	17.7	18.0	18.1	18.1	19.5	21.4	23.4
2006	12	14.3	18.8	20.1	20.1	20.9	20.8	20.7	20.3	20.5	19.9	19.2	17.4	17.0	17.3	17.7	17.7	17.5	18.9	20.6	23.2
2007	1	13.7	18.5	19.2	19.0	19.0	19.3	19.2	19.2	19.5	18.7	17.8	17.0	16.7	16.7	17.1	16.9	17.2	18.5	20.0	22.0
2007	2	13.1	15.4	16.3	17.8	18.1	18.8	19.3	19.4	19.0	18.4	17.8	16.9	16.6	16.5	16.9	16.9	17.2	18.3	19.9	22.3
2007	3	16.8	22.1	21.3	20.1	19.2	19.3	19.4	19.0	19.2	19.1	18.3	17.5	17.3	17.2	17.5	17.5	17.4	18.8	20.5	22.7
2007	4	8.0	12.9	14.9	15.9	15.8	15.8	16.1	16.3	16.2	16.4	16.5	16.4	16.5	16.8	17.0	17.0	17.3	18.5	20.3	22.5
2007	5	6.8	9.6	11.1	11.7	11.7	12.1	12.4	12.8	13.1	13.4	13.8	13.9	14.0	14.4	15.0	14.8	15.2	17.0	19.4	21.6
2007	6	11.9	15.1	13.1	11.9	11.3	11.6	12.0	12.2	12.5	12.7	13.3	13.2	13.4	13.7	13.9	14.2	14.2	15.7	17.9	19.9
2007	7	17.5	21.0	20.1	17.3	13.8	11.7	11.3	11.5	11.7	12.0	12.2	12.2	12.5	12.7	12.9	13.0	13.0	14.0	15.5	17.3
2007	8	14.9	21.7	23.3	22.4	20.5	17.9	14.9	12.9	12.5	12.5	12.6	12.7	12.8	13.1	13.3	13.5	13.5	14.8	16.4	18.3
2007	9	17.5	23.8	25.3	24.5	23.2	21.9	19.5	16.6	14.4	13.3	12.8	12.8	12.9	13.2	13.5	13.4	13.6	15.0	16.5	18.6
2007	10	21.4	27.5	28.1	26.9	25.6	25.1	24.4	23.7	22.8	21.3	18.2	13.6	12.4	12.8	13.2	13.3	13.4	14.5	16.3	18.0
2007	11	15.7	22.6	23.9	23.7	23.1	22.7	22.7	22.7	23.1	22.9	21.5	17.9	13.9	13.0	13.0	13.2	13.1	14.6	16.0	18.0

（续）

年份	月份	10cm	20cm	30cm	40cm	50cm	60cm	70cm	80cm	90cm	100cm	120cm	140cm	160cm	180cm	200cm	220cm	240cm	260cm	280cm	300cm
2007	12	14.6	19.9	20.9	21.1	20.9	21.0	20.6	20.9	21.0	20.9	20.7	18.6	15.6	13.8	13.7	13.6	13.7	14.6	16.3	17.8
2008	1	15.7	22.4	24.6	21.5	20.4	20.6	21.1	21.1	21.1	21.4	20.9	19.5	17.4	14.9	14.1	14.1	14.0	15.0	16.6	18.4
2008	2	22.7	27.1	28.0	24.2	21.8	20.4	19.8	20.2	20.7	20.7	21.0	19.0	17.1	15.4	14.6	14.3	14.1	15.2	16.9	18.3
2008	3	18.4	24.4	25.2	24.3	22.9	21.8	21.2	21.3	21.6	21.4	21.2	19.9	17.9	16.4	15.6	15.2	15.1	16.0	17.7	19.5
2008	4	12.7	18.3	20.5	21.0	20.6	20.3	20.4	20.5	20.7	20.9	20.8	19.6	17.6	16.4	15.7	15.2	15.1	16.1	17.6	19.2
2008	5	11.6	17.4	19.8	20.3	20.1	19.8	20.2	20.3	20.4	20.4	20.3	19.3	17.8	16.7	15.8	15.5	15.2	15.9	17.4	19.1
2008	6	18.1	22.9	23.6	23.1	22.3	21.5	21.4	21.4	20.7	20.7	20.3	19.5	17.5	16.8	16.3	15.6	15.9	16.7	18.4	20.1
2008	7	20.4	23.0	23.2	22.4	21.7	21.5	21.5	21.3	21.5	21.1	20.7	19.5	18.0	17.2	16.4	16.1	15.8	16.6	17.7	19.1
2008	8	18.1	20.7	21.2	20.7	20.6	20.2	20.4	20.6	20.7	20.7	20.1	18.9	17.8	16.8	16.2	15.9	16.6	16.5	17.7	18.7
2008	9	20.6	24.1	24.1	23.2	22.2	21.5	21.0	20.5	20.1	19.7	19.5	19.4	18.5	17.9	17.2	16.6	16.5	17.6	18.6	
2008	10	21.3	25.0	26.0	25.9	25.2	24.8	24.6	24.5	24.2	23.8	23.1	21.8	20.0	18.6	17.7	17.1	16.5	17.1	18.2	19.6
2008	11	17.4	22.0	23.6	23.8	23.6	23.5	23.6	23.8	24.0	24.0	23.9	22.9	21.3	19.7	18.1	17.1	16.4	17.2	18.5	19.9
2008	12	14.2	20.7	22.3	22.2	22.3	22.4	22.4	22.4	22.9	22.9	23.1	22.5	21.1	19.7	18.8	17.5	16.6	17.3	18.5	20.4

表 4－145　站前塬面农田中子仪监测地土壤储水量月变化状况

单位：mm

年份	土层范围	1	2	3	4	5	6	7	8	9	10	11	12
2003	0～20cm	48.7	35.8	32.4	31.2	19.0	27.6	47.5	53.4	57.9	66.1	60.8	57.5
2003	0～300cm	562.0	563.1	552.2	535.4	477.6	455.0	559.8	661.8	790.0	971.9	930.5	885.1
2004	0～20cm	59.5	53.8	42.6	24.3	21.6	21.5	32.0	51.5	55.8	51.7	45.8	45.5
2004	0～300cm	844.7	824.2	793.2	719.9	622.4	570.5	573.5	663.2	713.9	726.3	719.5	718.0
2005	0～20cm	51.8	55.4	43.0	37.3	39.9	34.1	49.2	45.8	44.7	58.2	45.0	43.2
2005	0～300cm	742.0	736.2	714.1	707.7	722.9	719.0	722.2	697.4	715.4	841.5	800.7	767.9
2006	0～20cm	43.4	44.0	36.0	24.7	20.1	20.1	32.2	30.2	50.0	41.6	32.4	33.1
2006	0～300cm	743.2	681.0	676.5	671.9	537.0	504.2	486.2	519.3	597.3	583.8	586.1	569.4
2007	0～20cm	32.2	28.5	38.8	20.9	16.4	27.0	38.8	36.5	41.3	48.9	38.3	34.5
2007	0～300cm	545.3	534.2	565.3	505.8	432.8	423.1	418.6	455.6	484.9	538.2	531.4	518.6
2008	0～20cm	38.1	49.9	42.7	31.0	29.0	41.1	43.4	38.8	44.7	46.3	39.3	34.8
2008	0～300cm	539.7	557.7	571.6	542.7	536.9	569.9	572.1	563.1	572.5	624.4	619.4	605.3

（3）综合气象要素观测场中子仪监测地

表 4－146　综合气象要素观测场中子仪监测地土壤含水量

单位：v/v · %

年份	月份	10cm	20cm	30cm	40cm	50cm	60cm	70cm	80cm	90cm	100cm	120cm	140cm	160cm	180cm	200cm	220cm	240cm	260cm	280cm	300cm
2004	2	31.8	34.7	32.2	28.5	25.8	25.8	25.7	26.5	26.3	27.1	27.4	27.5	29.0	29.3	28.4	28.1	29.2	30.0	30.5	34.0
2004	3	25.1	28.4	28.6	28.2	26.7	26.0	26.6	26.4	26.7	27.0	27.7	27.8	28.3	28.3	27.7	27.7	28.1	29.5	30.6	34.3
2004	4	12.4	17.4	21.4	23.0	24.2	24.2	25.2	25.5	26.1	26.0	27.0	26.9	27.6	27.5	26.8	26.7	27.0	28.3	29.3	32.8
2004	5	11.0	12.6	15.5	16.8	18.2	20.9	22.7	23.1	23.5	23.9	25.0	25.5	26.1	26.2	25.9	25.8	26.3	26.9	28.8	32.2
2004	6	10.4	10.8	11.9	12.8	14.5	17.3	19.7	20.5	20.8	21.7	23.3	24.0	25.0	25.0	24.9	24.8	25.4	26.8	27.7	31.4
2004	7	14.9	14.4	12.1	11.3	12.3	14.3	16.8	17.2	17.9	18.9	20.8	21.7	22.7	22.6	22.5	23.1	23.8	24.8	26.2	29.8
2004	8	23.2	24.3	22.5	19.8	16.6	17.6	17.0	17.6	17.6	18.6	19.9	20.8	21.6	22.0	21.7	22.4	22.8	23.7	25.8	29.1
2004	9	25.1	29.6	29.4	28.5	26.4	24.2	23.5	21.9	20.4	20.2	21.0	21.5	21.9	22.1	22.2	22.1	22.6	23.7	25.5	28.4
2004	10	28.0	28.4	29.9	29.1	28.1	27.2	26.7	26.5	25.5	24.3	23.0	22.0	22.1	21.9	22.0	22.5	23.6	23.3	25.2	28.5
2004	11	25.6	28.4	28.2	28.2	27.8	26.7	26.7	26.3	25.9	25.4	25.2	23.6	23.0	23.0	22.4	22.8	22.9	22.7	25.0	28.2
2004	12	25.8	27.5	28.2	28.1	27.4	26.2	26.3	25.8	25.6	25.3	24.4	23.9	23.0	22.7	22.8	22.9	22.9	22.9	25.0	28.0
2005	1	30.9	32.6	32.5	24.5	24.0	24.5	25.1	25.0	25.3	25.0	24.4	24.2	24.0	23.4	22.5	23.2	23.3	25.4	29.3	
2005	2	30.6	33.1	35.7	25.8	22.9	24.0	24.0	25.0	24.4	25.0	24.9	24.8	24.3	24.1	23.2	23.1	22.8	23.7	24.8	29.2

（续）

年份	月份	10cm	20cm	30cm	40cm	50cm	60cm	70cm	80cm	90cm	100cm	120cm	140cm	160cm	180cm	200cm	220cm	240cm	260cm	280cm	300cm
2005	3	25.3	29.2	29.1	26.7	24.6	24.3	25.1	24.6	24.5	24.6	24.9	24.4	24.3	23.8	23.1	23.2	23.0	23.6	25.4	28.6
2005	4	20.2	25.0	26.2	25.5	24.7	24.8	25.5	25.4	25.3	25.0	25.3	24.4	24.5	24.3	23.4	23.0	23.2	23.8	25.4	29.0
2005	5	16.2	22.0	23.8	23.6	23.6	24.0	25.1	25.1	24.6	25.2	25.5	25.0	25.0	24.9	24.1	23.8	23.6	24.2	25.7	28.9
2005	6	12.9	17.9	20.6	22.0	22.7	23.6	24.9	25.2	25.2	24.9	25.8	25.2	25.4	25.2	24.3	24.3	24.2	24.5	26.4	29.1
2005	7	22.8	28.3	29.3	28.3	26.6	24.8	24.9	24.5	24.6	24.5	25.2	25.1	25.3	24.9	24.0	23.9	24.2	24.4	26.2	29.0
2005	8	22.5	26.3	26.3	25.5	24.7	23.9	24.7	24.8	24.5	24.3	25.1	25.1	24.9	24.6	24.1	24.0	23.9	24.3	25.8	29.2
2005	9	17.9	24.3	26.5	26.4	25.2	24.2	24.8	25.1	24.6	24.9	25.3	25.4	25.5	25.1	24.8	24.4	24.5	25.0	26.8	29.9
2005	10	29.3	33.4	34.0	33.3	32.4	31.6	31.4	31.2	31.4	31.7	31.4	30.1	28.8	26.1	24.2	23.9	23.9	24.7	26.2	29.9
2005	11	22.4	27.4	28.7	29.0	28.7	28.1	28.5	28.4	28.7	29.4	29.5	29.7	29.5	28.2	26.5	24.5	24.5	24.8	25.9	29.1
2005	12	23.6	27.5	26.2	25.9	26.0	26.4	27.2	27.1	27.5	27.9	28.8	28.9	29.0	27.5	26.4	25.5	24.7	21.1	26.4	28.9
2006	1	19.5	29.5	31.3	30.8	23.1	22.7	24.5	24.9	25.3	26.1	26.9	27.5	27.4	27.4	25.7	25.0	24.5	24.4	25.2	28.6
2006	2	25.7	28.4	29.6	27.6	23.6	21.7	22.5	22.9	23.0	23.4	24.3	24.7	25.2	24.5	23.5	23.1	22.2	22.2	23.7	25.6
2006	3	19.3	23.9	25.3	24.9	23.9	23.0	23.6	23.6	23.9	23.8	24.7	24.9	24.7	24.6	23.3	22.9	22.9	22.4	23.9	25.8
2006	4	13.0	18.1	20.7	22.3	22.8	23.7	24.7	25.1	25.2	25.5	26.4	26.4	26.6	26.2	25.1	24.7	24.5	24.3	25.7	27.2
2006	5	11.1	13.0	14.4	16.3	17.9	19.2	21.0	22.0	22.1	22.5	23.5	23.8	24.0	23.8	22.5	22.3	22.0	22.3	23.4	25.6
2006	6	9.7	11.7	13.6	15.3	17.2	18.9	20.8	21.4	22.2	22.7	23.8	24.2	24.7	24.5	23.6	22.9	22.5	23.0	24.1	26.7
2006	7	12.7	13.5	12.7	13.7	14.7	16.4	18.6	19.3	19.8	20.2	21.3	22.3	22.8	22.9	22.3	21.8	21.4	21.6	22.8	25.7
2006	8	9.1	10.8	12.0	13.4	15.2	16.7	19.3	19.9	20.0	20.8	22.1	23.4	23.2	23.2	22.9	22.5	22.9	22.8	24.6	27.0
2006	9	22.0	26.1	26.6	24.3	21.7	19.5	19.8	19.9	19.7	20.2	20.8	21.7	22.6	22.3	22.0	21.8	21.8	22.4	23.5	25.5
2006	10	16.3	21.2	23.2	23.3	22.6	21.4	21.4	21.0	20.1	20.3	20.5	20.9	21.2	21.3	20.7	20.7	20.9	21.5	23.1	24.7
2006	11	14.5	19.0	21.2	22.0	22.1	21.5	22.0	21.9	22.4	22.6	23.3	23.6	23.0	22.7	21.7	21.8	21.9	22.1	23.5	26.1
2006	12	16.8	20.2	22.2	21.7	21.9	21.2	22.2	22.3	22.0	22.0	22.5	22.6	22.7	22.8	22.2	22.1	21.6	21.4	23.3	26.2
2007	1	15.8	20.9	20.9	19.9	18.9	19.6	21.4	20.8	20.7	20.2	21.6	21.7	22.4	23.1	22.6	23.0	22.4	22.4	23.9	25.0
2007	2	15.7	17.3	18.0	18.7	18.6	19.4	21.2	21.1	21.6	21.7	21.9	22.1	22.7	23.5	21.5	21.9	21.6	21.6	23.8	25.0
2007	3	21.1	24.4	24.3	22.9	21.5	21.0	21.6	21.5	21.3	21.5	22.3	22.0	22.2	22.4	21.7	21.7	21.9	21.4	23.4	25.1
2007	4	11.3	13.1	14.9	18.2	19.7	20.3	21.8	21.9	21.6	21.9	22.4	22.7	22.7	22.3	21.6	21.9	21.5	21.6	23.0	25.3
2007	5	7.5	9.4	11.1	12.4	14.4	16.8	19.0	20.2	20.7	21.1	22.1	22.9	23.4	23.1	22.0	21.9	21.8	22.4	23.6	25.8
2007	6	9.9	14.1	12.8	12.3	13.2	15.1	17.2	18.6	19.5	20.2	21.8	22.1	22.3	22.5	22.1	21.7	21.9	22.0	23.5	25.6
2007	7	14.6	13.8	11.8	11.4	11.6	13.0	14.5	15.1	15.9	16.3	18.1	18.7	19.1	19.0	18.5	18.7	18.4	19.0	20.3	21.4
2007	8	12.9	14.4	14.1	12.9	12.5	12.8	14.6	15.8	16.4	16.9	18.1	18.8	19.2	19.0	19.1	19.0	19.2	19.2	20.2	22.1
2007	9	17.3	19.4	18.8	15.9	13.7	13.2	14.8	15.3	15.8	16.4	17.8	18.7	18.8	19.4	19.2	18.9	18.6	18.8	20.2	22.3
2007	10	24.1	26.0	25.8	25.5	24.7	22.2	21.4	20.1	18.8	17.7	17.6	17.9	18.5	18.2	17.5	17.7	17.7	18.1	18.8	21.2
2007	11	18.7	20.5	21.5	22.3	21.8	20.9	22.1	21.5	20.8	20.6	19.6	18.5	18.8	17.9	17.5	17.5	17.3	17.2	19.0	20.6
2007	12	16.7	19.2	20.3	20.5	20.5	20.0	20.5	20.7	20.3	19.9	19.8	19.1	18.6	18.2	18.0	18.2	17.5	17.4	19.0	21.0
2008	1	19.5	22.7	23.9	21.0	20.5	20.6	21.0	21.6	21.8	21.2	20.9	20.9	20.2	19.8	19.2	19.1	19.0	18.6	20.2	21.6
2008	2	25.4	27.5	27.8	22.7	20.5	19.5	20.5	21.1	21.4	21.4	21.1	20.8	20.5	20.6	19.9	19.3	19.3	18.9	20.4	22.1
2008	3	22.5	25.1	25.8	25.0	23.5	21.9	22.2	22.3	22.2	22.1	21.8	21.5	21.5	21.3	20.6	20.4	20.4	19.9	21.5	23.0
2008	4	14.7	17.8	19.9	20.6	20.8	20.7	21.8	21.9	21.7	21.6	21.7	21.4	21.2	20.9	19.9	20.0	19.7	19.7	21.1	22.9
2008	5	9.3	10.4	12.4	14.0	15.6	17.1	19.4	20.2	20.4	20.7	21.1	21.0	21.2	20.8	20.1	19.8	19.6	19.6	20.7	22.6
2008	6	16.5	17.9	16.2	13.7	13.6	15.4	17.7	18.8	19.3	19.2	20.1	20.8	21.1	20.9	20.1	20.1	20.0	19.4	20.9	23.0
2008	7	19.2	19.3	18.4	17.4	17.0	17.4	18.4	18.5	18.3	18.6	19.3	19.5	19.8	19.9	19.4	19.3	19.2	19.2	20.5	22.2
2008	8	16.0	16.9	18.0	18.9	19.4	19.2	19.8	19.5	19.1	19.1	19.5	19.5	19.6	19.8	19.2	19.1	19.1	19.6	20.6	22.0
2008	9	19.7	21.6	21.3	20.9	20.7	19.9	19.8	19.4	19.0	18.8	19.6	19.5	19.6	19.7	19.4	19.2	19.0	18.8	19.9	21.5
2008	10	23.5	25.2	25.6	26.0	25.6	24.5	24.1	23.5	22.9	22.1	21.4	20.6	20.8	20.6	20.2	19.9	19.8	19.5	20.8	22.6
2008	11	21.4	24.0	25.1	25.6	24.8	24.6	24.7	24.3	24.1	23.9	24.0	22.6	22.1	21.9	21.2	20.8	20.6	20.5	21.9	24.3
2008	12	19.0	22.8	23.8	23.9	23.8	23.6	24.0	24.2	23.3	23.7	23.3	22.8	22.5	21.9	21.3	21.0	20.5	20.1	21.8	24.2

表 4 - 147　综合气象要素观测场中子仪监测地土壤储水量月变化状况

单位：mm

年份	土层范围	1	2	3	4	5	6	7	8	9	10	11	12
2004	0～20cm	—	66.5	53.4	29.7	23.7	21.2	29.3	47.5	54.7	56.5	54.0	25.8
2004	0～300cm	—	870.9	849.6	784.2	725.6	676.9	625.9	654.2	711.2	740.1	747.0	749.6
2005	0～20cm	63.5	63.7	54.5	45.2	38.2	30.8	51.1	48.8	42.3	62.7	49.8	51.1
2005	0～300cm	759.7	760.3	746.2	740.3	734.4	728.7	762.8	749.6	757.3	858.1	766.7	799.9
2006	0～20cm	49.1	54.1	43.3	31.012	24.2	21.4	26.2	19.9	48.1	37.5	33.5	37.0
2006	0～300cm	782.9	726.3	715.4	735.45	646.0	653.5	611.7	626.0	668.7	641.7	668.7	667.2
2007	0～20cm	36.7	32.9	45.5	24.4	17.0	24.0	28.4	27.3	36.7	50.1	39.1	35.9
2007	0～300cm	655.2	644.3	669.3	634.7	610.7	604.0	520.8	530.9	546.0	592.3	578.5	571.8
2008	0～20cm	42.2	53.0	47.7	32.6	19.7	34.5	38.8	32.9	41.2	48.7	45.4	41.8
2008	0～300cm	613.0	633.2	656.1	618.6	572.5	581.2	579.4	581.0	593.5	655.1	682.3	670.9

（4）杜家坪梯田农地中子仪监测地

表 4 - 148　杜家坪梯田农地中子仪监测地土壤含水量

单位：v/v·%

年份	月份	10cm	20cm	30cm	40cm	50cm	60cm	70cm	80cm	90cm	100cm	120cm	140cm	160cm	180cm	200cm	220cm	240cm	260cm	280cm	300cm
2003	1	18.7	24.9	25.0	22.2	20.3	19.1	19.4	19.5	20.2	20.7	21.9	22.9	23.9	26.3	23.8	26.6	27.2	27.7	26.8	27.9
2003	2	18.0	23.4	23.4	22.1	19.5	19.0	19.8	19.7	19.2	19.3	21.3	22.9	23.8	25.7	26.9	26.6	27.6	25.0	28.7	29.0
2003	3	16.2	22.5	22.6	21.0	20.0	19.8	20.0	20.1	20.1	20.3	21.2	23.3	24.4	25.8	26.7	27.0	27.4	28.0	28.2	28.3
2003	4	19.7	24.2	24.1	23.2	20.8	20.5	20.1	20.0	19.9	19.6	21.1	23.1	24.5	25.8	26.6	26.9	27.5	28.1	28.7	28.7
2003	5	11.0	15.3	15.7	15.7	16.1	16.7	17.6	18.2	18.7	19.2	20.9	22.9	24.2	26.0	26.3	26.6	27.2	27.9	28.6	28.5
2003	6	13.8	13.0	11.8	11.8	11.8	12.8	13.7	14.5	16.4	16.3	18.7	20.6	22.0	23.7	24.1	24.7	25.3	25.8	26.4	26.6
2003	7	17.8	26.4	24.9	23.4	22.3	22.1	20.8	19.5	18.5	18.6	20.2	22.0	23.6	25.4	25.5	26.1	26.8	27.6	27.9	27.7
2003	8	27.0	34.5	33.6	32.1	31.6	32.7	32.7	32.7	32.2	30.6	27.3	26.6	25.7	26.2	25.7	26.5	26.9	27.4	27.8	27.7
2003	9	28.8	36.4	34.6	32.1	32.1	32.4	32.1	32.0	32.0	33.3	34.7	35.3	35.1	32.6	31.4	30.3	29.3	28.8	28.5	
2003	10	34.7	35.1	34.1	33.0	33.1	34.0	34.0	34.0	33.7	34.8	36.9	36.9	36.9	36.4	36.3	36.1	36.1	35.4	34.8	
2003	11	26.5	32.0	30.1	29.0	28.3	29.3	29.6	29.7	29.9	31.8	34.4	35.7	36.8	36.0	36.7	37.3	37.5	37.9	37.8	
2003	12	26.4	31.4	28.3	25.6	25.6	26.5	27.1	28.4	27.9	28.5	30.1	32.6	34.0	35.3	35.0	35.6	35.6	35.9	36.8	36.6
2004	1	26.1	33.5	29.6	25.2	23.2	24.0	24.4	25.2	25.7	26.5	28.5	30.8	32.2	33.4	33.2	33.7	33.8	34.4	35.4	35.4
2004	2	27.1	32.1	31.0	26.2	23.7	22.4	23.1	24.0	24.6	25.6	27.8	30.1	31.5	32.7	32.3	32.8	32.9	33.9	34.5	34.5
2004	3	18.7	24.1	24.3	23.6	22.8	23.3	23.6	24.1	24.3	24.9	27.4	29.4	31.3	32.1	31.7	32.1	32.5	33.0	34.1	33.9
2004	4	8.7	14.0	15.5	16.3	16.4	17.5	18.4	19.4	19.4	22.1	24.8	27.2	28.7	30.1	30.1	31.0	31.5	32.1	32.7	32.6
2004	5	7.7	11.0	11.7	11.8	12.0	12.2	12.6	13.3	13.4	14.7	18.1	21.1	24.0	26.7	27.5	28.1	29.3	29.9	30.7	30.9
2004	6	10.9	12.9	12.1	11.4	11.2	11.3	11.9	12.1	12.9	13.6	16.0	18.9	22.1	25.0	25.6	26.4	28.1	29.0	30.2	29.8
2004	7	13.7	16.2	14.2	12.7	12.5	11.6	11.8	13.0	13.8	14.5	16.6	19.4	21.9	24.8	25.5	26.5	27.5	28.3	28.3	
2004	8	23.3	26.8	25.1	22.0	17.9	15.5	13.8	13.0	13.4	14.5	16.0	19.4	21.9	24.8	25.4	26.4	27.5	27.9	28.9	29.3
2004	9	21.8	27.0	26.4	24.7	22.8	20.5	18.2	15.9	14.6	14.6	16.7	19.0	21.5	24.3	24.9	26.0	27.3	28.1	29.1	29.4
2004	10	23.9	28.1	26.3	24.9	23.7	22.8	21.7	20.2	18.1	16.8	17.2	19.2	21.9	24.1	25.0	26.0	27.2	27.7	27.8	27.9
2004	11	19.9	24.1	23.9	23.2	22.6	22.4	21.3	20.5	19.0	18.3	18.2	20.0	22.8	24.8	25.5	26.5	26.9	27.5	28.3	28.8
2004	12	22.0	24.9	24.0	23.1	22.5	21.9	21.3	20.5	19.5	18.8	18.8	20.4	22.6	24.8	25.6	26.5	27.0	27.8	28.6	29.3
2005	1	29.7	31.6	28.9	25.0	24.0	24.5	24.2	23.7	22.9	22.6	23.4	25.4	27.9	30.3	30.9	32.2	33.0	33.8	34.2	35.9
2005	2	22.7	27.9	29.1	22.0	19.2	19.6	19.7	19.4	19.1	19.1	20.2	21.5	23.5	25.7	26.2	27.1	27.8	28.3	29.3	28.9
2005	3	18.2	23.1	23.4	22.0	19.6	19.6	19.7	19.8	19.8	19.9	20.3	21.5	23.5	26.1	26.1	27.2	27.8	28.3	29.3	29.3
2005	4	10.5	13.1	14.2	14.3	14.1	15.5	15.0	16.1	16.8	18.5	20.7	23.4	25.7	27.3	28.0	28.5	29.3	29.4		
2005	5	11.7	14.2	12.5	11.6	11.4	11.7	11.9	12.0	12.7	13.3	15.0	17.2	20.2	23.7	24.9	26.5	27.5	28.6	29.7	29.6
2005	6	7.5	11.5	12.1	11.7	11.5	11.7	12.1	12.0	12.6	13.1	14.8	16.4	18.8	21.8	23.5	25.8	27.2	28.0	29.2	29.4
2005	7	22.7	28.1	25.9	22.3	17.6	15.3	13.0	13.0	13.1	13.7	15.1	16.7	19.0	21.4	23.9	25.1	26.5	27.4	28.6	29.0
2005	8	21.7	27.6	26.3	23.8	21.5	19.5	17.5	15.2	14.2	14.4	15.7	17.3	19.4	21.8	23.0	25.3	26.4	27.4	28.6	28.5
2005	9	23.2	28.5	28.0	26.3	24.3	22.1	18.4	16.4	15.0	14.7	15.6	17.4	19.1	21.9	23.3	24.9	26.2	27.3	28.3	28.2

（续）

年份	月份	10cm	20cm	30cm	40cm	50cm	60cm	70cm	80cm	90cm	100cm	120cm	140cm	160cm	180cm	200cm	220cm	240cm	260cm	280cm	300cm
2005	10	30.3	34.2	32.2	30.7	30.5	31.2	31.7	31.4	30.5	29.2	26.1	22.2	22.2	23.5	24.6	26.1	27.5	27.9	29.0	29.0
2005	11	21.5	26.2	26.3	25.4	25.5	26.0	26.5	26.7	26.5	26.5	26.1	25.6	24.4	24.7	24.6	25.8	26.7	27.1	28.4	28.4
2005	12	20.3	24.6	23.2	23.2	22.7	23.5	24.0	24.3	24.5	24.8	24.7	24.6	24.4	24.7	26.1	25.8	26.6	26.9	27.7	27.4
2006	1	18.4	26.4	26.2	25.9	20.7	20.1	21.0	21.8	22.3	23.2	23.5	23.8	23.8	24.2	23.8	24.8	25.6	26.2	26.7	26.9
2006	2	21.7	23.8	23.7	22.4	19.2	19.0	19.3	19.6	19.9	20.7	21.4	21.6	22.0	22.1	22.4	22.9	23.3	24.1	24.6	24.9
2006	3	15.0	20.2	21.0	20.7	19.9	20.0	20.2	20.3	20.5	21.2	22.2	22.2	22.3	23.1	23.0	23.7	24.0	24.8	25.4	25.4
2006	4	10.7	13.3	14.7	15.3	15.3	16.5	17.1	17.9	18.4	19.2	20.7	21.6	22.0	23.0	23.1	24.2	24.8	25.6	26.0	26.0
2006	5	8.9	10.6	10.6	10.7	11.0	11.4	12.0	12.4	13.0	13.8	15.7	17.1	17.9	19.5	20.5	21.8	22.7	23.7	24.3	24.5
2006	6	11.4	11.7	11.0	10.6	10.6	10.7	11.2	11.3	11.9	12.5	13.9	15.2	16.5	18.2	19.4	20.1	21.9	23.0	23.9	24.0
2006	7	11.6	14.2	13.3	11.7	11.0	11.1	11.3	11.4	11.9	12.5	13.8	15.4	16.4	18.4	19.5	20.8	21.9	22.5	23.6	23.9
2006	8	8.6	12.6	12.6	12.0	11.5	11.3	11.6	11.7	12.2	12.8	14.4	15.5	16.7	18.2	19.4	20.7	21.9	22.3	23.7	24.0
2006	9	21.9	26.6	26.4	24.5	22.2	20.2	17.9	15.7	14.1	13.6	14.1	15.9	17.3	19.2	20.0	21.0	22.0	22.9	23.9	24.3
2006	10	17.0	21.6	22.6	22.6	22.1	21.9	21.0	19.2	17.3	16.1	15.5	16.4	17.5	19.2	20.3	21.5	21.5	22.2	22.5	23.1
2006	11	16.2	20.0	21.2	21.3	21.6	21.6	21.6	21.3	20.2	19.9	19.1	19.5	20.6	22.2	22.9	23.5	24.8	25.5	26.5	26.9
2006	12	16.0	18.7	19.4	19.0	18.8	19.0	19.1	18.7	18.1	17.6	17.2	18.3	19.1	20.5	21.4	22.1	23.0	24.2	24.9	25.1
2007	1	16.0	19.3	19.3	18.5	17.2	17.6	18.0	17.8	17.5	17.4	19.1	19.2	20.5	20.4	22.3	23.2	23.2	24.1	24.6	
2007	2	13.9	15.4	16.5	16.9	17.6	18.0	18.6	17.9	17.8	17.8	18.5	19.6	20.4	21.0	22.0	22.3	22.9	23.1	23.9	
2007	3	17.5	19.9	19.5	18.5	18.4	18.5	18.6	18.6	18.6	18.2	18.4	19.8	19.7	21.3	22.2	22.9	23.8	24.2	24.6	24.9
2007	4	9.2	12.2	13.4	13.4	13.6	14.1	14.4	15.1	15.1	15.9	16.5	17.3	18.5	20.2	21.5	22.2	23.2	23.8	24.2	24.5
2007	5	8.1	9.3	9.9	10.0	10.1	10.3	10.6	10.8	11.4	11.8	12.7	14.2	15.8	17.9	19.3	20.2	22.2	23.6	24.5	24.5
2007	6	12.2	16.5	15.1	12.6	10.7	10.6	11.0	11.4	11.4	11.9	12.7	13.9	15.4	17.0	18.2	20.1	21.5	22.7	24.6	24.8
2007	7	20.1	24.5	23.4	19.3	15.1	12.8	12.3	11.5	11.8	12.4	13.5	15.3	16.7	18.9	19.9	21.6	23.0	24.0	25.2	25.7
2007	8	16.5	19.2	18.8	18.0	16.3	14.0	12.3	11.2	11.0	11.5	12.2	13.4	14.5	16.5	17.5	18.6	19.9	21.0	22.0	22.5
2007	9	20.9	24.8	23.8	22.1	20.5	18.1	15.9	13.7	12.3	12.1	12.6	13.9	15.1	16.3	16.8	17.9	18.7	20.1	20.9	21.1
2007	10	23.6	26.7	26.0	24.7	24.0	24.1	23.9	22.7	20.6	18.5	14.6	13.7	14.8	16.2	16.9	17.9	18.6	19.6	20.4	20.3
2007	11	18.6	22.1	22.2	21.6	21.3	22.2	22.6	22.3	21.8	21.1	18.6	16.4	15.4	16.2	16.6	17.7	18.9	19.9	20.3	20.7
2007	12	17.8	19.6	20.2	20.0	19.6	19.9	20.6	20.5	20.1	19.8	18.9	18.1	17.1	17.0	17.2	17.7	18.8	19.7	20.4	20.6
2008	1	18.0	21.6	22.4	18.6	18.2	18.4	19.6	19.6	19.3	18.7	18.5	17.6	17.7	17.8	19.0	20.0	20.6	20.9		
2008	2	26.3	28.1	27.3	21.3	19.3	19.3	19.4	19.4	19.3	19.5	18.8	18.6	18.9	19.7	20.6	21.1	21.5			
2008	3	22.2	23.6	23.3	21.9	20.4	20.2	20.1	19.9	20.1	19.9	19.9	20.1	19.8	20.8	21.4	22.2	22.4			
2008	4	15.3	16.6	18.3	18.4	18.4	18.7	19.6	19.6	19.5	19.7	19.8	20.2	20.0	20.0	19.5	20.3	21.5	21.8	22.0	
2008	5	8.5	10.5	12.2	13.0	13.9	14.9	15.9	16.8	17.5	18.1	18.6	19.5	19.6	20.3	19.9	20.0	20.3	21.4	21.8	22.0
2008	6	15.1	18.3	17.6	14.4	13.4	14.2	15.5	16.1	17.2	18.4	18.6	19.1	20.6	21.2	21.5	21.8	21.7	23.4	24.0	
2008	7	19.2	20.4	19.3	17.3	15.8	15.4	15.4	15.6	16.2	17.2	18.4	18.6	19.5	19.6	20.3	20.8	21.3	21.5		
2008	8	18.8	19.9	19.7	19.0	18.1	17.8	17.5	17.1	16.7	16.8	17.4	18.3	18.6	19.4	19.0	19.4	19.9	20.4	20.8	21.1
2008	9	20.0	22.7	22.5	21.0	20.4	19.8	19.4	18.5	17.8	17.3	17.4	18.6	18.8	19.5	19.6	20.1	20.6	21.0	21.1	
2008	10	21.5	23.5	24.0	23.4	23.3	23.4	23.3	22.8	21.6	20.7	20.0	20.4	20.4	20.9	20.6	20.7	20.9	21.7	22.3	22.4
2008	11	17.5	20.3	21.4	21.1	21.0	21.4	21.7	21.3	21.1	20.8	20.9	21.4	21.5	21.8	21.1	21.4	21.9	22.7	23.2	23.5
2008	12	14.6	19.1	20.0	19.7	20.1	20.2	20.5	20.4	19.7	19.9	20.0	21.0	21.3	22.1	21.2	21.3	22.0	22.7	23.0	23.1

表 4-149 杜家坪梯田农地中子仪监测地土壤储水量月变化状况

单位：mm

年份	土层范围	1	2	3	4	5	6	7	8	9	10	11	12
2003	0～20cm	43.6	41.4	38.7	43.9	26.3	26.8	44.2	61.5	65.2	69.8	58.6	57.8
2003	0～300cm	720.2	718.8	723.2	734.1	682.4	611.6	719.9	855.4	964.1	1060.1	1018.3	970.6
2004	0～20cm	59.6	59.3	42.8	22.7	18.8	23.8	29.9	50.1	48.8	52.0	44.0	46.8
2004	0～300cm	925.4	906.2	869.8	770.3	653.8	621.1	604.2	682.2	699.0	714.3	713.7	720.9
2005	0～20cm	61.3	50.7	41.3	23.6	26.0	19.1	50.9	49.3	51.7	64.5	47.6	44.9

（续）

年份	土层范围	1	2	3	4	5	6	7	8	9	10	11	12
2005	0～300cm	871.3	735.6	717.8	661.2	608.9	585.7	649.4	668.7	681.4	828.2	780.6	752.5
2006	0～20cm	44.8	45.4	35.2	24.0	19.5	23.1	25.9	21.2	48.5	38.6	36.2	34.7
2006	0～300cm	724.4	667.6	671.5	632.0	529.8	506.8	512.4	510.8	604.0	600.2	667.8	616.0
2007	0～20cm	35.2	29.3	37.4	21.4	17.4	28.7	44.6	35.7	45.6	50.2	40.6	37.4
2007	0～300cm	603.6	593.3	630.0	560.3	494.2	505.4	571.0	504.8	530.9	580.9	577.0	568.7
2008	0～20cm	39.6	54.4	45.8	31.9	19.0	33.4	39.6	38.7	42.7	45.0	37.8	33.7
2008	0～300cm	573.7	611.4	623.6	594.7	548.6	581.6	564.0	570.0	591.9	647.8	646.3	629.9

4.3.2　地表水、地下水水质状况

表 4-150　井水观测点地下水采样地、黑河水采样点、泉水采样点水质状况

单位：mg/L

采样点名称	日期	pH	钙离子含量	镁离子含量	钾离子含量	钠离子含量	碳酸根离子含量	重碳酸根离子含量	氯化物	硫酸根离子	磷酸根离子	硝酸根	矿化度	总氮	总磷
井水观测点	2003-07-18	7.62	14.9	28.2	1.3	39.3	未检出	332.4	1.0	13.3	0.1	—	—	0.9	0.0
	2003-12-30	7.77	26.9	14.7	2.5	59.5	未检出	320.6	1.7	8.6	0.0	—	—	1.9	0.0
	2004-05-25	7.66	25.8	14.7	0.9	50.1	10.9	298.0	—	—	0.1	8.6	—	—	—
	2004-08-15	7.66	25.9	14.3	1.0	55.5	9.44	292.1	3.1	4.7	0.1	8.8	290.0	—	—
	2004-12-15	7.60	32.6	16.7	0.8	20.8	未检出	233.8	6.3	9.4	0.8	0.7	235.0	—	—
	2005-01-01	7.97	32.0	18.1	1.1	31.3	27.94	204.3	12.2	—	1.5	0.3	—	0.2	1.0
	2005-04-29	—	28.4	16.5	1.2	33.8	6.99	218.8	11.9	—	1.6	0.4	—	0.9	0.9
	2005-07-18	—	23.5	17.2	1.1	51.3	18.63	228.9	8.2	—	0.4	2.4	—	1.3	0.2
	2005-10-28	—	27.2	15.9	1.0	78.3	21.19	233.7	8.5	—	0.1	2.2	—	1.2	0.1
	2006-01-18	8.41	29.9	8.0	0.4	29.2	未检出	—	—	未检出	0.1	3.8	253.0	1.0	0.3
	2006-04-18	8.36	27.8	9.8	0.7	30.0	未检出	—	—	6.7	—	2.7	259.0	0.6	0.2
	2006-07-18	8.60	61.1	16.2	0.6	31.2	未检出	—	—	8.8	0.8	1.0	430.0	0.2	0.5
	2006-10-18	8.54	62.0	15.7	0.5	30.4	未检出	—	—	4.5	0.7	0.6	423.0	0.2	0.5
	2007-05-18	8.02	47.0	20.5	1.1	36.1	0.00	332.0	4.3	7.1	<0.2	<0.10	466.0	<0.01	<0.04
	2007-08-18	8.06	50.6	21.6	1.1	73.3	0.00	433.0	4.4	7.3	<0.2	9.9	525.0	2.3	<0.04
	2008-01-18	7.86	28.9	5.8	0.3	6.5	0.00	134.0	2.8	1.4	0.4	<0.5	186.0	0.6	0.1
	2008-04-19	7.85	33.1	20.6	0.8	27.0	0.00	278.0	5.9	5.9	0.4	<0.5	37.0	0.2	0.1
	2008-07-18	8.13	44.0	20.6	1.1	38.1	0.00	306.0	5.8	9.3	0.4	<0.5	418.0	0.2	0.2
	2008-10-18	8.20	45.8	20.8	1.0	30.7	0.00	318.0	5.6	6.0	0.4	<0.5	416.0	0.4	0.1
河水采样点	2003-07-18	8.16	23.0	42.4	3.5	38.6	未检出	238.3	—	—	0.4	—	—	0.2	0.1
	2003-12-30	7.43	43.6	39.4	3.6	52.0	未检出	245.6	18.8	83.6	0.0	—	—	0.6	0.0
	2004-05-25	7.67	13.0	28.1	1.5	65.4	5.48	240.0	—	—	0.1	1.5	—	—	—
	2004-08-15	7.98	34.7	14.9	0.8	17.6	6.54	166.2	—	36.3	0.1	11.8	248.5	—	—
	2004-11-16	7.96	29.6	29.2	1.7	43.3	5.81	260.0	13.7	65.5	0.0	4.2	365.5	—	—
	2005-01-01	6.85	17.9	45.0	2.3	73.8	8.15	221.8	32.3	106.4	0.1	2.1	68.4	0.2	—
	2005-04-29	8.62	27.5	43.2	2.3	77.5	11.18	256.2	34.0	45.6	0.1	0.6	73.2	0.9	0.1
	2005-07-18	8.71	35.3	27.7	3.1	45.8	4.89	187.0	21.4	79.8	0.1	2.3	55.5	1.7	0.1
	2005-10-28	7.56	35.0	27.5	1.9	34.8	3.96	185.6	16.3	45.6	0.1	2.3	48.4	1.1	—
	2006-01-18	8.30	32.9	17.5	1.0	51.2	未检出	—	—	—	0.0	6.9	484.0	1.8	未检出
	2006-04-18	8.18	38.5	22.4	3.5	69.6	未检出	—	—	—	0.0	1.5	671.0	0.5	未检出
	2006-07-18	7.88	60.3	12.1	2.4	33.2	未检出	—	—	—	0.1	—	468.0	3.9	1.4
	2006-10-18	8.31	41.0	19.2	2.0	52.7	未检出	—	—	—	0.1	6.2	550.0	1.8	未检出

（续）

采样点名称	日期	pH	钙离子含量	镁离子含量	钾离子含量	钠离子含量	碳酸根离子含量	重碳酸根离子含量	氯化物	硫酸根离子	磷酸根离子	硝酸根	矿化度	总氮	总磷
	2007 - 05 - 18	8.11	18.3	34.8	1.8	166.0	0.00	456.0	35.2	114.0	<0.2	0.9	592.0	0.2	<0.04
	2007 - 08 - 18	7.49	67.4	30.0	1.6	83.5	0.00	488.0	10.8	44.2	<0.2	10.9	512.0	2.4	<0.04
	2008 - 01 - 18	8.24	22.5	9.3	0.5	18.6	0.00	123.0	5.5	22.1	<0.1	2.1	192.0	0.6	<0.04
	2008 - 04 - 19	7.87	28.7	30.2	1.8	71.5	0.00	574.0	19.7	83.2	<0.1	1.1	791.0	0.4	<0.04
	2008 - 07 - 18	7.76	34.2	24.2	3.2	61.5	0.00	265.0	14.5	64.0	0.2	4.4	499.0	1.4	0.1
	2008 - 10 - 18	8.23	34.2	29.2	2.6	67.9	0.00	296.0	15.0	78.6	<0.1	3.8	549.0	1.0	<0.04
泉水采样点1（三组）	2004 - 05 - 25	7.63	42.8	21.5	0.6	24.1	7.45	281.4	—	—	0.1	13.0	—	—	—
	2004 - 08 - 15	7.57	41.4	21.2	0.7	24.0	6.17	279.5	5.6	11.7	0.1	13.1	270.0	—	—
	2004 - 10 - 21	7.59	43.8	21.6	0.5	28.8	未检出	296.9	6.1	2.3	0.1	13.2	273.5	—	—
	2005 - 01 - 01	7.00	43.3	26.0	0.9	34.3	19.79	261.6	11.9	17.1	0.1	—	—	2.6	0.1
	2005 - 04 - 29	7.62	47.6	25.6	1.0	32.8	8.62	289.1	11.9	—	0.2	—	—	2.9	0.1
	2005 - 07 - 18	7.23	43.0	25.0	0.9	34.3	20.26	254.5	11.2	—	0.1	—	—	3.1	0.1
	2005 - 10 - 28	7.54	38.9	24.2	0.9	31.8	39.58	215.4	11.5	—	0.1	—	—	2.3	—
	2006 - 01 - 18	8.50	42.3	16.2	0.4	33.6	未检出	—	—	未检出	0.0	13.5	419.0	3.5	未检出
	2006 - 04 - 18	8.50	23.5	13.4	未检出	26.5	未检出	—	—	1.0	0.1	9.9	272.0	2.4	未检出
	2006 - 07 - 18	8.02	60.3	16.0	0.4	32.0	未检出	—	—	4.8	0.1	13.3	522.0	3.1	未检出
	2006 - 10 - 18	8.35	61.5	16.8	0.4	32.4	未检出	—	—	3.0	0.1	12.1	491.0	2.9	未检出
	2007 - 05 - 18	8.03	53.8	21.3	0.9	37.4	—	332.0	5.3	10.6	<0.2	18.7	506.0	4.3	<0.04
	2007 - 08 - 18	7.25	57.5	21.8	0.8	75.4	—	442.0	4.8	10.7	<0.2	18.8	500.0	4.9	<0.04
	2008 - 01 - 18	7.96	52.8	20.7	0.7	29.1	—	326.0	6.2	9.3	0.3	7.8	463.0	3.5	0.1
	2008 - 04 - 19	8.16	51.2	20.9	0.8	33.3	—	325.0	6.2	9.5	<0.1	14.4	486.0	3.4	<0.04
	2008 - 07 - 18	7.96	48.6	20.9	1.4	36.4	0.00	323.0	6.5	9.3	0.1	14.8	455.0	3.7	0.1
	2008 - 10 - 18	7.61	50.7	21.3	0.9	36.2	0.00	328.0	6.0	9.1	0.2	14.5	474.0	3.5	0.1
泉水采样点2（四组）	2007 - 05 - 18	7.98	50.3	20.2	1.1	40.4	0.00	334.0	4.3	9.6	<0.2	10.8	519.0	2.5	<0.04
	2007 - 08 - 18	7.74	52.7	20.6	0.9	35.8	0.00	332.0	3.6	9.6	<0.2	14.0	502.0	3.2	<0.04
	2008 - 01 - 18	7.72	38.3	—	1.1	—	0.00	183.0	3.9	3.4	0.3	3.1	238.0	0.9	0.1
	2008 - 04 - 19	7.82	32.5	19.4	0.9	39.7	0.00	275.0	5.1	8.1	<0.1	6.1	378.0	2.1	<0.04
	2008 - 07 - 18	7.89	46.6	19.8	0.9	38.6	0.00	325.0	5.2	9.1	<0.1	7.0	455.0	2.3	0.1
	2008 - 10 - 18	7.72	45.4	21.7	0.7	31.7	0.00	320.0	5.7	9.1	0.2	10.1	453.0	2.5	0.1

说明："—"表示未测定。

4.3.3　地下水位

表 4 - 151　井水观测点地下水位

样地名称：井水观测点　　　　　　　　植被名称：果园　　　　　　　　地面高程：1220m

日　　期	地下水埋深	日　　期	地下水埋深	日　　期	地下水埋深
2004 - 07 - 19	84.41	2004 - 11 - 19	83.90	2005 - 03 - 31	83.36
2004 - 07 - 29	84.26	2004 - 12 - 08	84.00	2005 - 04 - 10	83.34
2004 - 08 - 12	84.76	2005 - 01 - 02	82.68	2005 - 04 - 20	83.32
2004 - 08 - 21	84.70	2005 - 01 - 20	83.38	2005 - 04 - 30	83.26
2004 - 08 - 31	84.16	2005 - 01 - 30	82.62	2005 - 05 - 10	83.30
2004 - 09 - 11	84.13	2005 - 02 - 10	82.90	2005 - 05 - 20	83.56
2004 - 09 - 21	84.14	2005 - 02 - 20	83.06	2005 - 05 - 30	83.23
2004 - 10 - 03	84.11	2005 - 03 - 01	83.45	2005 - 06 - 10	83.12
2004 - 10 - 12	84.11	2005 - 03 - 10	83.62	2005 - 06 - 20	83.08
2004 - 10 - 22	84.06	2005 - 03 - 20	83.28	2005 - 06 - 30	82.92

（续）

日　　期	地下水埋深	日　　期	地下水埋深	日　　期	地下水埋深
2005 - 07 - 10	83.15	2007 - 01 - 01	85.77	2007 - 02 - 21	86.06
2005 - 07 - 20	83.96	2007 - 01 - 02	85.77	2007 - 02 - 22	86.06
2005 - 07 - 30	83.92	2007 - 01 - 03	85.77	2007 - 02 - 23	86.09
2005 - 08 - 10	83.17	2007 - 01 - 04	85.77	2007 - 02 - 24	86.09
2005 - 08 - 20	83.22	2007 - 01 - 05	85.77	2007 - 02 - 25	86.08
2005 - 09 - 10	83.31	2007 - 01 - 06	85.73	2007 - 02 - 26	86.10
2005 - 09 - 20	83.33	2007 - 01 - 07	85.73	2007 - 02 - 27	86.11
2005 - 10 - 10	83.36	2007 - 01 - 08	85.73	2007 - 02 - 28	86.11
2005 - 10 - 20	83.19	2007 - 01 - 09	85.73	2007 - 03 - 01	86.11
2005 - 10 - 30	83.34	2007 - 01 - 10	85.73	2007 - 03 - 02	86.11
2005 - 11 - 10	83.38	2007 - 01 - 11	85.73	2007 - 03 - 03	86.10
2005 - 11 - 20	83.48	2007 - 01 - 12	85.73	2007 - 03 - 04	86.08
2005 - 12 - 10	83.58	2007 - 01 - 13	85.73	2007 - 03 - 05	86.05
2006 - 01 - 18	83.40	2007 - 01 - 14	85.95	2007 - 03 - 06	86.03
2006 - 01 - 20	83.60	2007 - 01 - 15	86.01	2007 - 03 - 07	86.04
2006 - 02 - 10	83.30	2007 - 01 - 16	86.05	2007 - 03 - 08	86.06
2006 - 02 - 20	83.30	2007 - 01 - 17	86.05	2007 - 03 - 09	86.08
2006 - 02 - 28	83.20	2007 - 01 - 18	86.05	2007 - 03 - 10	86.07
2006 - 03 - 10	83.15	2007 - 01 - 20	86.05	2007 - 03 - 11	86.05
2006 - 03 - 20	83.20	2007 - 01 - 21	86.05	2007 - 03 - 12	86.07
2006 - 03 - 30	83.00	2007 - 01 - 22	86.05	2007 - 03 - 13	86.08
2006 - 04 - 10	83.00	2007 - 01 - 23	86.05	2007 - 03 - 14	86.09
2006 - 04 - 20	82.85	2007 - 01 - 24	86.04	2007 - 03 - 15	86.07
2006 - 04 - 30	83.04	2007 - 01 - 25	86.04	2007 - 03 - 16	86.07
2006 - 05 - 10	83.69	2007 - 01 - 26	86.04	2007 - 03 - 17	86.03
2006 - 06 - 30	83.93	2007 - 01 - 27	86.02	2007 - 03 - 18	86.03
2006 - 07 - 10	83.89	2007 - 01 - 28	86.00	2007 - 03 - 20	85.44
2006 - 07 - 20	83.40	2007 - 01 - 29	86.04	2007 - 03 - 21	85.57
2006 - 07 - 25	83.40	2007 - 01 - 30	86.04	2007 - 03 - 22	85.56
2006 - 08 - 31	83.59	2007 - 01 - 31	86.04	2007 - 03 - 23	85.60
2006 - 09 - 05	83.81	2007 - 02 - 01	85.99	2007 - 03 - 24	85.60
2006 - 09 - 10	83.48	2007 - 02 - 02	86.01	2007 - 03 - 25	85.60
2006 - 09 - 15	83.56	2007 - 02 - 03	86.05	2007 - 03 - 26	85.60
2006 - 09 - 18	83.47	2007 - 02 - 04	86.07	2007 - 03 - 27	85.60
2006 - 09 - 26	83.09	2007 - 02 - 05	86.09	2007 - 03 - 28	85.60
2006 - 09 - 30	83.56	2007 - 02 - 06	86.09	2007 - 03 - 29	85.60
2006 - 10 - 05	83.57	2007 - 02 - 07	86.09	2007 - 03 - 30	85.64
2006 - 10 - 10	83.51	2007 - 02 - 08	86.08	2007 - 03 - 31	85.62
2006 - 10 - 20	83.77	2007 - 02 - 09	86.02	2007 - 04 - 01	85.60
2006 - 10 - 25	83.77	2007 - 02 - 10	86.02	2007 - 04 - 02	85.58
2006 - 10 - 30	83.77	2007 - 02 - 11	86.02	2007 - 04 - 03	85.54
2006 - 11 - 21	83.71	2007 - 02 - 12	86.05	2007 - 04 - 04	85.54
2006 - 11 - 25	83.71	2007 - 02 - 13	86.07	2007 - 04 - 05	85.54
2006 - 11 - 29	83.71	2007 - 02 - 14	86.04	2007 - 04 - 06	85.54
2006 - 12 - 11	83.71	2007 - 02 - 15	86.04	2007 - 04 - 07	85.54
2006 - 12 - 15	83.71	2007 - 02 - 16	86.07	2007 - 04 - 08	85.98
2006 - 12 - 20	82.79	2007 - 02 - 17	86.07	2007 - 04 - 09	86.05
2006 - 12 - 25	82.74	2007 - 02 - 18	86.06	2007 - 04 - 10	86.08
2006 - 12 - 30	82.74	2007 - 02 - 20	86.01	2007 - 04 - 11	86.09

（续）

日　　期	地下水埋深	日　　期	地下水埋深	日　　期	地下水埋深
2007 - 04 - 12	86.11	2007 - 06 - 02	86.00	2007 - 07 - 23	86.00
2007 - 04 - 13	86.10	2007 - 06 - 03	86.00	2007 - 07 - 24	85.99
2007 - 04 - 14	86.09	2007 - 06 - 04	85.98	2007 - 07 - 25	86.00
2007 - 04 - 15	86.10	2007 - 06 - 05	85.98	2007 - 07 - 26	86.00
2007 - 04 - 16	86.09	2007 - 06 - 06	85.98	2007 - 07 - 27	86.00
2007 - 04 - 17	86.09	2007 - 06 - 07	85.98	2007 - 07 - 28	86.00
2007 - 04 - 18	86.08	2007 - 06 - 08	85.98	2007 - 07 - 29	86.02
2007 - 04 - 20	86.04	2007 - 06 - 09	85.95	2007 - 07 - 30	86.01
2007 - 04 - 21	86.04	2007 - 06 - 10	85.94	2007 - 07 - 31	86.00
2007 - 04 - 22	86.05	2007 - 06 - 11	85.94	2007 - 08 - 01	86.00
2007 - 04 - 23	86.04	2007 - 06 - 12	85.95	2007 - 08 - 02	86.00
2007 - 04 - 24	86.01	2007 - 06 - 13	85.95	2007 - 08 - 03	86.00
2007 - 04 - 25	86.00	2007 - 06 - 14	85.95	2007 - 08 - 04	86.00
2007 - 04 - 26	85.99	2007 - 06 - 15	85.96	2007 - 08 - 05	86.00
2007 - 04 - 27	85.99	2007 - 06 - 16	85.96	2007 - 08 - 06	85.99
2007 - 04 - 28	85.99	2007 - 06 - 17	85.96	2007 - 08 - 07	85.99
2007 - 04 - 29	85.99	2007 - 06 - 18	85.96	2007 - 08 - 08	85.99
2007 - 04 - 30	86.01	2007 - 06 - 20	85.90	2007 - 08 - 09	85.99
2007 - 05 - 01	86.01	2007 - 06 - 21	85.98	2007 - 08 - 10	86.00
2007 - 05 - 02	86.01	2007 - 06 - 22	86.00	2007 - 08 - 11	86.00
2007 - 05 - 03	86.02	2007 - 06 - 23	86.01	2007 - 08 - 12	86.00
2007 - 05 - 04	86.00	2007 - 06 - 24	86.01	2007 - 08 - 13	86.00
2007 - 05 - 05	86.03	2007 - 06 - 25	86.03	2007 - 08 - 14	85.99
2007 - 05 - 06	86.02	2007 - 06 - 26	86.03	2007 - 08 - 15	86.00
2007 - 05 - 07	86.03	2007 - 06 - 27	86.04	2007 - 08 - 16	85.98
2007 - 05 - 08	86.03	2007 - 06 - 28	86.06	2007 - 08 - 17	85.96
2007 - 05 - 09	86.03	2007 - 06 - 29	86.05	2007 - 08 - 18	85.96
2007 - 05 - 10	86.02	2007 - 06 - 30	86.02	2007 - 08 - 20	85.88
2007 - 05 - 11	85.99	2007 - 07 - 01	86.01	2007 - 08 - 21	85.92
2007 - 05 - 12	85.96	2007 - 07 - 02	85.98	2007 - 08 - 22	85.94
2007 - 05 - 13	85.95	2007 - 07 - 03	86.01	2007 - 08 - 23	85.94
2007 - 05 - 14	85.98	2007 - 07 - 04	86.02	2007 - 08 - 24	85.94
2007 - 05 - 15	86.00	2007 - 07 - 05	86.02	2007 - 08 - 25	85.93
2007 - 05 - 16	85.98	2007 - 07 - 06	86.02	2007 - 08 - 26	85.92
2007 - 05 - 17	85.98	2007 - 07 - 07	86.02	2007 - 08 - 27	85.93
2007 - 05 - 18	86.00	2007 - 07 - 08	86.02	2007 - 08 - 28	85.92
2007 - 05 - 20	86.03	2007 - 07 - 09	86.03	2007 - 08 - 29	85.94
2007 - 05 - 21	86.07	2007 - 07 - 10	86.04	2007 - 08 - 30	85.63
2007 - 05 - 22	86.09	2007 - 07 - 11	86.04	2007 - 08 - 31	85.94
2007 - 05 - 23	86.09	2007 - 07 - 12	86.03	2007 - 09 - 01	85.96
2007 - 05 - 24	86.05	2007 - 07 - 13	86.02	2007 - 09 - 02	85.97
2007 - 05 - 25	86.04	2007 - 07 - 14	86.02	2007 - 09 - 03	85.97
2007 - 05 - 26	86.05	2007 - 07 - 15	86.02	2007 - 09 - 04	85.97
2007 - 05 - 27	86.04	2007 - 07 - 16	86.03	2007 - 09 - 05	85.96
2007 - 05 - 28	86.03	2007 - 07 - 17	86.04	2007 - 09 - 06	85.95
2007 - 05 - 29	86.04	2007 - 07 - 18	86.04	2007 - 09 - 07	85.97
2007 - 05 - 30	86.04	2007 - 07 - 20	85.92	2007 - 09 - 08	85.99
2007 - 05 - 31	86.01	2007 - 07 - 21	85.97	2007 - 09 - 09	85.97
2007 - 06 - 01	86.00	2007 - 07 - 22	85.97	2007 - 09 - 10	85.96

（续）

日　期	地下水埋深	日　期	地下水埋深	日　期	地下水埋深
2007 - 09 - 11	85.94	2007 - 11 - 01	85.96	2007 - 12 - 22	86.04
2007 - 09 - 12	85.94	2007 - 11 - 02	85.96	2007 - 12 - 23	86.02
2007 - 09 - 13	85.94	2007 - 11 - 03	85.98	2007 - 12 - 24	86.02
2007 - 09 - 14	85.94	2007 - 11 - 04	85.98	2007 - 12 - 25	86.03
2007 - 09 - 15	85.94	2007 - 11 - 05	85.99	2007 - 12 - 26	86.03
2007 - 09 - 16	85.95	2007 - 11 - 06	85.99	2007 - 12 - 27	86.03
2007 - 09 - 17	85.95	2007 - 11 - 07	85.97	2007 - 12 - 28	86.03
2007 - 09 - 18	85.92	2007 - 11 - 08	85.98	2007 - 12 - 29	86.02
2007 - 09 - 20	85.90	2007 - 11 - 09	85.98	2007 - 12 - 30	86.01
2007 - 09 - 21	85.94	2007 - 11 - 10	85.98	2007 - 12 - 31	85.99
2007 - 09 - 22	85.95	2007 - 11 - 11	85.98	2008 - 01 - 01	85.99
2007 - 09 - 23	85.95	2007 - 11 - 12	85.99	2008 - 01 - 02	85.99
2007 - 09 - 24	85.96	2007 - 11 - 13	86.00	2008 - 01 - 03	86.00
2007 - 09 - 25	85.97	2007 - 11 - 14	86.01	2008 - 01 - 04	86.00
2007 - 09 - 26	85.98	2007 - 11 - 15	86.01	2008 - 01 - 05	86.02
2007 - 09 - 27	85.98	2007 - 11 - 16	85.98	2008 - 01 - 06	86.03
2007 - 09 - 28	85.97	2007 - 11 - 17	85.98	2008 - 01 - 07	86.06
2007 - 09 - 29	85.97	2007 - 11 - 18	85.96	2008 - 01 - 08	86.04
2007 - 09 - 30	85.97	2007 - 11 - 20	85.90	2008 - 01 - 09	86.04
2007 - 10 - 01	85.99	2007 - 11 - 21	85.96	2008 - 01 - 10	86.07
2007 - 10 - 02	85.99	2007 - 11 - 22	85.96	2008 - 01 - 11	86.08
2007 - 10 - 03	85.99	2007 - 11 - 23	85.98	2008 - 01 - 12	86.07
2007 - 10 - 04	85.99	2007 - 11 - 24	86.00	2008 - 01 - 13	86.06
2007 - 10 - 05	85.99	2007 - 11 - 25	86.01	2008 - 01 - 14	86.04
2007 - 10 - 06	86.00	2007 - 11 - 26	85.95	2008 - 01 - 15	86.02
2007 - 10 - 07	85.97	2007 - 11 - 27	85.96	2008 - 01 - 16	86.00
2007 - 10 - 08	85.95	2007 - 11 - 28	86.00	2008 - 01 - 17	86.00
2007 - 10 - 09	85.95	2007 - 11 - 29	86.01	2008 - 01 - 18	86.02
2007 - 10 - 10	85.96	2007 - 11 - 30	86.00	2008 - 01 - 20	86.01
2007 - 10 - 11	85.95	2007 - 12 - 01	86.02	2008 - 01 - 21	86.03
2007 - 10 - 12	85.94	2007 - 12 - 02	86.00	2008 - 01 - 22	86.04
2007 - 10 - 13	85.93	2007 - 12 - 03	85.99	2008 - 01 - 23	86.03
2007 - 10 - 14	85.92	2007 - 12 - 04	85.99	2008 - 01 - 24	85.99
2007 - 10 - 15	85.91	2007 - 12 - 05	85.97	2008 - 01 - 25	86.00
2007 - 10 - 16	85.91	2007 - 12 - 06	85.98	2008 - 01 - 26	86.02
2007 - 10 - 17	85.93	2007 - 12 - 07	85.99	2008 - 01 - 27	86.01
2007 - 10 - 18	85.94	2007 - 12 - 08	86.01	2008 - 01 - 28	86.04
2007 - 10 - 20	85.94	2007 - 12 - 09	86.02	2008 - 01 - 29	86.05
2007 - 10 - 21	85.98	2007 - 12 - 10	86.04	2008 - 01 - 30	86.04
2007 - 10 - 22	86.00	2007 - 12 - 11	86.05	2008 - 01 - 31	86.03
2007 - 10 - 23	86.01	2007 - 12 - 12	86.04	2008 - 02 - 01	86.02
2007 - 10 - 24	86.01	2007 - 12 - 13	86.03	2008 - 02 - 02	86.04
2007 - 10 - 25	85.99	2007 - 12 - 14	86.03	2008 - 02 - 03	86.05
2007 - 10 - 26	86.00	2007 - 12 - 15	86.03	2008 - 02 - 04	86.07
2007 - 10 - 27	86.02	2007 - 12 - 16	86.03	2008 - 02 - 05	86.04
2007 - 10 - 28	86.00	2007 - 12 - 17	86.02	2008 - 02 - 06	86.03
2007 - 10 - 29	85.99	2007 - 12 - 18	86.01	2008 - 02 - 07	86.05
2007 - 10 - 30	85.99	2007 - 12 - 20	85.96	2008 - 02 - 08	86.03
2007 - 10 - 31	86.00	2007 - 12 - 21	86.00	2008 - 02 - 09	86.01

（续）

日　　期	地下水埋深	日　　期	地下水埋深	日　　期	地下水埋深
2008 - 02 - 10	86.03	2008 - 04 - 01	86.06	2008 - 05 - 22	86.04
2008 - 02 - 11	86.04	2008 - 04 - 02	86.05	2008 - 05 - 23	86.04
2008 - 02 - 12	86.01	2008 - 04 - 03	86.05	2008 - 05 - 24	86.03
2008 - 02 - 13	86.01	2008 - 04 - 04	86.07	2008 - 05 - 25	86.04
2008 - 02 - 14	86.01	2008 - 04 - 05	86.09	2008 - 05 - 26	86.01
2008 - 02 - 15	86.04	2008 - 04 - 06	86.10	2008 - 05 - 27	86.01
2008 - 02 - 16	86.05	2008 - 04 - 07	86.10	2008 - 05 - 28	86.01
2008 - 02 - 17	86.03	2008 - 04 - 08	86.13	2008 - 05 - 29	86.00
2008 - 02 - 18	86.04	2008 - 04 - 09	86.11	2008 - 05 - 30	85.97
2008 - 02 - 20	85.98	2008 - 04 - 10	86.10	2008 - 05 - 31	85.96
2008 - 02 - 21	86.03	2008 - 04 - 11	86.09	2008 - 06 - 01	85.99
2008 - 02 - 22	86.07	2008 - 04 - 12	86.07	2008 - 06 - 02	85.97
2008 - 02 - 23	86.06	2008 - 04 - 13	86.05	2008 - 06 - 03	85.98
2008 - 02 - 24	86.07	2008 - 04 - 14	86.06	2008 - 06 - 04	85.96
2008 - 02 - 25	86.06	2008 - 04 - 15	86.06	2008 - 06 - 05	85.96
2008 - 02 - 26	86.04	2008 - 04 - 16	86.07	2008 - 06 - 06	85.98
2008 - 02 - 27	86.01	2008 - 04 - 17	86.06	2008 - 06 - 07	85.95
2008 - 02 - 28	86.01	2008 - 04 - 18	86.08	2008 - 06 - 08	85.94
2008 - 02 - 29	86.05	2008 - 04 - 19	86.10	2008 - 06 - 09	85.95
2008 - 03 - 01	86.07	2008 - 04 - 20	86.08	2008 - 06 - 10	85.95
2008 - 03 - 02	86.06	2008 - 04 - 22	85.99	2008 - 06 - 11	85.94
2008 - 03 - 03	86.04	2008 - 04 - 23	85.98	2008 - 06 - 12	85.94
2008 - 03 - 04	86.04	2008 - 04 - 24	86.01	2008 - 06 - 13	85.95
2008 - 03 - 05	86.06	2008 - 04 - 25	86.03	2008 - 06 - 14	85.97
2008 - 03 - 06	86.07	2008 - 04 - 26	86.05	2008 - 06 - 15	85.97
2008 - 03 - 07	86.04	2008 - 04 - 27	86.05	2008 - 06 - 16	85.97
2008 - 03 - 08	86.04	2008 - 04 - 28	86.05	2008 - 06 - 17	85.97
2008 - 03 - 09	86.06	2008 - 04 - 29	86.07	2008 - 06 - 18	85.98
2008 - 03 - 10	86.06	2008 - 04 - 30	86.08	2008 - 06 - 19	85.96
2008 - 03 - 11	86.09	2008 - 05 - 01	86.10	2008 - 06 - 20	85.96
2008 - 03 - 12	86.10	2008 - 05 - 02	86.12	2008 - 06 - 21	86.00
2008 - 03 - 13	86.07	2008 - 05 - 03	86.12	2008 - 06 - 22	86.01
2008 - 03 - 14	86.09	2008 - 05 - 04	86.07	2008 - 06 - 23	85.99
2008 - 03 - 15	86.09	2008 - 05 - 05	86.06	2008 - 06 - 24	86.01
2008 - 03 - 16	86.08	2008 - 05 - 06	86.10	2008 - 06 - 25	86.00
2008 - 03 - 17	86.10	2008 - 05 - 07	86.11	2008 - 06 - 26	86.00
2008 - 03 - 18	86.12	2008 - 05 - 08	86.08	2008 - 06 - 27	85.99
2008 - 03 - 19	86.09	2008 - 05 - 09	86.05	2008 - 06 - 28	86.00
2008 - 03 - 21	86.05	2008 - 05 - 10	86.04	2008 - 06 - 29	86.01
2008 - 03 - 22	86.05	2008 - 05 - 11	86.05	2008 - 06 - 30	86.00
2008 - 03 - 23	86.05	2008 - 05 - 12	86.04	2008 - 07 - 01	86.00
2008 - 03 - 24	86.05	2008 - 05 - 13	86.02	2008 - 07 - 02	86.01
2008 - 03 - 25	86.06	2008 - 05 - 14	86.01	2008 - 07 - 03	86.01
2008 - 03 - 26	86.06	2008 - 05 - 15	86.03	2008 - 07 - 04	86.00
2008 - 03 - 27	86.09	2008 - 05 - 16	86.04	2008 - 07 - 05	86.00
2008 - 03 - 28	86.10	2008 - 05 - 17	86.04	2008 - 07 - 06	86.01
2008 - 03 - 29	86.09	2008 - 05 - 18	86.04	2008 - 07 - 07	86.00
2008 - 03 - 30	86.06	2008 - 05 - 20	86.03	2008 - 07 - 08	86.00
2008 - 03 - 31	86.06	2008 - 05 - 21	86.04	2008 - 07 - 09	85.99

（续）

日　期	地下水埋深	日　期	地下水埋深	日　期	地下水埋深
2008 - 07 - 10	85.98	2008 - 08 - 29	85.94	2008 - 10 - 18	85.88
2008 - 07 - 11	85.99	2008 - 08 - 30	85.93	2008 - 10 - 20	85.84
2008 - 07 - 12	85.98	2008 - 08 - 31	85.92	2008 - 10 - 21	85.88
2008 - 07 - 13	85.97	2008 - 09 - 01	85.91	2008 - 10 - 22	85.90
2008 - 07 - 14	85.99	2008 - 09 - 02	85.92	2008 - 10 - 23	85.87
2008 - 07 - 15	85.98	2008 - 09 - 03	85.92	2008 - 10 - 24	85.86
2008 - 07 - 16	85.97	2008 - 09 - 04	85.92	2008 - 10 - 25	85.87
2008 - 07 - 17	85.98	2008 - 09 - 05	85.93	2008 - 10 - 26	85.87
2008 - 07 - 18	85.98	2008 - 09 - 06	85.92	2008 - 10 - 27	85.86
2008 - 07 - 19	85.81	2008 - 09 - 07	85.92	2008 - 10 - 28	85.88
2008 - 07 - 20	85.94	2008 - 09 - 08	85.92	2008 - 10 - 29	85.90
2008 - 07 - 21	85.96	2008 - 09 - 09	85.92	2008 - 10 - 30	85.89
2008 - 07 - 22	86.00	2008 - 09 - 10	85.91	2008 - 10 - 31	85.88
2008 - 07 - 23	86.00	2008 - 09 - 11	85.89	2008 - 11 - 01	85.88
2008 - 07 - 24	85.99	2008 - 09 - 12	85.90	2008 - 11 - 02	85.88
2008 - 07 - 25	85.99	2008 - 09 - 13	85.91	2008 - 11 - 03	85.89
2008 - 07 - 26	85.99	2008 - 09 - 14	85.91	2008 - 11 - 04	85.89
2008 - 07 - 27	85.97	2008 - 09 - 15	85.91	2008 - 11 - 05	85.89
2008 - 07 - 28	85.97	2008 - 09 - 16	85.91	2008 - 11 - 06	85.89
2008 - 07 - 29	85.96	2008 - 09 - 17	85.92	2008 - 11 - 07	85.89
2008 - 07 - 30	85.96	2008 - 09 - 18	85.92	2008 - 11 - 08	85.89
2008 - 07 - 31	85.96	2008 - 09 - 20	85.89	2008 - 11 - 09	85.88
2008 - 08 - 01	85.94	2008 - 09 - 21	85.93	2008 - 11 - 10	85.86
2008 - 08 - 02	85.93	2008 - 09 - 22	85.95	2008 - 11 - 11	85.87
2008 - 08 - 03	85.94	2008 - 09 - 23	85.93	2008 - 11 - 12	85.88
2008 - 08 - 04	85.94	2008 - 09 - 24	85.93	2008 - 11 - 13	85.88
2008 - 08 - 05	85.95	2008 - 09 - 25	85.93	2008 - 11 - 14	85.88
2008 - 08 - 06	85.95	2008 - 09 - 26	85.91	2008 - 11 - 15	85.89
2008 - 08 - 07	85.95	2008 - 09 - 27	85.91	2008 - 11 - 16	85.89
2008 - 08 - 08	85.95	2008 - 09 - 28	85.90	2008 - 11 - 17	85.89
2008 - 08 - 09	85.96	2008 - 09 - 29	85.90	2008 - 11 - 18	85.87
2008 - 08 - 10	85.95	2008 - 09 - 30	85.90	2008 - 11 - 20	85.80
2008 - 08 - 11	85.94	2008 - 10 - 01	85.90	2008 - 11 - 21	85.85
2008 - 08 - 12	85.94	2008 - 10 - 02	85.91	2008 - 11 - 22	85.86
2008 - 08 - 13	85.93	2008 - 10 - 03	85.92	2008 - 11 - 23	85.86
2008 - 08 - 14	85.94	2008 - 10 - 04	85.92	2008 - 11 - 24	85.86
2008 - 08 - 15	85.96	2008 - 10 - 05	85.91	2008 - 11 - 25	85.84
2008 - 08 - 16	85.96	2008 - 10 - 06	85.90	2008 - 11 - 26	85.84
2008 - 08 - 17	85.96	2008 - 10 - 07	85.91	2008 - 11 - 27	85.81
2008 - 08 - 18	85.95	2008 - 10 - 08	85.92	2008 - 11 - 28	85.84
2008 - 08 - 20	85.93	2008 - 10 - 09	85.91	2008 - 11 - 29	85.83
2008 - 08 - 21	85.95	2008 - 10 - 10	85.88	2008 - 11 - 30	85.83
2008 - 08 - 22	85.94	2008 - 10 - 11	85.86	2008 - 12 - 01	85.86
2008 - 08 - 23	85.94	2008 - 10 - 12	85.86	2008 - 12 - 02	85.87
2008 - 08 - 24	85.95	2008 - 10 - 13	85.88	2008 - 12 - 03	85.91
2008 - 08 - 25	85.94	2008 - 10 - 14	85.89	2008 - 12 - 04	85.85
2008 - 08 - 26	85.93	2008 - 10 - 15	85.89	2008 - 12 - 05	85.81
2008 - 08 - 27	85.93	2008 - 10 - 16	85.88	2008 - 12 - 06	85.82
2008 - 08 - 28	85.94	2008 - 10 - 17	85.88	2008 - 12 - 07	85.85

（续）

日　　期	地下水埋深	日　　期	地下水埋深	日　　期	地下水埋深
2008-12-08	85.85	2008-12-16	85.88	2008-12-25	85.89
2008-12-09	85.90	2008-12-17	85.88	2008-12-26	85.89
2008-12-10	85.91	2008-12-18	85.87	2008-12-27	85.92
2008-12-11	85.86	2008-12-20	85.89	2008-12-28	85.92
2008-12-12	85.91	2008-12-21	85.88	2008-12-29	85.89
2008-12-13	85.87	2008-12-22	85.82	2008-12-30	85.88
2008-12-14	85.84	2008-12-23	85.84	2008-12-31	85.86
2008-12-15	85.85	2008-12-24	85.89		

注：2006 年 12 月之后由凤口测井更换至院内测井。

4.3.4　农田蒸散量（田间水量平衡法）

（1）综合观测场长期观测采样地

表 4-152　综合观测场长期观测采样地农田蒸散量

观测土层厚度：300cm　　　　　　　　　　　　　　　　　　　　　　　　　　　　　　单位：mm

年份	月份	时段	作物名称	作物生育期	平均日蒸散量
2004	1	12.31~1.13	休闲地	休闲地	0.59
2004	1	1.14~1.20	休闲地	休闲地	0.29
2004	1	1.21~1.29	休闲地	休闲地	1.73
2004	2	1.30~2.20	休闲地	休闲地	0.46
2004	2	2.21~2.29	休闲地	休闲地	1.37
2004	3	3.1~3.5	休闲地	休闲地	1.39
2004	3	3.6~3.10	休闲地	休闲地	1.41
2004	3	3.11~3.15	休闲地	休闲地	2.60
2004	3	3.16~3.26	休闲地	休闲地	0.45
2004	4	3.27~4.20	春玉米	播种期	1.40
2004	4	4.21~4.25	春玉米	出苗期	1.79
2004	4	4.26~4.30	春玉米	出苗期	1.60
2004	5	5.1~5.5	春玉米	出苗期	0.23
2004	5	5.6~5.10	春玉米	出苗期	1.76
2004	5	5.11~5.15	春玉米	五叶期	5.73
2004	5	5.16~5.25	春玉米	五叶期	3.35
2004	5	5.26~5.30	春玉米	五叶期	0.99
2004	6	5.31~6.5	春玉米	五叶期	0.36
2004	6	6.6~6.15	春玉米	五叶期—拔节期	1.06
2004	6	6.16~6.25	春玉米	拔节期	8.19
2004	6	6.26~6.30	春玉米	拔节期	4.25
2004	7	7.1~7.5	春玉米	拔节期	4.23
2004	7	7.6~7.10	春玉米	拔节期	3.43
2004	7	7.11~7.15	春玉米	抽雄期—吐丝期	7.88
2004	7	7.16~7.20	春玉米	吐丝期	2.97
2004	7	7.21~7.25	春玉米	吐丝期	0.93
2004	7	7.26~7.30	春玉米	吐丝期	5.61
2004	8	7.31~8.5	春玉米	吐丝期	2.71
2004	8	8.6~8.10	春玉米	吐丝期	5.21
2004	8	8.11~8.15	春玉米	吐丝期	0.87
2004	8	8.16~8.20	春玉米	吐丝期	1.24

（续）

年份	月份	时段	作物名称	作物生育期	平均日蒸散量
2004	9	8.21~9.10	春玉米	吐丝期—成熟期—收获期	1.75
2004	9	9.11~9.15	休闲地	休闲期	0.03
2004	9	9.16~9.20	冬小麦	播种期	0.52
2004	9	9.21~9.25	冬小麦	出苗期	5.80
2004	9	9.26~9.30	冬小麦	出苗期	0.50
2004	10	10.1~10.5	冬小麦	出苗期	2.38
2004	10	10.6~10.10	冬小麦	出苗期	2.41
2004	10	10.11~10.31	冬小麦	分蘖期	0.23
2004	11	11.1~11.15	冬小麦	分蘖期	0.65
2004	11	11.16~11.20	冬小麦	分蘖期	1.00
2004	12	11.21~12.10	冬小麦	越冬期	0.62
2004	12	12.11~12.20	冬小麦	越冬期	0.63
2004	12	12.21~12.30	冬小麦	越冬期	2.07
2005	3	12.30~3.1	冬小麦	越冬期	0.17
2005	3	3.2~3.10	冬小麦	越冬期	0.62
2005	3	3.11~3.20	冬小麦	返青期	1.62
2005	3	3.21~3.30	冬小麦	返青期	1.10
2005	4	3.31~4.10	冬小麦	起身期	1.62
2005	4	4.11~4.20	冬小麦	起身期	1.65
2005	5	4.21~5.5	冬小麦	孕穗期	1.00
2005	5	5.6~5.15	冬小麦	孕穗期	3.33
2005	5	5.16~5.25	冬小麦	开花期	3.72
2005	6	5.26~6.5	冬小麦	灌浆期	2.72
2005	6	6.6~6.15	冬小麦	灌浆期	2.41
2005	6	6.16~6.25	休闲	休闲期	1.45
2005	7	6.26~7.5	休闲	休闲期	2.90
2005	7	7.6~7.15	休闲	休闲期	2.66
2005	7	7.16~7.25	休闲	休闲期	3.94
2005	8	7.26~8.5	休闲	休闲期	5.13
2005	8	8.6~8.15	休闲	休闲期	2.11
2005	8	8.16~8.25	休闲	休闲期	1.64
2005	9	8.26~9.6	休闲	休闲期	1.16
2005	9	9.7~9.15	休闲	休闲期	0.68
2005	10	9.16~10.10	冬小麦	分蘖期	0.71
2005	10	10.11~10.30	冬小麦	分蘖期	1.97
2005	11	10.31~11.15	冬小麦	分蘖期	1.16
2005	11	11.16~11.25	冬小麦	越冬期	2.24
2005	12	11.26~12.5	冬小麦	越冬期	1.20
2005	12	12.6~12.15	冬小麦	越冬期	0.83
2005	12	12.16~12.30	冬小麦	越冬期	0.17
2006	1	1.1~1.20	冬小麦	越冬期	0.20
2006	2	1.21~2.10	冬小麦	越冬期	0.26
2006	3	2.11~3.10	冬小麦	越冬期	1.03
2006	3	3.11~3.15	冬小麦	返青期	0.95
2006	3	3.16~3.25	冬小麦	返青期	0.99
2006	4	3.26~4.10	冬小麦	起身期	2.06
2006	4	4.11~4.20	冬小麦	起身期	3.29
2006	5	4.21~5.10	冬小麦	拔节—孕穗期	5.20
2006	5	5.11~5.20	冬小麦	开花期	4.14

（续）

年份	月份	时段	作物名称	作物生育期	平均日蒸散量
2006	5	5.21～5.30	冬小麦	开花期	2.98
2006	6	5.31～6.10	冬小麦	灌浆期	2.51
2006	6	6.11～6.20	冬小麦	灌浆期	3.13
2006	6	6.21～6.30	冬小麦	成熟期	1.36
2006	7	7.1～7.10	休闲地		3.43
2006	7	7.11～7.20	休闲地		2.03
2006	7	7.21～7.30	休闲地		2.18
2006	8	7.31～8.25	休闲地		0.38
2006	9	8.26～9.2	休闲地		3.17
2006	9	9.3～9.10	休闲地		4.18
2006	9	9.11～9.15	休闲地		0.89
2006	9	9.16～9.20	休闲地		1.32
2006	9	9.21～9.25	休闲地		2.18
2006	9	9.26～9.30	休闲地		2.78
2006	10	10.1～10.5	休闲地		0.98
2006	10	10.6～10.15	休闲地		—
2006	10	10.16～10.25	休闲地		0.51
2006	11	10.26～11.30	休闲地		0.04
2006	12	12.1～12.30	休闲地		0.62
2007	1	1.1～1.10	休闲地		0.59
2007	1	1.11～1.20	休闲地		0.60
2007	1	1.21～1.30	休闲地		0.77
2007	1	1.31～2.10	休闲地		0.36
2007	2	2.11～2.20	休闲地		0.23
2007	2	2.21～2.28	休闲地		0.32
2007	2	3.1～3.5	休闲地		0.46
2007	3	3.6～3.10	休闲地		0.22
2007	3	3.11～3.15	休闲地		0.78
2007	3	3.16～3.20	休闲地		0.57
2007	3	3.21～3.25	休闲地		1.39
2007	3	3.26～3.30	休闲地		0.78
2007	3	3.31～4.5	休闲地		3.52
2007	4	4.6～4.10	休闲地		2.61
2007	4	4.11～4.15	休闲地		0.37
2007	4	4.16～4.20	休闲地		0.35
2007	4	4.21～4.25	春玉米	出苗期	0.38
2007	4	4.26～4.30	春玉米	出苗期	0.76
2007	5	5.1～5.5	春玉米	出苗期	0.56
2007	5	5.6～5.10	春玉米	出苗期	0.18
2007	5	5.11～5.15	春玉米	五叶期	0.42
2007	5	5.16～5.20	春玉米	五叶期	1.22
2007	5	5.21～5.25	春玉米	五叶期	0.97
2007	5	5.26～5.31	春玉米	五叶期	0.67
2007	6	6.1～6.5	春玉米	五叶期	0.70
2007	6	6.6～6.10	春玉米	拔节期	0.01
2007	6	6.11～6.15	春玉米	拔节期	3.18
2007	6	6.16～6.21	春玉米	拔节期	1.53
2007	6	6.22～6.25	春玉米	拔节期	1.27
2007	6	6.26～6.30	春玉米	拔节期	6.16

（续）

年份	月份	时段	作物名称	作物生育期	平均日蒸散量
2007	7	7.1~7.10	春玉米	拔节期	7.77
2007	7	7.11~7.15	春玉米	拔节期	2.15
2007	7	7.16~7.20	春玉米	拔节期	2.96
2007	7	7.21~7.25	春玉米	抽雄期	4.60
2007	7	7.26~7.30	春玉米	抽雄期	3.84
2007	8	7.31~8.5	春玉米	开花期	1.13
2007	8	8.6~8.10	春玉米	开花期	3.72
2007	8	8.11~8.15	春玉米	吐丝期	3.56
2007	8	8.16~8.20	春玉米	吐丝期	2.53
2007	8	8.21~8.25	春玉米	吐丝期	2.53
2007	8	8.26~8.30	春玉米	吐丝期	2.73
2007	9	8.31~9.5	春玉米	成熟期	2.10
2007	9	9.6~9.10	春玉米	成熟期	4.15
2007	9	9.11~9.15	休闲地		1.30
2007	9	9.16~9.21	休闲地		0.69
2007	9	9.22~9.25	冬小麦	出苗期	0.77
2007	9	9.26~9.30	冬小麦	出苗期	0.34
2007	10	10.1~10.5	冬小麦	出苗期	0.79
2007	10	10.6~10.10	冬小麦	分蘖期	0.72
2007	10	10.11~10.15	冬小麦	分蘖期	1.78
2007	10	10.16~10.20	冬小麦	分蘖期	2.20
2007	10	10.21~10.25	冬小麦	分蘖期	2.14
2007	10	10.26~10.30	冬小麦	分蘖期	0.70
2007	11	10.31~11.5	冬小麦	分蘖期	1.33
2007	11	11.6~11.10	冬小麦	分蘖期	1.51
2007	11	11.11~11.15	冬小麦	分蘖期	0.02
2007	11	11.16~11.20	冬小麦	分蘖期	0.72
2007	11	11.21~11.25	冬小麦	越冬期	0.77
2007	11	11.26~11.30	冬小麦	越冬期	0.87
2007	12	11.31~12.10	冬小麦	越冬期	0.38
2007	12	12.11~12.20	冬小麦	越冬期	0.16
2007	12	12.21~12.30	冬小麦	越冬期	0.10
2008	1	1.10~1.30	冬小麦	越冬期	0.06
2008	2	1.31~3.25	冬小麦	越冬期—返青期	0.00
2008	3	3.26~3.30	冬小麦	返青期	2.53
2008	4	3.31~4.5	冬小麦	起身期	1.99
2008	4	4.6~4.10	冬小麦	起身期	3.19
2008	4	4.11~4.15	冬小麦	起身期	1.87
2008	4	4.16~4.20	冬小麦	起身期	2.67
2008	4	4.21~4.25	冬小麦	拔节期	2.93
2008	4	4.26~4.30	冬小麦	拔节期	3.27
2008	5	5.1~5.5	冬小麦	拔节期	3.42
2008	5	5.6~5.10	冬小麦	孕穗期	2.49
2008	5	5.11~5.15	冬小麦	孕穗期	2.86
2008	5	5.16~5.20	冬小麦	抽穗期	2.55
2008	5	5.21~5.25	冬小麦	抽穗期	2.94
2008	5	5.26~5.30	冬小麦	开花期	0.88
2008	5	5.31~6.10	冬小麦	灌浆期	2.67
2008	6	6.11~6.20	冬小麦	灌浆期	0.29

（续）

年份	月份	时段	作物名称	作物生育期	平均日蒸散量
2008	6	6.21~6.25	冬小麦	灌浆期	1.84
2008	6	6.26~7.5	冬小麦	成熟期	2.19
2008	7	7.6~7.10	休闲地		2.61
2008	7	7.11~7.15	休闲地		6.03
2008	7	7.16~7.20	休闲地		2.48
2008	7	7.21~7.25	休闲地		8.24
2008	7	7.26~7.30	休闲地		3.03
2008	8	7.31~8.5	休闲地		1.48
2008	8	8.6~8.10	休闲地		0.59
2008	8	8.11~8.15	休闲地		0.90
2008	8	8.16~8.20	休闲地		6.96
2008	8	8.21~8.30	休闲地		0.10
2008	9	8.31~9.5	休闲地		1.92
2008	9	9.6~9.10	休闲地		3.45
2008	9	9.11~9.15	休闲地		1.12
2008	9	9.16~9.20	休闲地		1.46
2008	9	9.21~9.30	休闲地		2.34
2008	10	10.1~10.10	休闲地		0.99
2008	10	10.11~10.15	休闲地		0.53
2008	10	10.16~10.20	休闲地		0.00
2008	10	10.21~10.25	休闲地		2.15
2008	11	10.26~11.5	休闲地		0.25
2008	11	11.6~11.30	休闲地		0.69
2008	12	11.31~12.30	休闲地		0.69

（2）塬面农田辅助观测场

表 4 - 153　塬面农田辅助观测场农田蒸散量

观测土层厚度：300cm　　　　　　　　　　　　　　　　　　　　　　单位：mm

年份	月份	时段	作物名称	作物生育期	平均日蒸散量
2003	1	1.1~1.31	冬小麦	越冬期	0.08
2003	2	2.1~2.28	冬小麦	越冬期	0.05
2003	3	3.1~3.11	冬小麦	返青期	1.05
2003	3	3.12~3.21	冬小麦	返青期	1.33
2003	3	3.22~3.31	冬小麦	返青期	1.09
2003	4	4.1~4.10	冬小麦	拔节期	3.72
2003	4	4.11~4.20	冬小麦	拔节期	3.01
2003	5	4.21~5.1	冬小麦	拔节期	2.83
2003	5	5.2~5.10	冬小麦	抽穗期	2.35
2003	5	5.11~5.20	冬小麦	开花期	2.21
2003	5	5.21~5.31	冬小麦	开花期	2.9
2003	6	6.1~6.10	冬小麦	乳熟期	2.27
2003	6	6.11~6.15	冬小麦	成熟期	0.23
2003	6	6.16~6.20	休闲地		3.28
2003	6	6.21~6.25	休闲地		0.44
2003	6	6.26~6.30	休闲地		1.29
2003	7	7.1~7.6	休闲地		1.63
2003	7	7.7~7.20	休闲地		0.24

（续）

年份	月份	时段	作物名称	作物生育期	平均日蒸散量
2003	7	7.21~7.31	休闲地		3.2
2003	8	8.1~8.10	休闲地		2.3
2003	8	8.11~8.15	休闲地		1.41
2003	8	8.16~8.20	休闲地		2.64
2003	8	8.21~8.31	休闲地		0.85
2003	9	9.1~9.20	休闲地		0.21
2003	10	9.21~10.11	休闲地		0.03
2003	10	10.12~10.25	冬小麦	出苗期	0.94
2003	11	10.26~11.5	冬小麦	出苗期	3.35
2003	11	11.6~11.10	冬小麦	分蘖期	2.99
2003	11	11.11~11.15	冬小麦	分蘖期	1.08
2003	11	11.16~11.20	冬小麦	分蘖期	1.54
2003	11	11.21~11.30	冬小麦	分蘖期	2.6
2003	12	12.1~12.10	冬小麦	越冬期	0.78
2004	1	12.20~1.10	冬小麦	越冬期	0.12
2004	1	1.11~1.20	冬小麦	越冬期	0.14
2004	1	1.21~1.29	冬小麦	越冬期	0.20
2004	2	1.30~2.20	冬小麦	越冬期	2.29
2004	2	2.21~2.29	冬小麦	越冬期	3.17
2004	3	3.1~3.5	冬小麦	越冬期	0.38
2004	3	3.6~3.15	冬小麦	返青期	1.53
2004	3	3.16~3.26	冬小麦	返青期	0.74
2004	4	3.27~4.20	冬小麦	返青期—起身期—拔节期	3.00
2004	4	4.21~4.25	冬小麦	拔节期	5.40
2004	5	4.26~5.5	冬小麦	拔节期—孕穗期	3.60
2004	5	5.6~5.10	冬小麦	孕穗期	5.23
2004	5	5.11~5.15	冬小麦	孕穗期	7.49
2004	5	5.16~5.25	冬小麦	开花期	3.56
2004	5	5.26~5.30	冬小麦	开花期	0.89
2004	6	5.31~6.5	冬小麦	灌浆期	5.17
2004	6	6.6~6.15	冬小麦	灌浆期	0.73
2004	6	6.16~6.25	冬小麦	成熟期	4.22
2004	6	6.26~6.30	冬小麦	成熟期	0.97
2004	7	7.1~7.5	休闲		0.36
2004	7	7.6~7.10	休闲		0.95
2004	7	7.11~7.20	休闲		1.77
2004	7	7.21~7.25	休闲		1.63
2004	7	7.26~7.30	休闲		4.00
2004	8	7.31~8.5	休闲		2.57
2004	8	8.6~8.10	休闲		0.01
2004	8	8.11~8.25	休闲		1.50
2004	9	8.26~9.10	休闲		1.90
2004	9	9.11~9.15	休闲		0.55
2004	9	9.16~9.25	休闲		1.75
2004	9	9.26~9.30	休闲		1.26
2004	10	10.1~10.5	休闲		3.73
2004	10	10.6~10.10	休闲		1.50
2004	10	10.11~10.31	休闲		0.20
2004	11	11.1~11.15	休闲		1.09

（续）

年份	月份	时段	作物名称	作物生育期	平均日蒸散量
2004	11	11.16～11.20	休闲		1.13
2004	12	11.21～12.10	休闲		0.33
2004	12	12.11～12.20	休闲		0.62
2004	12	12.21～12.30	休闲		0.73
2005	3	12.30～3.1	休闲		0.03
2005	3	3.2～3.10	休闲		0.51
2005	3	3.11～3.20	休闲		1.29
2005	3	3.21～3.30	休闲		1.24
2005	4	3.31～4.10	休闲		0.97
2005	4	4.11～4.20	休闲		0.61
2005	5	4.21～5.5	玉米	苗期	0.27
2005	5	5.6～5.15	玉米	苗期—五叶期	2.00
2005	6	5.16～6.5	玉米	五叶期	1.13
2005	6	6.6～6.15	玉米	拔节期	1.05
2005	6	6.16～6.25	玉米	拔节期	4.21
2005	7	6.26～7.5	玉米	拔节期	3.99
2005	7	7.6～7.15	玉米	拔节期	4.88
2005	7	7.16～7.25	玉米	拔节期—抽雄期	6.81
2005	8	7.26～8.5	玉米	抽雄期—开花期	3.34
2005	8	8.6～8.15	玉米	吐丝期	3.89
2005	9	8.16～9.6	玉米	吐丝期—成熟期	1.13
2005	9	9.7～9.15	休闲		2.14
2005	10	9.16～10.30	休闲—冬小麦	苗期—分蘖期	0.55
2005	11	10.31～11.15	冬小麦	分蘖期	2.12
2005	11	11.16～11.25	冬小麦	分蘖期	0.70
2005	12	11.26～12.5	冬小麦	分蘖期—越冬期	0.63
2005	12	12.6～12.10	冬小麦	越冬期	0.62
2005	12	12.11～12.15	冬小麦	越冬期	2.19
2005	12	12.15～12.30	冬小麦	越冬期	0.17
2007	1	1.1～1.10	冬小麦	越冬期	0.78
2007	1	1.11～20	冬小麦	越冬期	0.14
2007	1	1.21～1.30	冬小麦	越冬期	0.54
2007	2	1.31～2.10	冬小麦	越冬期	0.26
2007	2	2.11～2.20	冬小麦	越冬期	0.51
2007	2	2.21～2.28	冬小麦	越冬期	0.78
2007	3	3.1～3.5	冬小麦	越冬期	0.41
2007	3	3.6～3.10	冬小麦	越冬期	0.48
2007	3	3.11～3.15	冬小麦	返青期	0.41
2007	3	3.16～3.20	冬小麦	返青期	0.89
2007	3	3.21～3.25	冬小麦	返青期	1.41
2007	3	3.26～3.30	冬小麦	返青期	2.74
2007	4	3.31～4.5	冬小麦	起身期	2.27
2007	4	4.6～4.10	冬小麦	起身期	3.21
2007	4	4.11～4.15	冬小麦	起身期	2.77
2007	4	4.16～4.20	冬小麦	起身期	1.71
2007	4	4.21～4.25	冬小麦	拔节期	4.77
2007	4	4.26～4.30	冬小麦	拔节期	1.99
2007	5	5.1～5.5	冬小麦	拔节期	3.57
2007	5	5.6～5.10	冬小麦	孕穗期	3.20

（续）

年份	月份	时段	作物名称	作物生育期	平均日蒸散量
2007	5	5.11～5.15	冬小麦	孕穗期	3.37
2007	5	5.16～5.20	冬小麦	抽穗期	2.87
2007	5	5.21～5.25	冬小麦	开花期	1.18
2007	5	5.26～5.31	冬小麦	开花期	2.17
2007	6	6.1～6.5	冬小麦	灌浆期	3.71
2007	6	6.6～6.10	冬小麦	灌浆期	0.94
2007	6	6.11～6.15	冬小麦	灌浆期	0.40
2007	6	6.16～6.21	冬小麦	灌浆期	0.34
2007	6	6.22～6.25	冬小麦	成熟期	2.42
2007	6	6.26～6.30	冬小麦	成熟期	1.44
2007	7	7.1～7.10	休闲		5.92
2007	7	7.11～7.15	休闲		1.34
2007	7	7.16～7.20	休闲		1.09
2007	7	7.21～7.25	休闲		2.66
2007	7	7.26～7.30	休闲		4.32
2007	8	7.31～8.5	休闲		0.51
2007	8	8.6～8.10	休闲		1.16
2007	8	8.11～8.15	休闲		3.26
2007	8	8.16～8.20	休闲		1.63
2007	8	8.21～8.25	休闲		1.45
2007	8	8.26～8.30	休闲		0.78
2007	9	8.31～9.5	休闲		3.81
2007	9	9.6～9.10	休闲		2.82
2007	9	9.11～9.15	休闲		2.64
2007	9	9.16～9.20	休闲		1.90
2007	9	9.21～9.25	休闲		0.75
2007	9	9.26～9.30	休闲		1.20
2007	10	10.1～10.5	休闲		2.85
2007	10	10.6～10.10	休闲		0.04
2007	10	10.11～10.15	休闲		0.09
2007	10	10.16～10.20	休闲		1.15
2007	10	10.21～10.25	休闲		1.89
2007	10	10.26～10.30	休闲		1.62
2007	11	10.31～11.5	休闲		0.81
2007	11	11.6～11.10	休闲		0.31
2007	11	11.11～11.15	休闲		0.16
2007	11	11.16～11.20	休闲		0.90
2007	11	11.21～11.25	休闲		0.41
2007	11	11.26～11.30	休闲		0.64
2007	12	12.1～12.10	休闲		0.69
2007	12	12.11～12.20	休闲		0.24
2007	12	12.21～12.31	休闲		0.28
2008	1	1.1～1.30	休闲		0.11
2008	2	2.1～3.25	休闲		0.05
2008	3	3.26～3.30	休闲		1.90
2008	4	3.31～4.5	休闲		1.23
2008	4	4.6～4.10	休闲		1.06
2008	4	4.11～4.15	休闲		2.64

（续）

年份	月份	时段	作物名称	作物生育期	平均日蒸散量
2008	4	4.16~4.25	玉米	播种期—出苗期	0.68
2008	4	4.26~4.30	玉米	苗期	0.85
2008	5	5.1~5.10	玉米	苗期	0.22
2008	5	5.11~5.20	玉米	五叶期	0.23
2008	5	5.21~5.30	玉米	五叶期	0.66
2008	6	5.31~6.10	玉米	五叶期—拔节期	1.56
2008	6	6.11~6.20	玉米	拔节期	2.36
2008	6	6.21~6.25	玉米	拔节期	1.12
2008	7	6.26~7.5	玉米	拔节期	4.73
2008	7	7.6~7.10	玉米	拔节期	3.17
2008	7	7.11~7.15	玉米	拔节期	6.20
2008	7	7.16~7.20	玉米	拔节期	3.77
2008	7	7.21~7.25	玉米	抽雄期	6.43
2008	7	7.26~7.30	玉米	抽雄期	2.67
2008	8	7.31~8.5	玉米	开花期	3.31
2008	8	8.6~8.10	玉米	吐丝期	1.63
2008	8	8.11~8.15	玉米	吐丝期	3.27
2008	8	8.16~8.20	玉米	吐丝期	7.49
2008	8	8.21~8.30	玉米	吐丝期	0.26
2008	9	8.31~9.5	玉米	成熟期	3.46
2008	9	9.6~9.10	玉米	成熟期	2.53
2008	9	9.11~9.15	休闲		1.76
2008	9	9.16~9.20	休闲		1.70
2008	9	9.21~9.30	冬小麦	播种期—出苗期	1.98
2008	10	10.1~10.10	冬小麦	苗期	1.31
2008	10	10.11~10.15	冬小麦	分蘖期	0.49
2008	10	10.16~10.20	冬小麦	分蘖期	0.00
2008	10	10.21~10.25	冬小麦	分蘖期	0.75
2008	10	10.26~10.30	冬小麦	分蘖期	0.11
2008	11	10.31~1130	冬小麦	分蘖期—越冬期	1.27
2008	12	12.1~12.30	冬小麦	越冬期	0.31

4.3.5　土壤物理性质及主要水分常数

表 4-154　气象场土壤物理性质及主要水分常数

土壤类型：黑垆土　　　　　　　　　　　　　　　　　　　　　　　　　　　　　　测定时间：2004.10

采样层次（cm）	土壤质地	土壤饱和持水量（%）	土壤田间持水量（%）	土壤凋萎含水量（%）	土壤孔隙度（%）	容重（g/cm³）	水分特征曲线方程	
10	重壤	38.60	21.51	8.58	50.57	1.31	$S = 5.27 \times 10^8 \cdot \theta^{-5.41}$	$R^2 = 0.996$
20	中壤	40.39	21.65	7.71	51.69	1.28	$S = 5.56 \times 10^8 \cdot \theta^{-5.46}$	$R^2 = 0.996$
30	轻壤	33.69	19.94	4.70	47.17	1.40	$S = 5.93 \times 10^8 \cdot \theta^{-5.64}$	$R^2 = 0.994$
40	重壤	36.89	21.39	9.21	49.43	1.34	$S = 2.06 \times 10^9 \cdot \theta^{-5.97}$	$R^2 = 0.994$
60	中壤	34.21	20.82	7.90	47.55	1.39	$S = 2.06 \times 10^8 \cdot \theta^{-5.34}$	$R^2 = 0.994$
80	中壤	33.19	20.65	7.74	46.79	1.41	$S = 2.65 \times 10^8 \cdot \theta^{-5.41}$	$R^2 = 0.993$

（续）

采样层次（cm）	土壤质地	土壤饱和持水量（%）	土壤田间持水量（%）	土壤凋萎含水量（%）	土壤孔隙度（%）	容重（g/cm³）	水分特征曲线方程	
100	中壤	43.56	22.07	7.13	53.58	1.23	$S=1.27\times10^9 \cdot \theta^{-5.68}$	$R^2=0.997$
120	中壤	45.60	22.33	6.93	54.72	1.20	$S=5.63\times10^9 \cdot \theta^{-6.18}$	$R^2=0.995$
150	中壤	42.26	21.78	6.73	52.83	1.25	$S=2.02\times10^9 \cdot \theta^{-5.87}$	$R^2=0.990$
180	轻壤	39.78	20.54	4.03	51.32	1.29	$S=5.41\times10^8 \cdot \theta^{-5.58}$	$R^2=0.997$
210	轻壤	39.19	20.39	3.89	50.94	1.30	$S=1.87\times10^9 \cdot \theta^{-5.95}$	$R^2=0.989$
240	中壤	38.60	21.41	7.92	50.57	1.31	$S=1.48\times10^9 \cdot \theta^{-5.99}$	$R^2=0.992$
270	轻壤	38.02	20.02	3.68	50.19	1.32	$S=5.69\times10^8 \cdot \theta^{-5.61}$	$R^2=0.987$
300	轻壤	38.02	19.89	3.43	50.19	1.32	$S=4.45\times10^8 \cdot \theta^{-5.52}$	$R^2=0.984$

说明：θ为土壤重量含水量（%），S为土壤水吸力（kPa）。

4.3.6 水面蒸发量

表 4-155 综合气象要素观测场月水面蒸发量

单位：mm

年份 \ 月份	1	2	3	4	5	6	7	8	9	10	11	12
2003	19.2	28.6	51.1	81.2	96.6	139.6	106.2	56.9	48.4	45.5	20.5	18.8
2004	22.5	45.3	71.7	109.9	124.9	135	125.9	87.2	58.9	47.9	20.5	18.8
2005	19.1	24.7	69.1	134.1	105.5	137.8	82.2	63.6	59	40.7	58.9	22.6
2006	16.6	31.1	73.7	110.3	110.5	83.3	123.7	53.2	40.5	53.5	63.1	18
2007	30.1	42.5	52	108.4	138.5	113.3	92.1	100.3	85.7	39	39.6	14.8
2008	16.1	30.2	74.6	91.4	122.9	117.3	99.3	92	50.4	45.2	35.6	32.2

说明：4月到11月为人工E601蒸发器数据，12月到次年3月为20cm小型蒸发皿数据（经换算）。

4.3.7 雨水水质状况

表 4-156 综合气象要素观测场雨水采样地雨水水质状况

样地名称：综合气象要素观测场

单位：mg/L

年份	月份	pH	矿化度	硫酸根	非溶性物质总含量
2003	7	7.81	未检出	21.9	—
2003	11	—	未检出	6.7	—
2004	7	—	未检出	18.72	—
2004	11	—	未检出	19.89	—
2005	1	7.11	38.94	—	—
2005	4	7.6	16.52	—	—
2005	7	6.55	10.85	—	—
2005	10	7.32	14.16	—	—
2006	1	7.05	293	3.93	94
2006	5	7.29	186	2.50	76
2006	7	6.64	96	未检出	138
2006	10	6.91	100	9.67	19

（续）

年份	月份	pH	矿化度	硫酸根	非溶性物质总含量
2007	1	6.97	89.7	32	61
2007	5	7.12	222	27.2	26
2007	7	6.36	86.7	9.58	25
2007	10	6.38	75.7	5.54	24
2008	1	6.96	168	6.2	52
2008	4	7.6	152	32.1	32
2008	7	6.84	182	8.72	60

说明："—"表示未测定。

4.3.8 农田蒸散日值（大型蒸渗仪）

表 4－157　蒸渗仪观测点农田蒸散量（大型称重式蒸渗仪）

单位：mm/d

年份	月份	时段	田间状况描述	白日蒸散总量	夜间蒸散总量	昼夜蒸散总量
2003	12	12.01～12.10	冬小麦越冬期	0.54	0.07	0.61
2003	12	12.11～12.20	冬小麦越冬期	0.43	0.04	0.47
2003	12	12.21～12.24	冬小麦越冬期	0.41	0.01	0.42
2004	01	01.02～01.10	冬小麦越冬期	0.24	0.13	0.37
2004	01	01.11～01.20	冬小麦越冬期	0.31	0.06	0.37
2004	01	01.21～01.31	冬小麦越冬期	0.29	0.02	0.31
2004	02	02.01～02.10	冬小麦越冬期	0.31	0.02	0.33
2004	02	02.11～02.20	冬小麦越冬期	0.52	0.13	0.66
2004	02	02.21～02.29	冬小麦越冬期	1.19	0.16	1.35
2004	03	03.01～03.10	冬小麦返青期	1.14	0.19	1.33
2004	03	03.11～03.20	冬小麦返青期	1.36	0.24	1.59
2004	03	03.21～03.31	冬小麦返青期	1.56	0.23	1.79
2004	04	04.01～04.10	冬小麦起身期	3.47	0.36	3.83
2004	04	04.11～04.20	冬小麦拔节期	5.07	0.52	5.59
2004	04	04.21～04.30	冬小麦拔节期	4.52	0.57	5.09
2004	05	05.01～05.10	冬小麦孕穗期	4.68	0.59	5.27
2004	05	05.11～05.20	冬小麦开花期	5.36	0.76	6.13
2004	05	05.21～05.31	冬小麦灌浆期	4.67	0.51	5.18
2004	06	06.01～06.10	冬小麦灌浆期	3.73	0.49	4.22
2004	06	06.11～06.20	冬小麦灌浆期	2.50	0.36	2.86
2004	06	06.21～06.30	麦茬	1.05	0.40	1.46
2004	07	07.01～07.10	麦茬	0.89	0.13	1.02
2004	07	07.11～07.13	麦茬	0.78	0.49	1.27
2004	07	07.21～07.31	休闲	1.49	0.30	1.79
2004	08	08.01～08.09	休闲	2.12	0.38	2.50
2004	08	08.14～08.20	休闲	2.46	0.29	2.75
2004	08	08.21～08.31	休闲	1.73	0.14	1.87

（续）

年份	月份	时段	田间状况描述	白日蒸散总量	夜间蒸散总量	昼夜蒸散总量
2004	09	09.01～09.10	休闲	1.09	0.16	1.26
2004	09	09.11～09.13	休闲	2.05	0.03	1.75
2004	09	09.11～09.30	休闲	1.82	0.18	2.00
2004	10	10.01～10.10	休闲	1.90	0.04	1.92
2004	10	10.11～10.20	休闲	1.13	0.15	1.28
2004	10	10.21～10.31	休闲	1.21	0.10	1.31
2004	11	11.01～11.10	休闲	1.18	0.06	1.24
2004	11	11.11～11.20	休闲	0.78	0.11	0.89
2004	11	11.21～11.30	休闲	0.46	0.09	0.55
2004	12	12.01～12.10	休闲	0.69	0.15	0.83
2004	12	12.11～12.20	休闲	0.48	0.08	0.56
2004	12	12.21～12.31	休闲	0.43	0.23	0.66
2005	01	01.01～01.10	休闲	0.56	0.02	0.58
2005	01	01.11～01.20	休闲	0.53	0.01	0.54
2005	01	01.21～01.31	休闲	0.34	0.03	0.37
2005	02	02.01～02.10	休闲	0.31	0.10	0.41
2005	02	02.11～02.20	休闲	0.42	0.03	0.45
2005	02	02.21～02.28	休闲	0.71	0.13	0.84
2005	03	03.01～03.10	休闲	1.15	0.17	1.31
2005	03	03.11～03.20	休闲	1.24	0.12	1.34
2005	03	03.21～03.31	休闲	1.89	0.12	2.01
2005	04	04.01～04.10	休闲	1.13	0.07	1.20
2005	04	04.11～04.20	休闲	0.78	0.11	0.89
2005	04	04.21～04.30	春玉米出苗期	0.80	0.07	0.87
2005	05	05.01～05.10	春玉米出苗期	0.36	0.37	0.73
2005	05	05.11～05.20	春玉米五叶期	1.61	0.18	1.75
2005	05	05.21～05.31	春玉米五叶期	1.51	0.26	2.14
2005	06	06.01～06.10	春玉米拔节期	2.46	0.12	2.59
2005	06	06.11～06.20	春玉米拔节期	2.28	0.23	2.51
2005	06	06.21～06.27	春玉米拔节期	3.55	0.09	3.64
2005	07	07.08～07.10	春玉米拔节期	4.87	0.24	5.11
2005	07	07.11～07.20	春玉米拔节期	5.88	0.30	6.18
2005	07	07.21～07.31	春玉米抽雄期	5.52	0.24	5.76
2005	08	08.01～08.10	开花期—吐丝期	4.50	0.19	4.70
2005	08	08.11～08.20	春玉米吐丝期	2.45	0.21	2.66
2005	08	08.21～08.31	春玉米吐丝期	4.13	0.12	4.24
2005	09	09.01～09.10	成熟期	4.31	0.15	4.46
2005	09	09.11～09.20	休闲	1.77	0.12	1.88
2005	09	09.21～09.30	冬小麦出苗期	0.77	0.03	0.80
2005	10	10.01～10.10	冬小麦分蘖期	1.78	0.04	1.81
2005	10	10.11～10.20	冬小麦分蘖期	1.15	0.04	1.18
2005	10	10.21～10.31	冬小麦分蘖期	1.47	0.04	1.50
2005	11	11.01～11.10	冬小麦分蘖期	1.66	0.02	1.68
2005	11	11.11～11.20	冬小麦分蘖期	0.88	0.05	0.92
2005	11	11.21～11.30	冬小麦越冬期	0.89	0.02	0.91
2005	12	12.01～12.10	冬小麦越冬期	0.38	0.05	0.43
2005	12	12.11～12.20	冬小麦越冬期	0.33	0.01	0.34

（续）

年份	月份	时段	田间状况描述	白日蒸散总量	夜间蒸散总量	昼夜蒸散总量
2005	12	12.21~12.31	冬小麦越冬期	0.17	0.05	0.22
2006	01	01.01~01.10	冬小麦越冬期	0.27	0.02	0.28
2006	01	01.11~01.20	冬小麦越冬期	0.23	0.01	0.24
2006	01	01.21~02.17	冬小麦越冬期	0.00	0.00	0.00
2006	02	02.18~02.20	冬小麦越冬期	0.85	0.22	1.07
2006	02	02.21~02.28	冬小麦越冬期	0.87	0.07	0.94
2006	03	03.01~03.10	冬小麦越冬期	1.83	0.14	1.97
2006	03	03.11~03.20	冬小麦返青期	1.48	0.13	1.60
2006	03	03.21~03.31	冬小麦返青期	2.98	0.30	3.28
2006	04	04.01~04.10	起身期—拔节期	2.84	0.24	3.08
2006	04	04.21~04.30	冬小麦拔节期	4.37	0.56	4.93
2006	05	05.01~05.10	冬小麦孕穗期	3.15	0.33	3.48
2006	05	05.11~05.20	冬小麦抽穗期	4.08	0.12	4.48
2006	05	05.21~05.31	冬小麦开花期	3.75	0.32	4.06
2006	06	06.01~06.10	冬小麦灌浆期	2.21	0.38	2.59
2006	06	06.11~06.20	冬小麦灌浆期	0.90	0.16	1.06
2006	06	06.21~06.30	成熟期—休闲	1.35	0.13	1.49
2006	07	07.01~07.10	休闲	2.15	0.29	2.45
2006	07	07.11~07.20	休闲	1.56	0.15	1.72
2006	07	07.21~07.31	休闲	2.21	0.19	2.40
2006	08	08.01~08.10	休闲	3.28	0.13	3.41
2006	08	08.11~08.20	休闲	1.03	0.15	1.18
2006	08	08.21~08.31	休闲	1.01	0.03	1.04
2006	09	09.01~09.10	休闲	2.15	0.15	2.30
2006	09	08.11~08.20	冬小麦苗期	1.55	0.09	1.63
2006	09	08.21~08.30	冬小麦苗期	0.88	0.05	0.93
2006	10	10.01~10.10	冬小麦苗期	2.49	0.05	2.53
2006	10	10.11~10.20	冬小麦分蘖期	1.64	0.03	1.67
2006	10	10.21~10.31	冬小麦分蘖期	1.70	0.02	1.73
2006	11	11.01~11.10	冬小麦分蘖期	2.38	0.00	2.38
2006	11	11.11~11.20	冬小麦分蘖期	0.93	0.08	1.01
2006	11	11.21~11.30	冬小麦越冬期	0.50	0.00	0.50
2006	12	12.01~12.10	冬小麦越冬期	0.43	0.07	0.50
2006	12	12.11~12.20	冬小麦越冬期	0.37	0.04	0.40
2006	11	11.21~11.30	冬小麦越冬期	0.50	0.00	0.50
2006	12	12.01~12.10	冬小麦越冬期	0.43	0.07	0.50
2006	12	12.11~12.20	冬小麦越冬期	0.37	0.04	0.40
2006	12	12.21~12.31	冬小麦越冬期	0.22	0.03	0.25
2007	01	01.01~01.10	冬小麦越冬期	0.24	0.02	0.25
2007	01	01.11~01.20	冬小麦越冬期	0.41	0.02	0.42
2007	01	01.21~01.31	冬小麦越冬期	0.25	0.02	0.28
2007	02	02.01~02.10	冬小麦越冬期	0.25	0.00	0.25
2007	02	02.11~02.20	冬小麦越冬期	0.38	0.00	0.38
2007	02	02.21~02.28	冬小麦越冬期	0.55	0.00	0.55
2007	03	03.01~03.10	冬小麦越冬期	0.59	0.09	0.69
2007	03	03.11~03.20	冬小麦返青期	0.62	0.01	0.62
2007	03	03.21~03.31	冬小麦返青期	3.09	0.22	3.32

（续）

年份	月份	时段	田间状况描述	白日蒸散总量	夜间蒸散总量	昼夜蒸散总量
2007	04	04.01～04.10	冬小麦起身期	2.29	0.23	2.52
2007	04	04.11～04.20	冬小麦起身期	2.33	0.20	2.53
2007	04	04.21～4.30	冬小麦拔节期	1.56	0.16	1.72
2007	05	05.01～05.10	冬小麦孕穗期	1.25	0.15	1.40
2007	05	05.11～05.20	抽穗期—开花期	3.18	0.25	3.43
2007	05	05.21～05.31	冬小麦开花期	3.19	0.27	3.46
2007	06	06.01～06.10	冬小麦灌浆期	2.20	0.44	2.81
2007	06	06.11～06.20	冬小麦灌浆期	0.91	0.15	1.06
2007	06	06.21～06.30	成熟期—休闲地	1.49	0.20	1.69
2007	07	07.01～07.10	休闲	1.81	0.14	1.95
2007	07	07.11～07.20	休闲	1.34	0.14	1.49
2007	07	07.21～07.31	休闲	1.80	0.00	1.78
2007	08	08.01～08.10	休闲	2.51	0.12	2.63
2007	08	08.11～08.20	休闲	2.62	0.14	2.76
2007	08	08.21～08.31	休闲	2.04	0.03	2.06
2007	09	09.01～09.10	休闲	0.45	0.03	0.47
2007	09	09.11～09.20	休闲	1.81	0.14	1.95
2007	09	09.21～09.30	休闲	1.34	0.14	1.49
2007	10	10.01～10.10	休闲	1.80	0.00	1.78
2007	10	10.11～10.21	休闲	2.51	0.12	2.63
2007	10	10.21～10.31	休闲	2.62	0.14	2.76
2007	11	11.01～11.10	休闲	2.04	0.03	2.06
2007	11	11.11～11.20	休闲	1.80	0.05	1.85
2007	11	11.21～11.30	休闲	0.62	0.01	0.63
2007	12	12.01～12.10	休闲	0.36	0.02	0.38
2007	12	12.11～12.20	休闲	0.39	0.01	0.40
2007	12	12.21～12.31	休闲	0.36	0.04	0.40
2008	01	01.01～01.10	休闲	0.54	0.10	0.64
2008	01	01.11～01.20	休闲	0.00	0.07	0.07
2008	01	01.21～01.31	休闲	0.00	0.34	0.34
2008	02	02.01～02.10	休闲	0.00	0.91	0.91
2008	02	02.11～02.20	休闲	0.04	0.41	0.45
2008	02	02.21～02.29	休闲	1.34	0.18	1.53
2008	03	03.01～03.10	休闲	1.56	0.06	1.62
2008	03	03.11～03.20	休闲	0.99	0.06	1.04
2008	03	03.21～03.31	休闲	1.72	0.05	1.77
2008	04	04.01～04.10	休闲	1.79	0.11	1.90
2008	04	04.11～04.20	休闲	1.24	0.04	1.27
2008	04	04.21～04.30	玉米苗期	0.83	0.04	0.87
2008	05	05.01～05.10	玉米苗期	0.61	0.10	0.71
2008	05	05.11～05.20	玉米苗期	0.53	0.01	0.54
2008	05	05.21～05.31	玉米苗期	0.78	0.10	0.88
2008	06	06.01～06.10	玉米苗期	1.35	0.09	1.44
2008	06	06.11～06.20	玉米拔节期	1.83	0.08	1.91
2008	06	06.21～06.30	玉米拔节期	3.81	0.20	4.00
2008	07	07.01～07.10	玉米大喇叭口期	5.06	0.09	5.15
2008	07	07.11～07.20	玉米大喇叭口期	2.65	0.12	2.78
2008	07	07.21～07.31	玉米抽雄吐丝期	3.36	0.10	3.46

（续）

年份	月份	时段	田间状况描述	白日蒸散总量	夜间蒸散总量	昼夜蒸散总量
2008	08	08.01～08.10	玉米灌浆期	3.76	0.12	3.88
2008	08	08.11～08.20	玉米灌浆期	2.62	0.15	2.76
2008	08	08.21～08.31	灌浆期—成熟期	3.98	0.19	4.17
2008	09	09.01～09.10	玉米成熟期	3.22	0.24	3.46
2008	09	09.11～09.20	休闲地	0.39	0.95	1.34

4.3.9 农田土壤水水质状况

表 4-158 气象场剖面土壤水分采样地水质状况

样地名称：综合气象要素观测场

单位：mg/L

年份	月份	采样深度	pH	矿化度	硫酸根	非溶性物质总含量
2005	7	10	7.56	48.8	14.4	—
2005	7	20	8.64	40.1	17.9	—
2005	7	30	8.28	48.4	16.3	—
2005	7	50	—	44.8	30.5	—
2005	7	70	8.65	42.5	27.2	—
2005	7	100	8.03	42.5	11.2	—
2005	7	150	—	70.8	—	—
2005	10	10	7.64	30.7	16.3	—
2005	10	20	8.33	42.5	19.1	—
2005	10	30	8.77	44.8	22.1	—
2005	10	50	8.61	47.2	31.4	—
2005	10	70	7.64	37.8	21.4	—
2005	10	100	—	—	18.2	—
2005	10	150	7.79	64.9	—	—
2006	10	10	7.95	521.0	—	—
2006	10	20	7.64	663.0	—	—
2006	10	30	8.03	526.0	—	—
2006	10	70	8.30	409.0	—	—
2006	11	10	8.08	449.0	—	—
2006	11	20	8.04	551.0	—	—
2006	11	30	8.06	564.0	—	—
2007	7	10	7.75	—	211.0	596
2007	7	20	7.79	—	19.6	272
2007	8	10	7.88	—	120.0	421
2007	8	20	8.00	—	92.1	392
2007	10	10	7.89	—	11.8	244
2007	10	20	7.89	—	21.0	289
2007	10	30	7.84	—	59.7	382
2007	10	40	7.54	—	6.7	303

说明："—"表示未测定。

4.3.10　水质分析方法

表 4-159　水质分析方法

时间	分析项目名称	分析方法名称	参照国标名称
	pH	pH 计实地测定	
	钙离子	原子吸收法	GB11904—89
	镁离子	原子吸收法	GB11904—89
	钾离子	原子吸收法	GB11904—90
	钠离子	原子吸收法	GB11904—91
	碳酸根离子	酸碱滴定	GB/T8538—1995
	重碳酸根离子	酸碱滴定	GB/T8538—1996
2003	氯化物	滴定法	GB/T8538—1995
	硫酸根离子	重量法	GB/T8538—1995
	磷酸根离子	钼盐比色法	GB/T8538—1995
	硝酸根离子	紫外分光光度法	GB11894—89
	矿化度	重量法	
	化学需氧量（COD）	滴定法	GB/T1914—1989
	总氮	凯氏定氮法	GB/T 5009.5—1985
	总磷	钼盐比色法	GB9837—88
	pH	pH 计实地测定	
	钙离子	原子吸收法	GB11904—89
	镁离子	原子吸收法	GB11904—90
	钾离子	原子吸收法	GB11904—91
	钠离子	原子吸收法	GB11904—92
	碳酸根离子	酸碱滴定	GB/T8538—1995
2004	重碳酸根离子	酸碱滴定	GB/T8538—1996
	氯化物	滴定法	GB/T8538—1995
	硫酸根离子	重量法	GB/T8538—1995
	磷酸根离子	磷铜蓝分光光度法	GB/T8538—1995
	硝酸根离子	紫外分光光度法	GB11894—89
	矿化度	重量法	
	化学需氧量（COD）	滴定法	GB/T1914—1989
	pH	电位法	GB6920—86
	钙离子	原子吸收法	GB11905—89
	镁离子	原子吸收法	GB11905—89
	钾离子	原子吸收法	GB11905—89
	钠离子	原子吸收法	GB11905—89
	碳酸根离子	双指示剂法	GB8583—1995
	重碳酸根离子	双指示剂法	GB8583—1995
2005	氯化物	AgNO₃ 容量法	GB11896—89
	硫酸根离子	EDTA 间接络合法	GB11899—89
	磷酸根离子	流动注射法	GB/T8538—1955
	硝酸根离子	流动注射法	GB/T8538—1955
	矿化度	电导法	
	化学需氧量（COD）	重铬酸钾标准回流法	GB11914—89
	总氮	碱性过硫酸钾消解—紫外分光光度法	GB/T11894—89
	总磷	钼锑抗比色法	GB9837—88

（续）

时间	分析项目名称	分析方法名称	参照国标名称
2006	pH	电位法	GB6920—86
	钙离子	原子吸收分光光度法	GB11905—89
	镁离子	原子吸收分光光度法	GB11905—89
	钾离子	火焰光度法	GB10539—1989
	钠离子	火焰光度法	GB10539—1989
	碳酸根离子	中和滴定法	
	重碳酸根离子	中和滴定法	
	氯化物	硝酸银滴定法	GB11896—89
	硫酸根离子	EDTA滴定法	GB/T13025.8—91
	磷酸根离子	磷钼蓝分光光度法	GB/T8538
	硝酸根离子	连续流动分析仪	
	矿化度	电导法	
	化学需氧量（COD）	重铬酸钾法	GB11914—89
	总氮	溶解氧仪	GB11913—89
	总磷	碱性过硫酸钾消解，连续流动分析仪测定	GB11894—89
	非溶性物质总含量	重量法	GB/T5750—2006
2007	pH	玻璃电极法	GB/T6920—1986
	钙离子	等离子体发射光谱法	GB/T5750—2006
	镁离子	等离子体发射光谱法	GB/T5750—2006
	钾离子	等离子体发射光谱法	GB/T5750—2006
	钠离子	等离子体发射光谱法	GB/T5750—2006
	碳酸根离子	容量法	GB/T8538—1995
	重碳酸根离子	容量法	GB/T8538—1995
	氯化物	离子色谱法	GB/T5750—2006
	硫酸根离子	离子色谱法	GB/T5750—2006
	磷酸根离子	钼酸铵分光光度法	GB11893—1989
	硝酸根离子	离子色谱法	GB/T5750—2006
	矿化度	重量法	GB/T5750—2006
	化学需氧量（COD）	高锰酸钾容量法	GB/T 8538—1995
	总氮	碱性过硫酸钾消解紫外分光光度法	GB/T11894—1989
	总磷	钼酸铵分光光度法	GB11893—1989
	非溶性物质总含量	重量法	GB/T5750—2006
2008	pH	电位法	GB6920—1986
	钙离子	等离子体发射光谱法	GB/T5750—2006
	镁离子	等离子体发射光谱法	GB/T5750—2006
	钾离子	等离子体发射光谱法	GB/T5750—2006
	钠离子	等离子体发射光谱法	GB/T5750—2006
	碳酸根离子	容量法	GB/T8538—1995
	重碳酸根离子	容量法	GB/T8538—1995
	氯化物	离子色谱法	GB/T5750—2006
	硫酸根离子	离子色谱法	GB/T5750—2006
	磷酸根离子	钼酸铵分光光度法	GB11893—1989
	硝酸根离子	离子色谱法	GB/T5750—2006
	矿化度	重量法	GB/T5750—2006
	化学需氧量（COD）	高锰酸钾容量法	GB/T8538—1995
	总氮	碱性过硫酸钾消解—紫外分光光度法	GB/T11894—1989
	总磷	钼酸铵分光光度法	GB11893—1989
	非溶性物质总含量	重量法	GB/T5750—2006

4.4 气象监测数据

4.4.1 温度

表 4-160 自动观测气象要素—大气温度

单位：℃

年份	项目 \ 月份	1	2	3	4	5	6	7	8	9	10	11	12
1998	日平均值月平均	—	—	—	—	14.3	20.5	22	20.1	17.7	10.7	5.5	0.4
	日最大值月平均	—	—	—	—	19.1	26.6	26.7	24.9	23.9	15.2	12.8	6.3
	日最小值月平均	—	—	—	—	10	14.9	18	16.3	12.1	6.6	−1	−3.9
	月极大值	—	—	—	—	26.2	35	32.6	29.5	32	19.5	18.8	11.4
	月极小值	—	—	—	—	3.3	9	15.6	10.9	3	−0.8	−5.8	−8.8
1999	日平均值月平均	−2.4	0.9	5.7	12	15.3	19.7	21.5	21.7	17.5	10.2	3.8	−1.8
	日最大值月平均	3.3	7	11.1	18	20.7	24.9	26.4	27.4	22.4	14.9	8.7	4.3
	日最小值月平均	−7.8	−4.8	1.1	6.7	10.2	14.7	17.5	16.3	13.4	5.9	−0.4	−7
	月极大值	9.6	15.4	19.5	23.7	26.9	30.5	33.3	31	31.5	20.8	14.6	10.2
	月极小值	−15.8	−13.3	−2.2	0.1	3.3	10.1	14.5	10.7	8.8	−0.6	−10.1	−16.8
2000	日平均值月平均	−4.8	−1.5	7.1	11.7	18.2	19.9	23.7	20.3	16	8.7	2.6	−0.1
	日最大值月平均	−0.6	4.1	13	18.5	24.8	25.2	29.4	25.5	21.3	12.2	7.7	5.4
	日最小值月平均	−8.4	−6.2	1.1	5.3	11.4	15.2	18.5	16.5	11.6	6.1	−1.6	−4.7
	月极大值	9.2	13.3	24.1	25.3	33.1	30	35.3	30.4	29.2	21.9	16	10.7
	月极小值	−14.5	−14.3	−4	−1.1	5.6	11.9	11.1	13.3	5.9	−1.6	−8.5	−8.1
2001	日平均值月平均	−3.4	0.5	6.7	10.1	17.1	20.1	23.3	20.1	10.9	8.7	3.5	−3.2
	日最大值月平均	1.7	4.9	13.3	16.1	24	27.5	29.1	25	16.8	12.9	9	0.7
	日最小值月平均	−7.7	−3.1	0.5	4.8	10	13.7	17.9	15.3	6.8	5.2	−1.3	−6.7
	月极大值	9	12.3	21.6	25.6	31.4	32.3	33.3	32	26.9	18.8	12.6	7.7
	月极小值	−15.4	−8.8	−8.9	−5.8	4	8.4	13	2.6	0	0.9	−5.3	−14.6
2002	日平均值月平均	−0.8	2	7.2	9.9	13.8	21.2	22.1	20.4	15.9	8.5	4.2	−4.4
	日最大值月平均	4.4	7	13.1	15.7	18.9	27.6	28.2	26.8	21.4	14.1	10.8	0
	日最小值月平均	−10.3	−2.3	2.1	4.8	9.1	14.9	16.6	15.2	11.2	3.7	−1.6	−8.2
	月极大值	12.7	15.6	22.1	27.9	29.1	31.9	33.8	34.7	32.3	24.6	16.8	9.5
	月极小值	−16.8	−9.4	−2.9	−0.3	3.9	9.8	11.9	10.6	3	−2.1	−6	−20.7
2003	日平均值月平均	−4.1	1.5	4.7	10.6	15.3	21.1	21.2	18.6	15.8	8.4	1.1	−2.6
	日最大值月平均	−8.7	6.1	9.7	16.4	21.6	28.2	26	22.4	20.3	13.3	5.5	1.7
	日最小值月平均	−9	−2.3	0.6	5.5	8.9	14	17.1	15.7	12	4.2	−2.6	−6.4
	月极大值	8.2	14.7	25.8	27.1	29.1	32.4	32.1	27.8	26.3	19.4	18.7	5.1
	月极小值	−17.8	−8.3	−6.9	0.5	2.9	5.6	11.9	8.1	6.8	−1.5	−13.7	−12
2004	日平均值月平均	−3.7	1.5	6.3	14.3	16.2	19.9	21.5	20	15.5	10.1	3.1	−1.4
	日最大值月平均	0.6	8	12.1	21.1	22.8	25.9	27.3	24.4	20.9	21.5	9.7	3.7
	日最小值月平均	−7.3	−4.2	1.6	7.5	9.4	14.1	16.1	16.6	11.2	3.9	2.9	−4.7
	月极大值	7.4	16.8	26.5	30.7	28.5	34	33.6	30.2	25.6	31.7	19.3	12.2
	月极小值	−16.4	−12.9	−6.4	0.3	1	8.4	10.4	12.2	6.5	−1.7	−15.5	−18
2005	日平均值月平均	−3.8	−1.6	5.5	13.7	16.9	22.2	22.3	19.3	17.3	9.3	4.8	−4
	日最大值月平均	1.5	3.9	12.6	21.9	23.2	30	27.6	24.5	22.5	14.5	11	2.4
	日最小值月平均	−8.2	−5.9	−0.7	5.9	10.9	14.6	17.3	15.7	12.7	4.8	−0.7	−9.5
	月极大值	6	13.5	20.6	31	29.9	36.4	34.2	31.4	31.5	20.2	17.5	14.1
	月极小值	−16.7	−12.9	−7.4	−1.5	0.9	9.3	12.9	10	9	−2.7	−8.2	−15.4

(续)

年份	项目 \ 月份	1	2	3	4	5	6	7	8	9	10	11	12
2006	日平均值月平均	−3.9	0.5	7.1	13.3	17	21.4	24	21.9	14.7	12.3	4.8	−1.2
	日最大值月平均	1.4	6.4	13.8	20.6	24.8	28.7	29.7	26.8	19.5	18.9	10.8	3.5
	日最小值月平均	−8.1	−3.6	0.3	5.9	10.3	14.6	19	17.9	10.9	7.2	−0.4	−5.7
	月极大值	7.8	14.7	24.9	33.8	33.1	37.9	35.5	34.5	26.1	25.1	20.7	8.3
	月极小值	−15.9	−11.2	−8.2	−3.4	2.4	8.6	13.1	13.7	3.1	0.3	−4.5	−10.3
2007	日平均值月平均	−3.7	3.4	5.5	12.1	19.2	20.5	—	21.4	14.6	8.8	4.8	−1.5
	日最大值月平均	2.1	10.6	10.8	18.9	27.3	27.2	—	26.8	20.5	13.5	10.8	2.9
	日最小值月平均	−8.9	−2.8	0.9	4.7	10.7	14.7	—	16.8	10	4.9	−0.5	−5.1
	月极大值	10.6	18	25.5	28.4	32.4	34.5	33	31.2	26.4	19.4	20.4	9
	月极小值	−17.3	−11.1	−9.1	−4.2	1.4	9.8	13.1	10.7	4.5	−1.7	−6.3	−13.3
2008	日平均值月平均	−7	−4.1	8.2	11.7	17.5	20.1	21.2	19.7	15.2	10.3	2.2	−1.4
	日最大值月平均	−2.1	1.9	10.9	18.4	25.6	27	27.3	26.1	20.5	15.7	8.2	5.8
	日最小值月平均	−10.6	−9.6	5.2	5.5	9.5	14	16.1	14.2	10.8	5.5	−1.6	−7.5
	月极大值	8.4	12.8	13.5	26.7	32	34.1	32.1	30.2	30.1	22.5	16.1	14
	月极小值	−20.2	−18.6	−1.3	−0.2	1.3	6.8	10.8	5.9	5.7	−0.1	−10	−15.6

注："—"表示未有数据或漏测，下同。

表 4-161　自动观测气象要素—露点温度

单位：℃

年份	项目 \ 月份	1	2	3	4	5	6	7	8	9	10	11	12
2004	日平均值月平均	—	—	—	—	—	—	—	—	11.6	4	−3.5	−7.1
	日最大值月平均	—	—	—	—	—	—	—	—	13.8	6.6	−0.5	−4.8
	日最小值月平均	—	—	—	—	—	—	—	—	9.4	1	−6.6	−9.5
	月极大值	—	—	—	—	—	—	—	—	17.2	11.3	7.7	2.5
	月极小值	—	—	—	—	—	—	—	—	−4.1	−8.3	−16.6	−24.2
2005	日平均值月平均	−11.2	−8.8	−5.9	−1.3	7.6	10.9	17.1	16.1	12.6	5.2	−2.4	−15.2
	日最大值月平均	−8.8	−6.4	−2.4	3.2	11	14.1	19	17.7	14.9	7.8	0.5	−12.4
	日最小值月平均	−13.6	−11.2	—	−6.6	4.5	6.6	14.8	14.2	9.8	2.6	−5.6	−17.8
	月极大值	−4.8	−1	5.2	13.2	17.1	19.3	22.5	22.7	18.9	13.2	8.9	4.5
	月极小值	−24.7	−19	−24.2	−16.3	−10.5	0.6	5.4	8.6	1.4	−7.6	−16.1	−25.2
2006	日平均值月平均	−9.4	−5.7	−7.5	−0.6	7.3	10.8	18	17.2	10.8	7.9	−1.4	−7.9
	日最大值月平均	−7	−2.9	−4	—	10.5	14	20	18.7	13	10.2	0.9	−5.9
	日最小值月平均	−11.1	−8.3	−12.1	−5.8	2.7	6.7	15.4	15.3	8.6	4.9	−3.7	−10
	月极大值	−2.2	0.2	5.7	—	16	18.4	23.2	21.9	18.8	13.7	4.3	−1.4
	月极小值	−20.1	−19.3	−25	−16.4	−6.8	−3.9	8.9	1	−1.8	−1.7	−10.1	−17.8
2007	日平均值月平均	−12.3	−7.2	−2.6	−3.1	3.8	11	15.9	16.3	9.8	4.8	−2.8	−7.9
	日最大值月平均	−9.8	−4.1	0.2	1.5	7.7	13.5	17.6	18.2	12.1	7.2	−0.1	−5.8
	日最小值月平均	−14.7	−10.3	−5	−7.6	−1.1	7.6	13	14.3	7.2	2.6	−5.2	−10.3
	月极大值	−2.8	1.9	6.5	7.3	16.7	17.2	19.9	20.8	16.6	15.6	4.6	−1.5
	月极小值	−24.6	−18.4	−17.9	−21.2	−14.7	−3.4	4.5	5.7	−2.1	−8.5	−13.9	−24.1
2008	日平均值月平均	−13.2	−11.4	−2.8	1.6	4.3	11	16.1	14.4	11.4	6.2	—	−13.1
	日最大值月平均	−10.5	−8.7	1	5.1	8.2	13.9	18.1	16.9	13.4	8.3	−1.3	−10.4
	日最小值月平均	−15.6	−13.9	−7.2	−2.3	−0.7	7.7	13.6	11.9	8.8	3.7	−6.6	−16.1
	月极大值	−4.3	0.3	6.7	11.5	15.9	18.2	20.6	20.5	18.1	14.4	6	−4
	月极小值	−23.4	−22	−17	−15.4	−16.5	−4.3	5.7	4.4	2.7	−3.4	−20.3	−32.2

4.4.2 湿度

表 4 - 162　自动观测气象要素—大气相对湿度

单位:%

年份\月份 项目	1	2	3	4	5	6	7	8	9	10	11	12
1998 日平均值月平均	—	—	—	—	75	67	79	85	72	74	55	49
日最大值月平均	—	—	—	—	88	91	96	99	95	93	80	71
日最小值月平均	—	—	—	—	60	41	56	61	43	54	32	29
月极大值	—	—	—	—	100	100	100	100	100	100	99	99
1999 日平均值月平均	39	23	56	61	70	74	83	70	82	79	68	46
日最大值月平均	53	35	76	82	92	94	98	93	97	96	85	66
日最小值月平均	26	14	34	37	45	49	58	44	58	54	47	28
月极大值	83	69	100	100	100	100	100	100	100	100	100	100
2000 日平均值月平均	71	62	41	42	36	61	68	82	78	89	76	64
日最大值月平均	86	82	62	60	39	63	70	97	96	98	96	84
日最小值月平均	52	41	22	23	34	59	66	56	55	73	52	40
月极大值	100	100	97	100	93	81	79	100	100	100	100	100
2001 日平均值月平均	64	68	36	65	50	64	69	77	89	87	69	67
日最大值月平均	81	87	57	85	78	88	89	95	99	98	90	84
日最小值月平均	45	46	19	42	25	35	43	54	72	67	45	50
月极大值	100	100	100	100	98	100	100	100	100	100	100	100
2002 日平均值月平均	60	59	56	58	83	72	74	80	79	79	59	74
日最大值月平均	79	78	77	79	98	95	94	98	96	96	82	90
日最小值月平均	42	38	36	38	60	44	46	53	54	56	33	55
月极大值	100	100	100	100	100	100	100	100	100	100	100	100
2003 日平均值月平均	68	72	68	66	70	61	82	92	90	86	85	68
日最大值月平均	81	89	80	81	90	90	96	99	100	99	97	86
日最小值月平均	50	52	52	49	48	31	65	81	72	66	66	46
月极大值	100	100	100	100	100	100	100	100	100	100	100	100
2004 日平均值月平均	60	45	57	47	57	66	75	90	80	75	66	68
日最大值月平均	79	65	76	73	85	88	94	99	86	94	89	85
日最小值月平均	42	26	37	23	33	42	52	71	56	50	37	47
月极大值	100	100	100	98	100	100	100	100	98	98	99	98
2005 日平均值月平均	60	62	49	41	60	56	76	84	78	79	64	46
日最大值月平均	78	81	73	69	83	86	96	99	96	97	89	66
日最小值月平均	40	41	27	17	29	53	56	56	56	55	38	29
月极大值	97	97	99	99	100	100	100	100	100	100	100	100
2006 日平均值月平均	69	67	40	44	60	58	73	77	80	77	69	65
日最大值月平均	85	88	63	69	89	84	95	92	95	94	88	83
日最小值月平均	52	45	20	21	29	34	48	57	61	49	46	46
月极大值	100	100	96	100	100	100	100	97	98	97	97	96
2007 日平均值月平均	56	51	62	41	43	59	74	75	77	79	62	66
日最大值月平均	75	74	79	67	95	83	90	93	93	93	83	82
日最小值月平均	37	31	46	20	22	36	51	53	53	60	42	46
月极大值	96	96	96	94	71	95	96	96	96	96	95	95
2008 日平均值月平均	65	60	49	56	47	62	75	74	81	75	63	44
日最大值月平均	78	80	73	80	77	85	93	93	93	93	89	66
日最小值月平均	50	39	26	34	23	38	51	48	59	46	43	25
月极大值	92	94	95	95	95	95	97	96	96	97	100	96

4.4.3　气压

表 4－163　自动观测气象要素—大气压

单位：hPa

年份 \ 月份 \ 项目	1	2	3	4	5	6	7	8	9	10	11	12
1998 日平均值月平均	—	—	—	—	878	873	872	876	880	884	883	887
日最大值月平均	—	—	—	—	880	874	873	877	881	886	886	889
日最小值月平均	—	—	—	—	875	871	871	874	878	881	881	884
月极大值	—	—	—	—	890	879	875	880	891	891	893	897
月极小值	—	—	—	—	870	867	867	870	873	875	871	873
1999 日平均值月平均	884	—	876	878	877	874	872	875	878	884	884	888
日最大值月平均	886	—	879	881	880	875	873	876	880	886	887	890
日最小值月平均	881	—	873	875	875	872	871	873	877	882	882	885
月极大值	897	900	887	891	900	881	876	882	885	895	895	901
月极小值	873	872	864	869	870	868	869	868	871	876	873	874
2000 日平均值月平均	884	882	879	878	876	874	872	875	880	883	884	884
日最大值月平均	887	884	882	881	878	875	873	877	881	886	887	887
日最小值月平均	882	879	876	874	873	872	870	873	878	881	881	881
月极大值	900	893	891	890	884	880	878	881	885	895	894	894
月极小值	872	872	869	866	866	867	866	870	870	874	875	874
2001 日平均值月平均	882	882	880	879	877	873	872	876	880	883	885	888
日最大值月平均	884	884	883	882	879	874	874	877	882	885	888	890
日最小值月平均	879	879	877	875	874	871	870	874	879	881	883	885
月极大值	890	892	892	896	887	880	877	881	888	889	895	902
月极小值	873	871	870	865	868	867	868	870	874	878	874	878
2002 日平均值月平均	884	883	879	877	877	871	873	876	881	882	884	885
日最大值月平均	886	886	882	880	879	874	874	877	883	884	887	887
日最小值月平均	882	880	877	874	875	842	871	874	880	879	882	883
月极大值	892	890	890	887	885	878	879	881	890	890	895	897
月极小值	869	876	871	864	870	869	866	868	873	873	875	874
2003 日平均值月平均	885	881	880	878	877	872	872	876	879	884	884	888
日最大值月平均	887	883	883	881	879	874	873	877	881	887	887	890
日最小值月平均	882	878	877	875	875	870	871	874	878	882	881	885
月极大值	895	894	889	889	886	879	876	881	886	895	895	899
月极小值	873	—	864	865	866	866	868	870	874	873	872	878
2004 日平均值月平均	884	882	881	877	876	875	873	874	881	883	886	884
日最大值月平均	886	885	884	880	878	876	874	876	883	883	888	887
日最小值月平均	882	879	877	874	874	873	871	—	878	883	883	881
月极大值	894	892	892	893	888	882	879	879	893	897	901	898
月极小值	871	870	866	867	867	866	866	870	873	878	876	874
2005 日平均值月平均	883	881	882	878	874	871	873	875	879	885	884	887
日最大值月平均	886	884	885	880	876	873	874	876	882	888	886	890
日最小值月平均	880	878	878	875	871	869	871	873	—	883	881	884
月极大值	892	894	897	889	881	880	879	881	886	893	894	891
月极小值	870	869	871	862	866	864	868	868	877	878	875	879

（续）

年份	项目 \ 月份	1	2	3	4	5	6	7	8	9	10	11	12
2006	日平均值月平均	882	884	878	875	877	873	871	875	881	883	883	886
	日最大值月平均	885	887	883	879	879	874	873	876	883	885	885	888
	日最小值月平均	879	880	—	873	—	870	870	873	879	881	881	884
	月极大值	896	894	895	890	893	880	877	883	891	891	892	894
	月极小值	869	870	869	863	865	866	866	870	873	876	877	877
2007	日平均值月平均	888	879	879	880	875	873	871	875	880	885	886	884
	日最大值月平均	890	881	881	882	878	875	872	876	882	887	888	886
	日最小值月平均	885	877	876	877	872	871	869	873	878	882	883	—
	月极大值	897	896	892	892	888	879	876	882	888	895	898	894
	月极小值	880	872	867	870	864	866	868	870	874	875	877	877
2008	日平均值月平均	885	885	879	878	875	873	873	875	879	—	886	885
	日最大值月平均	888	888	879	880	877	875	874	877	881	886	888	888
	日最小值月平均	883	882	879	874	871	870	871	873	877	—	—	881
	月极大值	894	895	886	891	886	879	877	882	886	891	896	900
	月极小值	874	875	868	865	863	866	868	870	870	868	870	873

表 4-164　自动观测气象要素—水汽压

单位：hPa

年份	项目 \ 月份	1	2	3	4	5	6	7	8	9	10	11	12
2004	日平均值月平均	—	—	—	—	—	—	—	—	13.8	8.3	5	3.8
	日最大值月平均	—	—	—	—	—	—	—	—	15.8	9.9	6	4.5
	日最小值月平均	—	—	—	—	—	—	—	—	12.1	6.8	3.8	3.2
	月极大值	—	—	—	—	—	—	—	—	19.6	13.4	10.5	7.3
	月极小值	—	—	—	—	—	—	—	—	4.5	3.3	1.7	0.9
2005	日平均值月平均	2.7	3.3	4.4	6	11.1	13.4	19.7	18.6	14.7	9.2	5.5	2.1
	日最大值月平均	3.2	3.9	5.5	8.1	13.5	16.2	22.1	20.5	17	10.8	6.7	2.6
	日最小值月平均	2.3	2.7	3.3	4	9.2	9.9	17.1	16.4	12.4	7.8	4.3	1.7
	月极大值	4.3	5.7	8.8	15.1	19.4	22.4	27.3	27.5	21.8	15.2	11.4	8.4
	月极小值	0.8	1.4	0.9	1.7	2.8	6.4	8.9	11.1	6.7	3.4	1.7	0.8
2006	日平均值月平均	3.1	4.1	3.8	7.5	10.6	13.5	20.9	19.7	13.3	10.9	5.6	3.5
	日最大值月平均	3.8	5	4.9	6.6	12.9	16.3	23.5	21.6	15.2	12.6	6.6	4
	日最小值月平均	2.7	3.4	2.6	4.2	7.8	10.4	17.8	17.7	11.6	8.9	4.7	3
	月极大值	5.2	6.2	9.1	17.3	18.1	21.2	28.3	26.2	21.7	15.6	8.3	5.5
	月极小值	1.2	1.3	0.8	1.7	3.7	4.6	11.3	6.5	5.4	5.4	2.8	1.5
2007	日平均值月平均	2.5	3.8	5.3	5.3	8.7	13.3	—	18.7	12.4	9	5.2	3.6
	日最大值月平均	3	4.7	6.5	7.2	11.1	15.5	—	21	14.3	10.5	6.3	4.1
	日最小值月平均	2.1	3	4.4	3.7	6.2	10.6	—	16.5	10.6	7.8	4.4	3
	月极大值	5	7	9.6	10.2	19	19.6	23.3	24.5	18.8	17.7	8.4	5.5
	月极小值	0.8	1.4	1.5	1.1	2	4.7	8.4	9.1	5.2	3.2	2.1	0.9
2008	日平均值月平均	2.3	2.8	5.3	7.3	8.8	13.6	18.4	16.6	13.6	9.6	4.5	2.4
	日最大值月平均	2.9	3.4	5.3	9.1	11.2	16.1	20.8	19.4	15.5	11.2	5.9	2.9
	日最小值月平均	1.9	2.3	5.2	5.7	6.3	11	15.8	14.2	11.6	7.4	3.8	1.9
	月极大值	4.4	6.2	9.8	13.5	18	20.8	24.2	24.1	20.7	16.4	9.3	4.5
	月极小值	0.9	1.1	1.6	1.8	1.7	4.4	9.1	8.4	7.4	3.7	0.5	0.4

表 4-165 自动观测气象要素—海平面气压

单位：hPa

年份	月份 项目	1	2	3	4	5	6	7	8	9	10	11	12
2004	日平均值月平均	—	—	—	—	—	—	—	—	1 015	1 024	1 027	1 028
	日最大值月平均	—	—	—	—	—	—	—	—	1 019	1 028	1 032	1 032
	日最小值月平均	—	—	—	—	—	—	—	—	1 011	1 020	1 022	1 023
	月极大值	—	—	—	—	—	—	—	—	1 033	1 041	1 051	1 052
	月极小值	—	—	—	—	—	—	—	—	1 003	1 009	1 008	1 013
2005	日平均值月平均	1 028	1 024	1 022	1 013	1 007	1 001	1 003	1 007	1 016	1 026	1 027	1 036
	日最大值月平均	1 032	1 029	1 027	1 018	1 011	1 005	1 006	1 009	—	1 030	1 031	1 040
	日最小值月平均	1 022	1 019	1 15	1 006	1 002	996	1 000	1 004	1 012	1 021	1 021	1 029
	月极大值	1 044	1 046	1 045	1 029	1 019	1 015	1 012	1 018	1 023	1 038	1 041	1 056
	月极小值	1 010	1 006	1 002	988	993	989	995	994	1 004	1 013	1 010	1 019
2006	日平均值月平均	1 030	1 030	1 019	1 012	1 010	1 005	1 003	1 006	1 018	1 022	1 026	1 032
	日最大值月平均	1 034	1 034	1 026	1 019	1 016	1 009	1 006	1 010	1 021	1 025	1 029	1 036
	日最小值月平均	1 024	1 023	—	—	—	1 000	999	—	1 014	1 017	1 021	1 028
	月极大值	1 052	1 044	1 045	1 037	1 033	1 017	1 012	1 020	1 033	1 034	1 038	1 045
	月极小值	1 009	1 005	1 002	1 003	998	994	995	996	1 005	1 008	1 012	1 019
2007	日平均值月平均	1 036	1 022	1 020	1 018	1 009	1 006	1 003	1 008	1 017	1 026	1 029	1 029
	日最大值月平均	1 040	1 026	1 025	1 023	1 015	1 010	1 006	1 011	1 020	1 029	1 033	1 034
	日最小值月平均	1 031	1 016	1 015	1 012	1 003	1 002	1 000	1 004	1 013	1 021	1 023	—
	月极大值	1 054	1 046	1 043	1 039	1 031	1 016	1 012	1 016	1 027	1 037	1 044	1 047
	月极小值	1 022	1 006	997	1 000	993	994	993	997	1 005	1 011	1 014	1 013
2008	日平均值月平均	1 035	1 034	1 019	1 016	1 010	1 006	1 005	1 009	1 016	—	1 034	1 031
	日最大值月平均	1 039	1 038	1 023	1 020	1 015	1 010	1 008	1 012	1 019	1 027	1 035	1 037
	日最小值月平均	1 030	1 028	1 012	1 010	1 003	1 001	1 001	1 005	1 012	1 005	1 007	1 024
	月极大值	1 050	1 048	1 033	1 035	1 028	1 018	1 012	1 023	1 027	1 033	1 047	1 055
	月极小值	1 015	1 013	1 001	995	991	993	996	1 001	1 003	1 008	1 013	1 010

4.4.4 降水量

表 4-166 自动观测气象要素—降水量

单位：mm

年份	月份 项目	1	2	3	4	5	6	7	8	9	10	11	12
2004	月量	3.5	10	16.6	5.7	44.6	49.9	74.7	142.2	92.6	36.5	15.2	8.5
	日最大值	1	6.1	5.7	4.2	3.3	8.5	11.5	11.6	23.9	6.7	6.4	2.4
	日最大值日期	17	19	23	22	26	29	26	19	19	30	24	21
2005	月量	0.4	7.6	13.8	13.4	71	40.7	185.4	48.8	128	50.8	0.4	0
	日最大值	0.2	1.2	1.4	3.6	24.4	0.8	38.8	8	8.8	3.4	0.2	0
	日最大值日期	—	—	—	—	—	—	—	—	—	—	—	—
2006	月量	7	18.3	6.2	9.9	57.6	39.8	86.1	131.9	86	16.5	8.8	7
	日最大值	4.8	7	1.6	4.9	29.2	16.9	30.2	27.5	23.1	9.8	6	4.8
	日最大值日期	19	27	21	8	21	3	7	30	1	16	24	7
2007	月量	5.2	8.6	28.8	2.2	31	51.6	41.4	50	95	82.2	1	4
	日最大值	1.2	3.4	2.2	0.4	3	4.4	7	12.2	7.4	4	0.2	0.6
	日最大值日期	3	17	3	13	30	17	9	9	2	10	10	23
2008	月量	16.8	11	13.6	21.6	7.2	83.4	134.8	71	104.8	46.2	9.2	0
	日最大值	1.2	1.2	1.8	2	2.2	10.4	36.4	11.6	5.2	4	1.2	0
	日最大值日期	13	17	20	17	25	15	21	8	9	10	14	0

4.4.5 风速和风向

表 4-167 自动气象观测要素—风速和风向

风速单位：m/s

风向单位：°

年份	月份\项目	1	2	3	4	5	6	7	8	9	10	11	12
2004	月平均风速	—	—	—	—	—	—	—	—	1.4	1.3	1.3	1.7
	月最多风向	—	—	—	—	—	—	—	—	—	—	—	—
	最大风速	—	—	—	—	—	—	—	—	9.8	5.9	5.8	7.6
	最大风风向	—	—	—	—	—	—	—	—	330	337	339	334
2005	月平均风速	1.4	1.6	1.9	2.1	1.9	1.6	1.6	1.4	1.3	1.2	1.5	1.4
	月最多风向	—	—	—	—	—	—	—	—	—	—	—	—
	最大风速	5.8	6.6	8.2	8.9	8.9	6.6	7.4	6.3	7.2	6.2	6.6	8.9
	最大风风向	341	336	311	327	3	317	338	350	322	331	336	327
2006	月平均风速	1	1.4	1.5	1.8	1.5	1.4	1.3	1.4	1.1	0.9	1.1	1.1
	月最多风向	C	SSE	NE	NE	NE	NE	NE	NE	NE	NE	NE	NE
	最大风速	5.5	6.3	9.4	9.1	9.3	11.5	5.8	10.1	5.9	4.8	6	7.7
	最大风风向	332	328	334	339	318	257	62	0	255	248	243	246
2007	月平均风速	1.2	1.3	1.7	1.7	1.7	1.4	—	1.3	1.1	0.9	1.1	0.9
	月最多风向	WSW	ENE	ESE	WNW	ESE	ENE	ESE	E	C	C	C	C
	最大风速	8.9	7.6	9.6	8.3	5.9	6.4	5.7	5.6	8.5	7.3	7.6	7.5
	最大风风向	283	149	0	246	0	285	252	0	260	292	263	264
2008	月平均风速	1	1.2	1.5	1.6	1.5	1.3	1.2	1.2	1.1	0.9	1.2	1.3
	月最多风向	WSW	WSW	ENE	ESE	ESE	E	ENE	ENE	ENE	S	NNW	NNE
	最大风速	5.6	5.6	7.1	7.4	9.1	5.6	8.5	7.6	9.6	4.4	9.5	7.3
	最大风风向	254	254	88	261	247	137	340	246	195	199	340	346

注：（1）风向分 16 个方位，分别为 E-东、S-南、W-西、N-北及其组合，下同；

（2）C-静风（风速小于 0.2m/s），下同。

表 4-168 自动气象观测要素—10min 平均风速

风速单位：m/s

风向单位：°

年份	月份\项目	1	2	3	4	5	6	7	8	9	10	11	12
2004	月平均风速	—	—	—	—	—	—	—	—	2.6	1.3	1.3	1.7
	月最多风向	—	—	—	—	—	—	—	—	—	—	—	—
	最大风速	—	—	—	—	—	—	—	—	5.5	5.9	5.8	6.9
	最大风风向	—	—	—	—	—	—	—	—	326	342	332	333
2005	月平均风速	1.3	1.6	1.9	—	2	1.6	1.6	1.4	1.3	1.3	1.5	1.4
	月最多风向	—	—	—	—	—	—	—	—	—	—	—	—
	最大风速	5	—	7.8	8.6	8.3	6.3	6.3	5.8	5.7	6.3	6.6	8.1
	最大风风向	339	—	303	324	332	324	324	136	324	329	333	320
2006	月平均风速	1	1.4	1.5	1.8	2.6	1.4	1.3	1.7	1.1	0.9	1.1	1.1
	月最多风向	SSE	SSE	NE	NE	NE	NE	NE	NE	NE	NE	NE	NE
	最大风速	5.8	5.9	8.2	8.3	9.2	8.4	5.6	6.5	5.8	5	5.5	7.3
	最大风风向	339	326	333	323	350	263	63	350	255	243	247	240

（续）

年份	月份 项目	1	2	3	4	5	6	7	8	9	10	11	12
2007	月平均风速	1.2	1.3	1.5	1.7	1.5	1.4	—	1.1	1.1	1	1.1	0.9
	月最多风向	WSW	ENE	E	WNW	E	E	E	E	ENE	C	ENE	C
	最大风速	8.5	75	70	99	60	70	57	65	76	55	65	80
	最大风风向	273	129	248	242	250	287	252	346	259	288	252	261
2008	月平均风速	1	1.2	—	1.6	1.5	1.3	1.1	1.2	1.1	0.9	1.2	1.3
	月最多风向	WSW	W	ENE	E	ESE	E	E	E	ENE	SSE	NNW	NNE
	最大风速	5.6	5.4	6.3	5.9	7.8	7.3	6.7	5.9	7.9	3.7	9.4	7.2
	最大风风向	247	256	88	243	261	250	342	258	199	226	340	340

表 4 - 169 自动气象观测要素—10min 极大风速和风向

风速单位：m/s

风向单位：°

年份	月份 项目	1	2	3	4	5	6	7	8	9	10	11	12
2004	最大风速	—	—	—	—	—	—	—	—	15.5	11.3	11.7	11.7
	最大风风向	—	—	—	—	—	—	—	—	326	345	333	331
	最大风日期	—	—	—	—	—	—	—	—	30	20	9	30
2005	最大风速	9.8	10.4	8.2	13.2	14.2	10.6	13.8	11.5	12.1	11	11.9	14.8
	最大风风向	358	322	311	320	330	257	247	347	306	329	332	330
	最大风日期	29	18	3	9	5	19	19	16	20	13	28	20
2006	最大风速	11	9.9	19.2	13.8	13.8	10.7	9.3	11.3	5.9	8.6	9.5	13.4
	最大风风向	338	3	332	323	337	264	356	247	255	244	243	287
	最大风日期	29	15	31	11	9	25	25	25	4	16	4	12
2007	最大风速	15.4	12.8	12.4	18	11.2	12.9	9.1	12.5	14	11.3	12	16
	最大风风向	268	56	249	259	256	288	251	340	259	287	252	258
	最大风日期	26	27	3	15	15	3	18	11	17	27	25	28
2008	最大风速	9.2	11	13.3	12.1	15.9	13.5	12.7	11.4	14.3	6.6	15.1	12.2
	最大风风向	244	275	270	243	262	242	342	256	200	192	336	335
	最大风日期	7	26	12	1	3	5	20	29	4	27	26	7

表 4 - 170 自动气象观测要素—60min 极大风速和风向

风速单位：m/s

风向单位：°

年份	月份 项目	1	2	3	4	5	6	7	8	9	10	11	12
2004	最大风速	—	—	—	—	—	—	—	—	15.5	11.3	11.7	11.7
	最大风风向	—	—	—	—	—	—	—	—	332	342	341	323
	最大风日期	—	—	—	—	—	—	—	—	30	20	9	30
2005	最大风速	9.8	10.4	8.2	13.2	14.2	10.6	13.8	11.5	12.1	11	11.9	14.8
	最大风风向	24	339	311	324	332	334	248	347	324	329	326	345
	最大风日期	29	18	3	9	5	19	19	16	20	13	28	20

（续）

年份	项目＼月份	1	2	3	4	5	6	7	8	9	10	11	12
2006	最大风速	11	9.9	19.2	17.1	17.3	20.7	16.8	10.1	10.8	9.3	10.8	13.9
	最大风风向	343	4	336	293	333	309	339	236	238	268	253	259
	最大风日期	29	15	31	28	21	25	24	2	8	16	5	15
2007	最大风速	15.4	12.8	13.6	19.8	14.3	12.9	14.7	12.6	14	11.8	12.8	16
	最大风风向	266	54	236	248	264	298	291	328	236	289	270	238
	最大风日期	26	27	19	15	15	3	9	11	17	27	25	28
2008	最大风速	10	11.3	15.3	13.2	15.9	13.9	14.4	14.2	14.3	7.6	17	15.7
	最大风风向	287	251	264	244	255	238	332	259	219	226	0	345
	最大风日期	7	25	12	1	3	5	20	29	4	23	26	21

4.4.6 地表温度

表4-171 自动观测气象要素—地表温度

单位:℃

年份	项目＼月份	1	2	3	4	5	6	7	8	9	10	11	12
1998	日平均值月平均	—	—	—	—	17.4	24.1	25.4	23.1	20.1	11.8	5	−0.5
	日最大值月平均	—	—	—	—	29.8	39.8	37.1	34.6	34.3	23.3	24.4	11.8
	日最小值月平均	—	—	—	—	9.9	15	18.4	16.7	12	4.9	−5.2	−6.3
	月极大值	—	—	—	—	47.7	59.3	56	44.5	44.1	32.7	32.1	19.8
	月极小值	—	—	—	—	4.1	8.8	15.2	12.4	2.3	−4.5	−8.8	−11.5
1999	日平均值月平均	−2.6	1.4	8.1	14.9	18.5	23.8	25.2	26.7	20.2	11.8	4.5	−2.7
	日最大值月平均	12.5	18	24.9	31.2	32.3	38.7	39.3	45.3	30.5	21.6	16	11.7
	日最小值月平均	−10.1	−7.2	−0.8	5.5	9.9	14.4	17.6	17	14.4	6.4	−0.9	−8.9
	月极大值	20.3	32.1	36.1	44.3	48	49.6	59.4	53.4	46.3	29.7	25.5	17
	月极小值	−18.6	−15.8	−6.5	−3.1	4.1	8.9	13.6	10.9	10	−1.1	−8.4	−17.1
2000	日平均值月平均	−2.9	0.1	9.6	15.8	22.6	23.9	30	24.5	19.9	10.9	2.7	−1.1
	日最大值月平均	5.2	13.8	31.9	38	46.2	40	52.9	41.6	36.6	18.5	11.9	8.1
	日最小值月平均	−7.2	−6.6	−2.1	2.6	8.9	15.2	18.4	16.9	11.5	6.7	−1.4	−4.9
	月极大值	18	25.8	45.6	53.6	61.3	61	66.6	57.6	54.7	31	24.1	13.9
	月极小值	−11.3	−12.3	−6.5	−4.5	1.5	11.3	9.4	13.4	5.8	−1.3	−3.8	−7.9
2001	日平均值月平均	−2.3	1.2	7.8	12.7	22.5	25.1	28.3	24.3	17.1	12.3	4.3	−2.1
	日最大值月平均	6.5	7.5	24.6	26.8	46.1	45.1	46.8	41.2	26.9	22	17.4	9.1
	日最小值月平均	−6.6	−1.6	−1.2	4.3	9.3	13.7	17.9	17	12.2	6.9	−1.8	−7.1
	月极大值	16.9	18.6	39.9	46.3	61.2	61.3	60.4	57.2	47.2	31.1	22	18.4
	月极小值	−11.7	−6.5	−5.3	−2.2	3.2	7	14.1	11	6.5	0.9	−5	−14.2
2002	日平均值月平均	−1	2.5	9.4	14.7	18.4	26.9	27.1	25.5	19.5	9.5	3.5	−1.9
	日最大值月平均	10.6	17.3	27.7	33.4	32.1	47.3	45.4	42.2	34.1	21.5	17	6.5
	日最小值月平均	−6.7	−4.3	−0.4	4.5	10.1	15.3	17.2	16.1	12	3.7	−2.5	−6.1
	月极大值	21.8	28.5	44.2	52.4	58.5	62	54.8	59.2	57.8	37.2	24.5	11.6
	月极小值	−10.8	−11.2	−4.8	−1.2	2.1	10.4	13.1	12.5	4.8	−1.8	−5.9	−9.4
2003	日平均值月平均	−1.8	−0.6	9.3	9.2	19.4	26.7	25.3	21.9	18.5	10.6	3.5	−1.6
	日最大值月平均	0.1	7	26.7	18.6	35.6	47.4	37.9	29.5	26.1	18.9	9	5.2
	日最小值月平均	−4	−4.1	0.8	3.5	9.3	14.3	17.9	17.4	14	5.7	0.6	−4.8
	月极大值	8.3	12.2	38	52.6	58.5	64.5	55.6	40.1	34.7	26.1	23.3	11.1
	月极小值	−17.5	−7.3	−9.3	0	3.2	7.2	12.2	10.5	9.8	1.1	−4.2	−10.3

（续）

年份	项目	1	2	3	4	5	6	7	8	9	10	11	12
2004	日平均值月平均	−2.5	1.3	8	17	21.4	25.8	26.3	23.6	18.6	10.1	3.9	−0.5
	日最大值月平均	9	18.5	22.7	37.4	44.3	46.5	43.5	32.4	31.4	21.5	15.1	6.8
	日最小值月平均	−8.2	−6.2	0.4	4.9	9	14.3	16.9	18.2	11.6	3.9	−1.2	−3.6
	月极大值	18.9	28.6	39.3	52.3	57.1	63.2	61.2	44.4	50.2	31.7	29.1	17.1
	月极小值	−15.7	−13.7	−4.6	−4.7	1	10.1	11.6	13.4	6.8	−1.7	−4.2	−8.2
2005	日平均值月平均	−2.4	0.3	7.8	16.3	21.5	28.2	26.1	21.9	19.9	10.8	4.5	−3.1
	日最大值月平均	8	14.5	29.2	39.5	40.9	51.7	40.1	30.9	31.5	19.3	13.4	10.5
	日最小值月平均	−7.9	−6.3	−2.3	3.1	11.8	14.4	17.8	16.9	13.5	6.3	0.3	−8.8
	月极大值	17.5	30.9	42	54.5	62.2	69.2	61	43.3	48.9	27	20.8	21.1
	月极小值	−12.2	−10.5	−7.8	−4.6	0.5	10.3	13.5	12.1	10	0.1	−4.6	−13.8
2006	日平均值月平均	−2.3	1.3	8.2	16.1	21	26.3	28.3	25.4	16.7	13.3	5	−0.8
	日最大值月平均	2.5	7.8	23.6	33.7	39.1	45.5	42.1	36.8	23.6	19.8	10.8	2.7
	日最小值月平均	−5.1	−1.3	0	4.5	10.6	15.5	20.4	18.9	13	9.2	1.4	−2.9
	月极大值	13.8	19.3	42.7	51.6	56.9	67.6	59.4	54.6	31	24.4	18	7
	月极小值	−10.4	−3.5	−3.3	−2	0.5	9.7	15.6	15.5	6.8	4	−1.6	−5.6
2007	日平均值月平均	−2.3	2.3	6.4	14.1	22.9	24.2	24.4	23.3	16.6	10.2	4.7	−0.5
	日最大值月平均	1.5	12.3	14	26.5	40.1	38.2	31.8	29.4	21.6	14.4	10	1.8
	日最小值月平均	−4.6	−2	2.2	5.4	11.9	16.1	19.2	18.9	13.2	7.4	1.9	−1.8
	月极大值	10.7	25.2	29.7	36	54.3	52.9	42.9	34	28.7	18.5	15.4	5.3
	月极小值	−8	−7.4	−1.1	−1.9	3.5	12	15.1	14.9	9.2	2.2	−1.4	−6.6
2008	日平均值月平均	−1.5	−1.1	8.3	12.4	20.6	23.6	23.9	22.9	17.5	11.5	4.4	−1.2
	日最大值月平均	−0.1	0	16.6	20	33.7	34.6	31.6	30.4	22.4	16.8	8.2	1.7
	日最小值月平均	−2.3	−1.9	2.8	7.1	12.1	16.9	18.7	17.6	14.2	7.2	2.3	−3.1
	月极大值	5.3	5.3	21.9	28.5	48.3	50.2	40.3	38.8	30.5	23	15.2	4.7
	月极小值	−6.3	−3.9	−2	3	6.9	12.3	14.7	11.8	9.9	3.4	−2.1	−7.5

4.4.7　辐射

表 4 − 172　自动观测气象要素—月平均辐射总量

单位：MJ/（m² · d）

年份	项目	1	2	3	4	5	6	7	8	9	10	11	12
1998	总辐射	—	—	—	—	16.4	21.1	17.7	16.6	17.3	10	11.3	7.5
	反射辐射	—	—	—	—	2.8	3.8	3	2.6	5.4	1.7	2.2	1.6
	紫外辐射	—	—	—	—	1.9	2.3	2	2	2.2	1.4	1.6	1.1
	净辐射	—	—	—	—	10.5	13.1	11.9	11.4	14.5	4.8	4	2.2
	光合有效辐射	—	—	—	—	6.6	8.7	7.6	7	7.5	3.7	3.8	2.4
1999	总辐射	10.2	9.8	12.8	16.2	17.9	18	19.3	20.9	12.3	11	9.6	10
	反射辐射	2.3	2.3	2.8	3.1	3	2.8	3.1	3.6	1.8	1.5	1.5	1.8
	紫外辐射	1.5	1.4	1.7	1.9	2.1	2.2	2.5	2.7	1.6	1.5	1.3	1.5
	净辐射	2.4	3	5.4	8.8	11.2	11.7	14	12.6	7.4	6.3	3.8	2.5
	光合有效辐射	3.4	3.3	4.7	6.2	7.1	7.2	7.7	8.2	4.9	4.1	3.4	3.2
2000	总辐射	8	11.3	16.7	18.5	20.1	18.4	22.3	16.1	12.9	7.4	6.1	9.2
	反射辐射	3.2	3.6	2.8	3.3	3.5	2.7	3.5	2.5	2.1	1.1	1.2	1.6
	紫外辐射	1.2	1.5	1.7	1.7	1.9	2	2.3	1.6	1.3	0.8	0.7	0.9
	净辐射	1.1	4.2	8.1	9.6	11.1	13.9	20.3	11.8	7.4	4.7	3.3	3.5
	光合有效辐射	2.7	6.7	8.4	9.5	10.4	9.6	11.7	8.5	6.8	3.9	3.1	4.7

（续）

年份	项目	1	2	3	4	5	6	7	8	9	10	11	12
2001	总辐射	7.8	9.5	16.5	14.2	21.4	20.4	22.9	13.6	9.4	9.6	10.3	7.2
	反射辐射	3	1.8	2.8	2.5	3.7	3.2	3.6	2.3	1.5	1.4	1.7	1.3
	紫外辐射	0.9	0.9	2	1.7	2.6	2.4	2.7	1.6	1.2	1.2	1.2	0.8
	净辐射	2	4.9	8.3	7.7	11.5	9.8	13.5	7.7	6.3	6.4	5.1	2.7
	光合有效辐射	3.8	4.8	7.6	5.3	8.2	8.1	9.1	5.4	3.8	3.7	3.7	2.4
2002	总辐射	9.4	8.5	15	16.6	17.4	20.6	21.9	18.8	13	6.9	11.5	7.6
	反射辐射	2.6	1.6	2.5	4.4	3	3.5	3.8	3	2.1	2.5	2	3
	紫外辐射	1	0.8	1.8	1.8	1.7	3.6	2.2	1.9	1.4	0.2	0.4	0.2
	净辐射	3	3.9	7.1	10.3	11.8	17.4	14.8	11.2	7.9	2.9	3.9	1.1
	光合有效辐射	3.2	3	5.4	4.4	2.5	5.3	1	5.8	0.8	—	—	—
2003	总辐射	10	9.4	12.7	15.3	21	30.6	22.8	14.4	12.3	10.4	7.8	8.2
	反射辐射	3.7	1.6	2.3	2.6	10.8	13.3	8.6	4	2.3	2	6.2	1.9
	紫外辐射	0	0	0	0.6	4.8	4.4	3.3	1.9	1.4	1.2	1.9	0.9
	净辐射	2	4.4	7.8	9.8	25.3	21.4	16.6	10.3	8	5.6	11.2	2
	光合有效辐射	—	—	—	16.8	11.8	8.2	6.8	5.8	5.1	4.1	2.9	2.8
2004	总辐射	8.3	12.3	13.8	20.3	22.3	20.7	19.7	16.5	15.5	17.3	17.7	13.1
	反射辐射	1.8	2.5	2.5	4	4.2	3.5	3.2	2.9	2.5	2.5	3.4	2.7
	紫外辐射	0.9	1.6	1.5	2.1	2.2	2.2	2.1	2.5	0.4	0.3	0.1	0.1
	净辐射	2	4.4	7	10.7	13.3	12.9	12.7	11.6	6.1	4.4	2.2	0.9
	光合有效辐射	2.8	4.1	5.3	7.8	8.9	8.4	8.1	7.3	27.3	22.9	19.6	14
2005	总辐射	14.1	14.4	16.8	19.7	18.2	22.3	17.5	13.9	12.3	10.2	9.6	9.5
	反射辐射	2.6	2.9	3.1	4	3.8	4.2	3	2.6	2.2	1.9	1.8	2.1
	紫外辐射	−0.1	−0.1	0.5	0.7	0.7	0.9	0.7	0.6	0.5	0.4	0.3	0.3
	净辐射	1.4	2.4	6.1	7.8	8.2	11.1	9.6	7.1	5.5	3.6	2.3	0.8
	光合有效辐射	15.1	16.7	7.9	36	34.7	43.7	35.2	27.4	23.5	19.4	17.4	15.8
2006	总辐射	7	10.6	16	17.9	20.5	19.3	18.8	14.4	11.1	11.6	9.3	7.2
	反射辐射	3.8	2.9	2.8	3.5	3.8	3.4	3.3	2.6	2.2	2.4	2.2	1.6
	紫外辐射	0.2	0.3	0.5	0.6	0.8	0.7	0.8	0.6	0.5	0.4	0.3	0.2
	净辐射	0.3	2.9	6.2	7.4	9.7	9	9.9	6.6	4.5	4.3	2.4	1.1
	光合有效辐射	2.7	7.7	8.7	10.4	10.8	10.3	9	7.5	6.6	7.3	6.9	6.2
2007	总辐射	9.5	11.7	13.1	17.3	21.4	17.1	14.5	17.2	13.4	8.5	9.8	7.1
	反射辐射	4.5	2.3	3	3.4	4	2.8	2.7	3.5	2.7	1.6	1.8	1.6
	紫外辐射	0.3	0.4	0.5	0.7	0.9	0.7	0.7	0.7	0.6	0.3	0.3	0.2
	净辐射	0.4	3.4	4.7	6.7	9.1	7.6	7	8.6	5.6	2.9	2.6	0.8
	光合有效辐射	2.1	3.4	8.5	10.6	12.4	9.4	7.6	8.6	7.8	5.6	7.2	6.4
2008	总辐射	6.4	13.4	16.1	17.3	21.1	19.9	19.1	18.1	11.4	10.4	5.1	5.4
	反射辐射	4.8	6	2.5	3	3.7	3.2	3.4	3.3	2.3	2.1	1.8	2
	紫外辐射	0.2	0.5	0.9	0.7	0.8	0.8	0.8	0.8	0.5	0.4	0.3	0.3
	净辐射	1.1	1.9	6.6	7.8	9.3	9.5	10.4	9.2	5.1	3.8	2.7	2.1
	光合有效辐射	2.3	3.1	5.5	9.5	11.8	10.4	8.7	8.9	6.3	6.6	2.3	3.3

4.4.8　长武县气象局数据

表 4－173　长武县气象局数据—降水量、气温和水面蒸发量

降水单位：mm，温度单位：℃，蒸发单位：mm

年份	项目\月份	1	2	3	4	5	6	7	8	9	10	11	12
1957	降水量	14.2	5.2	14.6	52.3	103	63.1	150.7	0.7	24.7	34	31.3	0.3
	平均气温	−5.8	−4	5.3	10.4	13.6	18.5	21.5	22.6	14	9.6	4.3	−1
	气温极大值	4.7	10.1	22.2	24.7	26.1	29.3	32.4	33.4	25.7	26.2	18	11.9
	气温极小值	−17.5	−16.4	−6.7	−0.4	3	8.6	13	12	−0.5	−2.6	−3.4	−10.9
	蒸发量	24.3	45.3	121	144.1	136.1	199.7	209.8	291.1	146.5	201.6	76.3	37.9
1958	降水量	7.5	3.7	21.3	68.6	65.7	71	134.9	213.9	60.2	67.2	38.5	5
	平均气温	−6.2	−0.6	6	12.4	14.7	18.9	22.6	18.5	15	8.2	2.3	−1.5
	气温极大值	9.5	16	20.5	29.4	28.3	30.6	31.1	27.7	25.5	18.5	16.9	8.9
	气温极小值	−18	−16.1	−8	0.3	2.7	8.8	14.3	11.5	1.1	−3.4	−6.6	−8.9
	蒸发量	38.1	83.7	149.2	196.7	189.9	185	227.4	123.8	99.6	74.7	34.5	34.6
1959	降水量	4.9	19.2	31.5	2.7	63.5	50.8	61.2	115.7	72.3	35.2	20.4	2.1
	平均气温	−5.7	−1.3	4.5	11.4	13.4	20.3	24	21	14.9	11	1.5	−2.8
	气温极大值	8.5	9.5	22.2	25.2	27.7	31.7	34.4	31.6	26.5	26.4	14.6	10.4
	气温极小值	−15.8	−10.1	−6.2	−2.3	0.4	10	13.1	11.8	4.3	−2.5	−8.7	−14.4
	蒸发量	46.9	32.7	84.3	200.9	165.2	241.7	275.9	179	149.4	101.4	47.4	34.9
1960	降水量	0	2.9	19.3	36.8	28.6	11.9	103.4	120.3	50.9	31.9	13	0.3
	平均气温	−3.1	1.5	5.8	10.1	14.9	22.4	22.5	19.3	16.3	8.4	2.5	−3.7
	气温极大值	12.3	17.5	22.7	25.6	30.5	34.8	33.9	31.5	28	20.3	16.2	10.8
	气温极小值	−15.8	−9.4	−6.9	−5.4	0.4	8.7	12.2	9.7	3.3	−4.8	−8.9	−16.8
	蒸发量	60.8	86.5	120.3	161.3	219.7	326.4	260.8	134.7	153.3	81.2	56.7	57.8
1961	降水量	1.7	3.9	26.2	70	41.4	91.6	69.2	147.4	82.6	125.8	37.7	2.3
	平均气温	−5.3	−1.4	3.9	12.3	16	19.9	22.9	21.3	15.8	8.6	3.6	−2.6
	气温极大值	7.4	13.7	17.8	26	29.1	33.6	32.7	31.9	27.1	19.5	13.8	9.2
	气温极小值	−16.9	−16.6	−3.7	−1.9	1.2	6.6	14.6	12.1	4.4	−0.9	−5.5	−15.2
	蒸发量	70.8	91.1	98	201.6	254	182.1	208	183.3	152.2	42.9	41	44.3
1962	降水量	5	7.8	0.6	15.8	20.2	14.8	147.5	84.7	91	75	64.2	0
	平均气温	−5.9	−0.3	4.3	9.5	16	21.3	22.1	20.7	15.2	9.1	0.7	−2.8
	气温极大值	7	16	19.1	30.9	32	32.6	34.4	30.8	26.9	20.6	15.8	9.3
	气温极小值	−15.7	−13.5	−8.3	−7.4	−0.7	7.3	14.9	8.7	4.4	0.4	−15.8	−13.9
	蒸发量	39	79.5	178.5	211.8	290.2	—	—	—	—	—	—	—
1963	降水量	40.3	115.1	34.7	77.5	72.2	165.6	18	59.9	9	0	0.5	18.3
	平均气温	8.3	14.7	20	22	22	14.7	9.5	3.4	−5.4	−5.3	−2	4.4
	气温极大值	24.8	28.9	32.8	32	31.5	23.7	21.5	15.4	5	11.3	15.2	23.6
	气温极小值	−2.1	4	7.7	12	12.5	2.9	−0.9	−7	−15.1	−14.8	−12.9	−6.7
	蒸发量	—	—	—	—	—	—	—	—	—	—	—	—
1964	降水量	9	10.2	26.1	79.7	141.1	38.4	76.8	119.2	182.6	120.3	2.8	7
	平均气温	−5.7	−7	4.7	11.1	13.9	19	20.9	21.2	14.5	10.2	3.4	−2.9
	气温极大值	3.5	4	23.1	20.7	25	29	31.4	33.5	23.2	21.5	13.4	9
	气温极小值	−15.4	−17	−3.5	2.6	3.4	5.5	10.3	11.9	5.2	2.5	−4.2	−12.4
	蒸发量	—	—	—	—	—	—	—	—	—	—	—	—
1965	降水量	4.3	8.8	41	54	55.5	59.7	82.4	43.8	34.1	70.2	4.9	4.3
	平均气温	−2.5	−1.4	3	10	15.9	19.5	21.8	20.8	16.5	9.9	4	−4.7
	气温极大值	8.4	12.5	19.5	25.3	28.5	30.9	32.9	33	28.5	20.5	15.8	10.5
	气温极小值	−12	−12.2	−7.8	0.4	0	7.2	14.1	9.8	7.1	0	−10.1	−15.9
	蒸发量	—	—	—	—	—	—	—	—	—	—	—	—

（续）

年份	项目	1	2	3	4	5	6	7	8	9	10	11	12
1966	降水量	1.9	4.7	27.5	47	14.5	55.3	210.6	67.3	215.3	58.6	6.7	0
	平均气温	−2.9	1.5	5.9	10.4	16	21.9	22.1	21.2	13.8	8.9	2.2	−4.4
	气温极大值	14.4	15.9	20.4	27.2	29.1	36.9	32.6	31	24.5	23.2	15.5	9.2
	气温极小值	−15.1	−13.7	−5.7	−1.7	4.1	6.8	13.9	9.9	5	−3.9	−10.5	−16.2
	蒸发量	—	—	—	—	—	—	—	—	—	—	—	—
1967	降水量	2.6	12.2	50.5	57.8	47.4	40.2	79.5	72.8	147.8	16.5	34.8	0
	平均气温	−5.8	−3.5	3.7	9.1	16	19.9	22.3	22.4	14.2	9.9	−0.1	−8.3
	气温极大值	9.5	11.2	17.8	27.3	30.3	31.7	32.3	33.2	26	19.5	13.7	3.7
	气温极小值	−19.8	−15.3	−11.1	−2	3.4	6.3	11.4	12.6	3.5	0.5	−14.7	−18.9
	蒸发量	—	—	—	—	—	—	—	—	—	—	—	—
1968	降水量	8.4	3.4	47	61.8	47.1	26.3	45.3	121.7	125.2	90.7	40.5	6.8
	平均气温	−5.8	−5	4.6	9.4	15.3	21.1	22.5	19.6	14.6	8.1	3.1	−1.4
	气温极大值	7.3	11.5	20.2	28.3	27.3	33.4	33	31.3	24.1	21.2	13.8	10.7
	气温极小值	−17.9	−19.2	−8.4	−2	4.7	7.7	11.2	9.9	2.4	−2.5	−6.5	−12.9
	蒸发量	—	—	—	—	—	—	—	—	—	—	—	—
1969	降水量	7.5	10.8	18.3	45.4	17.4	8	80.3	63.6	158.8	18.7	13.2	0.2
	平均气温	—	—	—	9.8	18	20.3	22.8	22.4	15.5	11.1	0.7	−4.1
	气温极大值	—	—	—	26.7	31.8	33.6	32.4	33.6	28.2	21.5	16.7	8.4
	气温极小值	—	—	—	−8.8	6.1	7	12.6	10.1	6.9	2.2	−13	−16
	蒸发量	—	—	—	—	—	—	—	—	—	—	—	—
1970	降水量	1	13.5	20.6	48.2	76.1	48.6	90.4	235.7	126.8	43.3	6	2.4
	平均气温	−4.6	−1.2	1.4	9.7	16.1	18.7	23.5	20.7	14.1	8.9	2.2	−2.8
	气温极大值	9.1	12.6	16.8	24.5	30.9	33.4	35.2	29.5	27.8	21.9	17.2	10.5
	气温极小值	−15.1	−10.9	−10.4	−3.6	4.2	4.8	13.5	11	0.2	−3.5	−12.9	−10.6
	蒸发量	—	—	—	—	—	—	—	—	—	—	—	—
1971	降水量	6.1	11.3	8.7	69.7	48	85.6	52.2	70.6	29.8	33.5	48.7	1.7
	平均气温	−5.5	−3	4.3	9.7	15.7	18.3	24	21.6	15.2	9.2	2.6	−2.7
	气温极大值	10.5	13.6	22.7	23.7	30.5	30.6	33.2	32.3	27.3	20.8	18.8	11.9
	气温极小值	−17.8	−14.4	−4.9	−0.4	0.2	7.9	13.6	9.9	0.5	−4	−14	−10.1
	蒸发量	—	—	—	—	—	—	—	—	—	—	—	—
1972	降水量	11.4	16.7	28.7	46.3	52.2	69.3	97.5	51.9	41.9	19.8	33.5	5.4
	平均气温	−4.2	−6	4.3	10.4	16.1	21.6	21	21.9	14.4	9.4	3.3	−3.9
	气温极大值	8.7	5.3	18.6	28.4	28.1	34.7	33.2	34.3	27.8	23.8	19.4	12.3
	气温极小值	−12.7	−17.1	−7.1	−7.6	2	8.3	11.6	9.1	1.1	−4.4	−11.9	−18.6
	蒸发量	—	—	—	—	—	—	—	—	—	—	—	—
1973	降水量	16	1.2	26	49	29	29.3	187.8	137.5	90	118.6	2.1	0
	平均气温	−5.1	0.5	5.9	12.2	15.3	21.4	22.2	22.1	15	8.4	3.4	−2.7
	气温极大值	6.4	15.3	22.6	29.3	28.1	34.7	32.2	36	24.9	17.6	16.1	10.7
	气温极小值	−18.6	−8.1	−3	−2.3	3.8	7.9	9.7	9.7	6.6	−2.5	−6.3	−15.7
	蒸发量	—	—	—	—	—	—	—	—	—	—	—	—
1974	降水量	9.2	7.5	27.5	20.8	94.4	52.2	87.5	77.6	146.6	78.6	44.4	11.4
	平均气温	−5.1	−3.8	2.7	12	15.7	19.4	23	20.5	14.9	8.3	3.4	−5.3
	气温极大值	6.6	13.8	19.1	24.9	29.8	34.2	35.7	30	32.4	17.3	13	4.9
	气温极小值	−14.8	−15.9	−6.2	−5	2.9	7.3	11	8.6	5.4	−3.8	−3.7	−13.8
	蒸发量	—	—	—	—	—	—	—	—	—	—	—	—

（续）

年份 \ 月份 项目	1	2	3	4	5	6	7	8	9	10	11	12
1975 降水量	1.7	6.5	23.3	60.4	44.5	36.5	173.1	4	305.9	97.4	36.1	21.5
平均气温	−3.5	−1.2	3.9	9.3	13.4	19.4	21.8	22.7	14.8	9.7	2.2	−8.1
气温极大值	5.7	13.4	15.9	21.7	28.3	30.2	32.6	32.6	25.3	21.3	10.3	8.9
气温极小值	−12.4	−11.7	−3.4	−4	0.6	6.7	12.2	14.1	7.6	0.5	−10	−24.9
蒸发量	—	—	—	—	—	—	—	—	—	—	—	—
1976 降水量	10.4	13	9.5	0	21.9	8.4	64.2	34.3	74.3	24.6	269.9	54.2
平均气温	−4.8	−0.5	2.6	9.2	14.7	18.9	21.6	18	15.5	10.1	−0.1	−4.6
气温极大值	4.6	10.3	13.2	24.3	27.7	29	35	31.8	25.5	24	15.3	9.5
气温极小值	−16.3	−10.4	−10.5	−2.7	2.2	7.9	12.1	10.6	5.6	−1.6	−10.9	−17.3
蒸发量	—	—	—	—	—	—	—	—	—	—	—	—
1977 降水量	11.9	2.8	2.8	45.3	26.4	18.1	138.3	30.1	83.8	39.5	29.1	13.7
平均气温	−7.6	−2.9	5.7	11.1	14.8	20.2	22.2	21.2	15.9	11.4	2.8	−1.3
气温极大值	5.6	17.5	22.4	24.2	29.7	34.4	32.9	32	30	27.5	13.8	11.6
气温极小值	−22	−16.7	−8.5	−1.7	3.7	7.2	13.8	12.1	5.5	−2.1	−7.8	−11.6
蒸发量	—	—	—	—	—	—	—	—	—	—	—	—
1978 降水量	1.6	9.1	19.6	16.2	113.5	43.8	243.6	58.9	56.1	78.3	11.1	0.9
平均气温	−4.7	−3.1	3.4	12.3	16.9	19.9	20.8	21.2	15.3	8.9	3.5	−1.8
气温极大值	9	19.4	15.6	30.6	31.6	32.3	30.9	33.4	26	21.8	13.9	10
气温极小值	−16.5	−15	−10.2	−0.7	2	8.3	12.5	10.6	3.1	−4.9	−6.8	−11.2
蒸发量	—	—	—	—	—	—	—	—	—	—	—	—
1979 降水量	3.2	10.5	24.5	5	13.3	31.5	153.8	31.6	69.4	20	1.1	5.6
平均气温	−2.8	1.2	3.7	10.5	13.8	21.4	21.1	20.7	14.5	10.7	1.6	−1.2
气温极大值	15.7	17.2	21.2	26.3	26.9	34.4	30.3	32.7	28.2	22.8	20.7	9.9
气温极小值	−15	−11.2	−6.5	−5.5	0.8	7.4	12.3	10.6	5.7	−0.8	−13.2	−13.6
蒸发量	51.7	60.6	91.3	173.6	202.6	307.4	167	161.2	100.2	126.6	78.2	47.7
1980 降水量	1.9	1.4	13.9	21.9	51.8	75.7	125.6	130.1	100.6	51.5	18.3	0
平均气温	−5.2	−3	3	11.3	15.5	19.6	20.5	19.7	14.6	9.9	4.7	−2.2
气温极大值	9.5	13.4	19.8	27.7	33.3	32.2	31.8	29.3	29.5	24.7	16.2	11.2
气温极小值	−16.2	−18.8	−4.9	−3.2	5.5	6.2	12.5	11.2	5.3	−3.6	−3.8	−13.5
蒸发量	43.9	62.7	109.1	216.7	214.5	210.6	163.7	156.6	102.3	69.2	56.6	57.6
1981 降水量	16.1	5.8	14.2	44.4	11.1	29	136.5	201.3	145.3	9.1	20.8	3.7
平均气温	−5.1	−1.5	5.9	10.2	15.8	20.5	21.9	20.4	15.1	7.1	1.7	−4
气温极大值	9.2	12.5	20	22	31.9	32.9	31.9	32.3	25.8	19.3	15.2	9.3
气温极小值	−13.9	−10.8	−6.8	−0.3	−1.7	7.9	14.7	10.3	7.6	−6.1	−9	−15.6
蒸发量	31	56.8	141.9	141	257.6	236.3	180.6	153	87.1	93.3	46.4	42.9
1982 降水量	3.2	10.9	31.7	40.4	21	15.7	89.8	145.5	75.9	30.7	25.1	0.4
平均气温	−2.8	−1	3.8	9.6	15.5	19.4	22	19	14.3	11.2	1.6	−3.7
气温极大值	13.5	12.6	21.4	23	30	32.2	34.7	28.7	24.1	21.8	11.7	10
气温极小值	−14.5	−8.5	−5.2	−0.8	−0.6	5.7	9.8	12	2.6	−0.8	−7.9	−13.1
蒸发量	47.2	35.3	80.6	138.9	195	229.2	257.4	133.3	68.2	79.2	46.8	48.1
1983 降水量	3.9	0.9	20.1	63.9	153.4	126.1	74.3	135.1	122.6	104	16.4	1.5
平均气温	−5.7	−2.1	2.4	9.9	14.1	17.4	20.6	19.7	15.3	9.7	3.7	−2.6
气温极大值	7.7	9.8	16.7	22.9	26.4	28.6	32.5	29.2	26.6	21.8	14.5	8.2
气温极小值	−18.7	−12.4	−12.2	−3.3	3.5	7.5	10.6	10.7	7.1	−0.5	−6.3	−12.2
蒸发量	38.3	63.9	105.1	124.6	101.5	113	148.8	146.1	76	41.3	50	29.5

（续）

年份	月份 项目	1	2	3	4	5	6	7	8	9	10	11	12
1984	降水量	8.8	5	5.6	44.5	76.2	114.3	91.5	78.6	209.4	38.8	12.8	18.3
	平均气温	−6.3	−3.8	4.3	10.2	14.7	18.1	20	20.6	14	8.9	3.5	−6.7
	气温极大值	7.3	7.8	22.8	26	26.7	30.1	29.7	31.2	25.3	19.6	16.2	7.6
	气温极小值	−17	−15.8	−6.6	0.1	4.7	6.3	13.1	11.3	7.5	0.2	−5.7	−20.5
	蒸发量	26.6	46.9	118.5	126.7	130.9	141	133.1	197.1	79.7	82.7	50	23.9
1985	降水量	4.3	2.8	11.1	37.7	117.1	50.7	50	75	98.4	88.4	0.3	0.7
	平均气温	−4.9	−1.3	2	11.4	15	18.5	22.4	21.4	13.5	9.2	1.5	−3.8
	气温极大值	5	10.5	14.6	27.8	26.4	31.4	33	34.3	23.5	23.4	13.8	10.1
	气温极小值	−16.5	−9.9	−8.2	−1.5	2.6	8.4	12	12.9	5.1	−0.1	−9.7	−14.2
	蒸发量	24.2	45.4	76.5	176.9	145	157.1	240.4	172.7	76	74.6	53.7	44
1986	降水量	0.9	3.1	27.1	25.8	14.9	119.3	103.5	61.7	37.5	32.8	14.3	7.7
	平均气温	−3.5	−2.7	3.1	9.6	16	18.9	21.4	20.6	16	8.9	1.1	−1.8
	气温极大值	8.6	12.1	18.1	23.7	31.1	29.1	32.3	33.9	27.8	23.8	16.5	9.6
	气温极小值	−13.6	−12.4	−11.9	−0.6	−0.6	8.7	11.3	7.3	3.3	−8.5	−8.1	−11.6
	蒸发量	53.8	62.7	87.3	138.9	151.5	145.1	188.2	198	143.5	94.6	39.8	34.1
1987	降水量	0	9.5	33.1	21.9	79.2	79.3	84.3	102	47.1	55.5	36.7	0
	平均气温	−2.4	0.9	3.1	11.4	14.9	18.1	22	21.7	17.1	10.9	2.3	−2.3
	气温极大值	10.4	14.5	19.2	26.8	30	29.8	33.7	32	30.4	28.7	20.9	11.3
	气温极小值	−14.4	−13.3	−9.3	−1.9	1.7	4	12.7	11.5	6.1	−2.1	−16.7	−12.3
	蒸发量	54.2	65.1	90.8	164.6	154.6	145.8	199.8	208.8	155.6	109.3	45.5	39.4
1988	降水量	58.9	202.4	246.7	67.1	46.6	0.5	5.4	2.4	24.1	53.6	40.3	48.9
	平均气温	−4	−3.2	0.4	10.3	15.4	20.2	20.9	19.8	15.2	9.4	2.9	−2.3
	气温极大值	8	13.3	14.3	24.9	27.7	33.3	31.4	29.5	28.3	17.7	17	10.6
	气温极小值	−16.9	−20.3	−10.7	−2.1	3.9	4.9	9.6	10.6	6.8	2.5	−7.8	−11.7
	蒸发量	44.5	47.4	41.8	166.8	145.3	201.7	139.4	129.3	73.1	46.2	62.1	32.2
1989	降水量	17	25.4	20.3	58.6	18.9	75.4	83.9	114.6	86.5	20.3	27	8.4
	平均气温	−6.2	−3.6	2.6	9.9	14.8	18.6	21.2	19.8	16	10.4	0.6	−1
	气温极大值	3.6	7.3	17.6	22.8	28.8	31.9	31.3	29.3	26.3	21.7	11.8	17.1
	气温极小值	−19.8	−15.4	−6.1	0.5	0.2	9.8	11	10.6	7.4	−1.6	−10.4	−11.7
	蒸发量	21.2	29.9	74.9	113	161	165.5	187.6	145.6	103.5	102.5	34.2	36.4
1990	降水量	9.2	17	38.5	58.4	40.4	54	153	139.4	100.4	44.3	15.9	2.6
	平均气温	−4.1	−2.7	4.8	8.7	14.7	19.4	22.1	20.2	16.5	10.1	4.7	−2.6
	气温极大值	6.8	11.2	17.8	22.1	28.8	31.2	33.2	32.1	26.6	20.4	17.7	11.1
	气温极小值	−19.6	−16.9	−4.8	−5.4	−0.7	4.4	11.5	12.5	6.5	−2.7	−12.3	−15.4
	蒸发量	35	29.7	75.1	111.5	174.6	204.8	180.3	143.6	113.6	71	64.2	40.5
1991	降水量	9.4	3.4	45.3	32.2	89.3	30.3	18.2	87.7	47.5	22.5	13.8	12.7
	平均气温	−3.2	−0.5	4.1	9.7	13.3	19.7	23.7	20.9	16.4	9.5	1.9	−3.7
	气温极大值	7.5	12.6	20.5	23.1	27.2	31.2	33.8	32.4	29.5	19.9	18.4	10.2
	气温极小值	−12.4	−9.4	−6.1	−3.4	−1.6	8.7	10.6	8.6	4	−7.9	−9.9	−25.2
	蒸发量	39.3	51	71.5	119.7	135.4	181.1	239.2	191.4	148.4	104.5	66.9	27.9
1992	降水量	0	0.7	34.6	10.5	37.8	82.6	41.1	213.1	91.8	34	10.6	1.1
	平均气温	−5.5	−1.6	2.9	12.4	15.8	18.8	22	20.2	14.6	7	2.3	−2.3
	气温极大值	7.7	17.4	16.2	29.2	29.1	33.5	34	30.5	27.9	18	14.9	9
	气温极小值	−16.5	−11.4	−5.3	−1.5	4.4	7.7	11.8	10.1	7.7	−3.7	−7.6	−14.7
	蒸发量	30.1	64.8	54.2	180	180.6	181.8	229	141.7	83.6	58.2	68.4	33.9

（续）

年份 项目	月份	1	2	3	4	5	6	7	8	9	10	11	12
1993	降水量	7.4	14.4	51.6	9	56.8	85.8	139	93.9	34.1	60.3	20.6	0.4
	平均气温	−7	0.1	3.7	11	13.3	19.6	20.9	19	15.4	8.7	1.7	−3.6
	气温极大值	7.2	21.3	18.9	28.8	27.3	30.7	31.3	30	26.5	21.4	18.5	10.9
	气温极小值	−21.4	−8.4	−7.5	−1.3	1.9	5.2	13.7	8.2	2.1	−5.4	−14.1	−15.4
	蒸发量	27.9	56.2	73.5	158.9	155.4	205.7	149.7	127.6	124.8	75.6	54	40.1
1994	降水量	5.7	12.1	19.6	83.1	9.4	97.8	82.6	20.7	36.9	69.9	24	17.2
	平均气温	3.2	11.1	17.4	18.9	22.7	22.9	15.4	7.3	4.4	−1.8	−4.1	−1.5
	气温极大值	17.5	30.3	31.5	31.5	32.8	34.4	30	22.3	20.4	10.2	13.7	15
	气温极小值	−11.2	−0.6	0.9	9.2	13.4	13.8	2.7	−3.7	−3.2	−10	−18.8	−9.2
	蒸发量	48.7	48.8	101	130.4	266.7	158.9	226.8	249.4	137.5	85.7	47.1	25
1995	降水量	3.4	2.7	8.7	12.7	8.9	30.7	59	111.6	4.2	47.3	3.3	3.5
	平均气温	−4.7	−0.7	4.3	10.2	17.5	22.3	23.5	20.6	16.6	9.8	2.5	−3.8
	气温极大值	4.8	10.7	23	25.3	30.8	34.8	34.9	29.8	29.2	23.6	16.6	7.1
	气温极小值	−14.8	−13.3	−9.5	−1.2	1.5	8.7	10.5	11.3	3.9	−3.8	−10.6	−15.3
	蒸发量	36.4	64.7	139.3	173.7	275.8	320.6	263.2	167.4	143	87.1	77.9	39.3
1996	降水量	13.5	11.6	25.3	26.9	51.3	91	167.8	99.8	103.6	58.3	49	0
	平均气温	−5.8	−2.5	2.5	9	15.5	19.2	22.3	20.9	15.7	9.7	2	−2.2
	气温极大值	9.4	19.3	15.2	24.3	29.6	32.8	34.2	31	27.8	22.9	11.1	11.2
	气温极小值	−17.7	−15.2	−8.7	−2.5	0	8.5	10.9	10	7.9	0.2	−8	−12.4
	蒸发量	41.4	55.9	91.5	132.7	190.8	183.7	191	150.4	92.4	79.1	32.4	53.2
1997	降水量	8.8	18.9	19.4	45.6	14.1	9.2	88.2	83.8	97.3	14	22.2	0.7
	平均气温	−4.8	−1.2	5.8	11	17.7	21.4	22.9	22.3	15.5	8.8	1.7	−4
	气温极大值	9.1	8.9	21	28	31.1	34.4	37.6	32.7	34.3	22.6	16.2	9
	气温极小值	−18.4	−12.7	−4.9	−0.2	5	7.5	11	11.8	0.9	−7.1	−10.6	−16.8
	蒸发量	42.7	37.4	76.2	142.2	248.2	296.8	231.2	224.2	159.1	104.6	51.1	23
1998	降水量	4.8	1	35.8	82.2	130.4	35.8	160.5	140.7	26.6	37.2	0	0.1
	平均气温	−4.7	0.9	3.7	13.9	14.4	20.5	22	20.1	17.4	10.2	4.2	−0.5
	气温极大值	6.5	14.2	22.6	30.2	26.6	34.9	33.5	29.2	31.9	20.2	19.9	12.2
	气温极小值	−17	−12.9	−10.4	1.4	3.2	8.1	14.7	11.3	2.9	−2.5	−7.2	−11.4
	蒸发量	38.6	64.7	84.1	172.9	129.2	184.5	153.1	118.6	139.4	70	64.2	46.6
1999	降水量	0.2	0	15.6	43.4	88.7	61.4	144.8	17.4	38.6	81.2	12.7	3.1
	平均气温	−3.1	0.6	5.5	11.9	15.9	19.8	21.5	21.6	17.3	9.6	3.2	−2.6
	气温极大值	10.3	16	19.4	25.3	27.5	30.8	33.2	31.2	32.1	20.8	15.5	11
	气温极小值	−16.5	−15.1	−3.4	−1.1	4.1	9.2	12.5	9.1	7.5	−1.1	−11	−18.8
	蒸发量	49	88.1	106.7	157.1	174.3	156.3	154.9	194.5	105.9	71.4	47.6	44.2
2000	降水量	5.3	18	28.6	194.7	15.3	83.6	53.5	102.5	29.5	2.1	15.3	8.7
	平均气温	−5.2	−2	6.7	11.5	18.2	19.7	23.5	20.1	15.5	8.5	1.1	−0.7
	气温极大值	10.2	9.8	24.7	25.7	33.9	30.7	35.6	30.6	29.2	22.3	16.7	11.5
	气温极小值	−15.9	−17	−4.6	−1	1.8	10.4	9	13.1	5.1	−2.9	−11.3	−9.6
	蒸发量	26.2	44.6	142	199.7	252.6	169.6	220.9	134.2	116.1	47.4	38.9	33.7
2001	降水量	17.1	14.7	1.7	48.5	3.5	63.8	59.5	61.3	192.7	33.9	6	6.7
	平均气温	−3.9	0.3	6.1	9.9	16.9	20.1	23.4	21	14.7	10	2.3	−3.9
	气温极大值	9.7	12.2	22	26.5	32.7	33.2	33.7	33	27.5	20	13.8	8.2
	气温极小值	−17.3	−11.4	−9.1	−5.9	2.5	5.8	12.4	10.5	5.8	0.4	−7.3	−16.5
	蒸发量	35	42.6	138.7	121.2	206	198.7	230.4	172.9	71.8	55.7	45.5	27.8

（续）

年份 项目	月份	1	2	3	4	5	6	7	8	9	10	11	12
2002	降水量	8.8	8.3	18.7	41.6	104	133.1	42.3	50.8	91.5	39.7	4.9	18.4
	平均气温	−2	1.4	7	10.8	14.2	21.1	22	20.2	15.4	10.1	2.9	−5.2
	气温极大值	14.2	13.4	22.7	28.9	29.9	32.2	34.4	34.3	32.7	26.5	17.4	10
	气温极小值	−15.4	−11	−3.4	−0.3	4.2	8.7	11	10.5	2.1	−2.8	−8	−26.2
	蒸发量	37.4	—	123.4	143.9	106.5	147.3	157.3	149.5	99.4	94.5	62.3	26.4
2003	降水量	12.5	5.4	22.5	37.2	38.4	78.1	153.9	312	142.9	114.9	30.7	6.1
	平均气温	−5.2	1.2	4.6	10.6	16.1	20.5	21.4	18.9	16	8.1	1.4	−3.2
	气温极大值	8.4	14.9	26.5	28.1	28.5	32.4	31.9	29.3	26.7	19.5	19.6	6.1
	气温极小值	−21	−9.2	−6.8	−0.3	2.1	6	11.3	9	7	−1.9	−9.5	−13.9
	蒸发量	32.6	51	98	141.3	184.2	221.8	167.7	97.1	87.7	59.5	36.3	33.8
2004	降水量	3.5	10	16.6	5.7	44.6	49.9	74.7	142.2	92.6	35.2	15.2	8.5
	平均气温	−4.1	1.1	6.4	14.1	16.1	19.9	21.6	20.2	15.7	8.4	2.2	−1.7
	气温极大值	7.3	17	27	32.3	29.6	34.9	33.7	30.6	28.1	22.2	19.6	12.6
	气温极小值	−18.7	−15.3	−6.9	−5.3	−0.1	7.6	9.9	11.7	5.3	−3.4	−18.9	−20
	蒸发量	39.8	80.1	128	202.1	234.7	226.1	215.3	150.4	120.6	83.1	54.2	35.8
2005	降水量	1.1	11.5	19.7	17.7	63.4	41.5	87.5	62.5	149.3	54.1	0.1	0.6
	平均气温	−4.4	−1.8	5.2	13.2	16.7	21.6	22.2	19.2	16.9	8.9	4.1	−4.6
	气温极大值	5.4	13.4	20.1	30.2	29.3	35.4	34.4	31.2	31.3	20.8	17.2	7.4
	气温极小值	−19.4	−14.5	−8.1	−2.7	−1.4	8.1	11.7	9.8	7.7	−4.2	−9.3	−17
	蒸发量	33.2	48	122.8	180	192.1	238.4	177.9	137.9	114.4	70.8	54.4	37.4
2006	降水量	13.7	17.9	7.9	22.4	67	46.1	106	135.2	91.8	14.7	13.8	2.8
	平均气温	−4.7	0.2	6.2	12.8	16.8	21	23.4	21.3	14.1	11.6	3.6	−2.1
	气温极大值	7.3	13.9	25.1	33.2	32.9	36.1	33.9	33.1	25.1	24	20.7	8.6
	气温极小值	−18.1	−9.3	−9.8	−3.1	1.9	7.4	12.7	13.4	1.8	−0.1	−5.4	−12
	蒸发量	30.3	54.1	138	171	194.8	204.2	183.2	161.1	89.7	79.2	55	31.2
2007	降水量	7	9.8	41.5	3.4	36.5	65.3	137	69	138.4	89.8	1.9	8
	平均气温	−5	2	5.1	11.3	18.5	20.4	21	21.1	14.3	8.3	4	−2.2
	气温极大值	10.7	17.4	25.5	27.7	31.9	33.9	32.5	30.4	25.9	19.6	20.7	8.5
	气温极小值	−20.5	−13.1	−9.4	−6.6	0.5	9.1	13.1	10.9	3.9	−1.6	−7.1	−15.9
	蒸发量	38.4	65.1	94.7	170.6	228.7	177.4	143.5	158.1	102.6	54.7	62	29.8
2008	降水量	28.2	13	18.1	23.3	5.9	103.6	143.2	59.2	112.7	21.3	10.6	0
	平均气温	−7.5	−5.2	7.2	11.4	17.1	19.8	21.2	19.6	14.8	9.6	2.6	−2.5
	气温极大值	7.4	12.9	21.4	26.4	31.5	33	32	30.2	29.3	22.3	12.9	7.4
	气温极小值	−24.6	−22.8	−5	−0.6	−0.2	5.4	11.9	5.7	4.9	−2.7	−10.2	−24.6
	蒸发量	25.4	45.1	129.1	132.8	213.9	188.4	173.5	173.2	88.9	78.7	58.5	61.8

注：蒸发量均为20cm蒸发皿数据。其中，自2002年起1、2、3、11和12月份为20cm蒸发皿数据，其他月份为E601蒸发数据转换而来，转换系数为0.62（＝E601蒸发量/20cm蒸发皿蒸发量）。

4.5 王东村社会经济数据资源

王东村社会经济数据包括三部分。

4.5.1 人口与粮食生产

表 4－174 人口与粮食生产

年份	人口（人）	粮食生产情况				
		人均耕地（亩）	播种面积（亩）	单产（kg/亩）	总产（kg）	人均粮（kg/人）
1986	1 815	2.3	3 459.2	182.2	630 400.0	347.3
1987	1 868	2.2	3 438.5	175.4	603 100.0	322.9
1988	1 920	2.1	3 235.5	274.5	888 100.0	462.6
1989	1 955	2.0	3 097.4	356.2	1 103 200.0	564.3
1990	1 991	2.0	3 130.9	349.9	1 095 400.0	550.2
1991	2 014	2.0	2 793.0	258.0	720 700.0	357.8
1992	2 052	1.9	2 667.7	204.3	545 000.0	265.6
1993	2 090	1.8	2 662.6	417.1	1 110 700.0	531.4
1994	2 126	1.6	2 393.0	271.1	648 800.0	305.2
1995	2 139	1.6	2 475.0	100.3	248 200.0	116.0
1996	2 197	1.6	2 497.0	249.7	623 500.0	283.8
1997	2 208	1.6	2 225.2	288.9	642 800.0	291.1
1998	2 217	1.6	2 732.6	325.8	890 250.0	401.6
1999	2 239	1.5	2 771.0	360.6	999 103.0	446.2
2000	2 266	1.5	2 605.0	294.8	767 881.0	338.9
2001	2 263	1.3	2 480.6	224.2	556 091.0	245.7
2002	2 274	1.2	2 519.8	375.3	945 743.0	415.9
2003	2 268	1.0	2 063.2	353.4	729 102.2	321.5
2004	2 286	0.7	1 991.4	353.4	703 856.7	307.9
2005	2 304	0.6	1 974.6	387.8	765 702.5	332.3
2006	2 315	0.6	1 548.1	366.6	567 491.5	245.1
2007	2 349	0.6	1 436.1	477.0	685 019.0	291.6

4.5.2 农业土地利用

表 4－175 农业土地利用

单位：hm²

年份	农耕地	果树地	林地	人工草地	天然草地与荒地
1986	272.7	22.0	172.1	13.2	99.8
1987	273.3	33.4	218.1	9.8	60.7
1988	268.0	36.9	245.7	9.5	44.7
1989	260.9	43.2	259.7	7.3	42.6
1990	263.9	46.5	275.8	7.3	31.2
1991	265.5	45.2	310.3	3.0	28.5
1992	260.7	51.4	313.5	1.9	28.5
1993	251.5	65.5	337.2	2.8	28.5
1994	228.9	91.3	360.5	2.3	27.1
1995	228.9	118.4	364.6	0.0	20.3
1996	230.9	119.3	366.3	0.0	19.7
1997	230.3	119.3	366.3	0.0	19.7
1998	229.8	119.3	366.3	0.4	19.7
1999	229.8	119.3	366.3	0.4	19.7

（续）

年份	农耕地	果树地	林地	人工草地	天然草地与荒地
2000	229.8	119.3	366.3	0.0	19.7
2001	207.9	129.3	313.1	4.9	42.4
2002	186.0	139.3	259.9	9.7	65.1
2003	144.8	178.6	261.9	11.4	63.1
2004	99.7	222.6	261.9	11.4	63.2
2005	96.4	225.3	261.9	6.7	67.9
2006	97.5	225.3	261.9	6.7	67.9
2007	99.3	223.5	261.9	6.7	67.9

4.5.3 农业经济（纯）收入

表 4-176 农业经济（纯）收入

单位：万元

年份	种植业	果业	林业	养殖业	工副业	合计	人均纯收入（元/人）
1986	24.19	0.83	1.63	1.16	17.25	45.06	248.26
1987	23.68	3.80	2.78	1.36	15.25	46.87	250.91
1988	52.41	2.41	1.08	3.71	27.74	87.35	454.95
1989	62.06	3.82	3.43	9.63	25.01	103.95	531.71
1990	66.37	6.76	3.22	1.73	29.96	108.04	542.64
1991	48.94	20.70	0.77	5.15	36.04	111.60	554.12
1992	45.95	54.47	3.31	3.40	46.34	153.47	747.90
1993	98.46	49.09	3.82	4.23	64.10	219.70	1 051.20
1994	92.37	89.82	0.70	10.26	68.09	261.24	1 228.79
1995	51.37	110.73	3.95	10.50	104.35	280.90	1 313.23
1996	(180.50)	123.90	0.77	10.68	107.40	423.25	1 926.49
1997	91.31	90.90	0.17	24.90	254.00	461.28	2 089.13
1998	100.87	110.82	0.96	19.81	203.65	436.11	1 967.12
1999	113.04	97.70	1.61	31.00	238.70	482.05	2 152.97
2000	65.24	214.05	3.07	24.80	262.30	569.46	2 513.06
2001	57.29	158.61	3.20	28.39	323.50	570.99	2 523.16
2002	80.16	233.74	1.60	43.09	229.61	588.20	2 586.65
2003	81.51	219.24	1.07	15.92	296.04	613.78	2 706.26
2004	83.44	389.67	0.00	44.09	301.22	818.42	3 580.14
2005	75.23	359.80	0.00	65.33	328.06	828.42	3 595.57
2006	55.57	622.90	0.00	30.00	346.33	1 054.80	4 556.35
2007	57.21	617.92	0.00	28.43	343.55	1 047.11	4 457.68

第五章

长武站研究数据集

5.1 旱塬农田生态系统长期定位试验元数据

5.1.1 轮作试验元数据

（1）农艺项目

a. 生物产量（小麦、玉米、豌豆、糜子、苜蓿、红豆草、马铃薯、油菜、毛苕）

b. 籽粒产量（小麦、玉米、豌豆、糜子）

c. 小麦产量构成因素：基本苗、冬季分蘖、春季分蘖、亩穗数、穗粒数、千粒重、株高

（2）土壤理化项目

土壤有机质、全氮、全磷、全钾、速效氮、速效磷、速效钾、pH、土壤剖面水分（播种期、收获期、部分处理每月2次）

（3）植物分析项目

a. 茎杆全氮、全磷、全钾含量

b. 籽粒全氮、全磷、全钾含量

（4）田间管理项目

播种期、收获期、播种量、施肥类型、施肥量、拌种农药类型

5.1.2 肥料试验元数据

（1）农艺项目

a. 小麦产量：生物产量和籽粒产量

b. 小麦产量构成因素：基本苗、冬季分蘖、春季分蘖、亩穗数、穗粒数、千粒重、株高

（2）土壤理化项目

土壤有机质、全氮、全磷、全钾、速效氮、速效磷、速效钾、pH

（3）植物分析项目

a. 茎杆全氮、全磷、全钾含量

b. 籽粒全氮、全磷、全钾含量

（4）田间管理项目

播种期、收获期、播种量、施肥类型、施肥量、拌种农药类型

长武站旱塬农田生态系统长期定位试验布置图（图5-1）、长武肥料定位试验布置图（图5-2）附后。

（党廷辉、郭明航、郭胜利　提供）

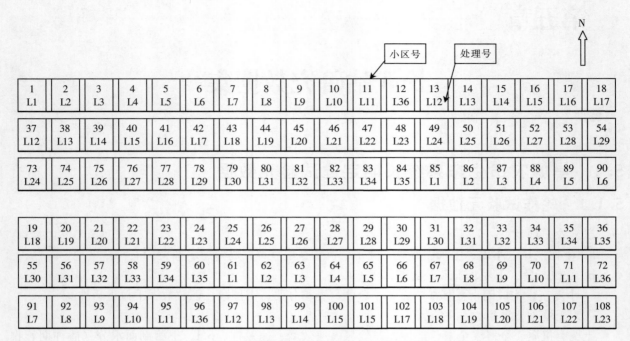

图 5-1 长武旱塬农田生态系统长期定位试验布置图

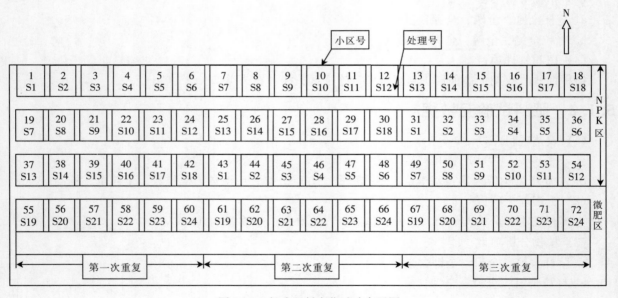

图 5-2 长武肥料定位试验布置图

5.2 长期施肥下旱作生产力与肥料利用率

◆ 通过不同处理产量变化趋势比较，验证了氮磷配施、有机与无机肥料配施在维持作物高产方面的重要作用（图 5-3）。

◆ 氮磷肥的利用率随年际降水的变化，波动性很大。氮肥利用率年际间变幅为 6.4%～61.0%，磷肥利用率变幅为 3.7%～36.8%（图 5-4）。

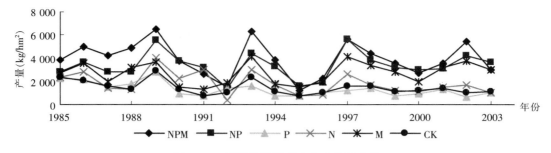

图 5-3　不同施肥处理小麦产量的变化

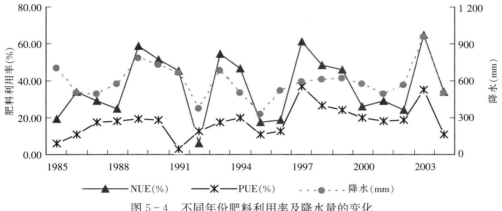

图 5-4　不同年份肥料利用率及降水量的变化

（党廷辉　提供）

5.3　长期施肥下土壤碳、氮的变化

◆ 长期施用有机肥能显著改善土壤肥力。施用化肥能保持土壤养分基本平衡，不会导致肥力衰退（图 5-5，5-6）。

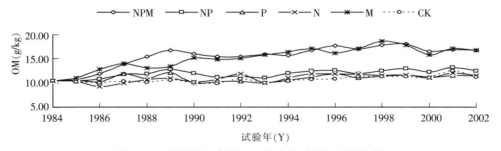

图 5-5　长期施肥条件下土壤有机质随年度的变化

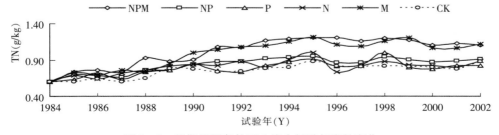

图 5-6　长期施肥条件下土壤全氮随年度的变化

◆ 施用有机肥对改善土壤氮磷素的有效性效果明显，氮磷的有效性与氮磷施用量直接相关（图5-7）。

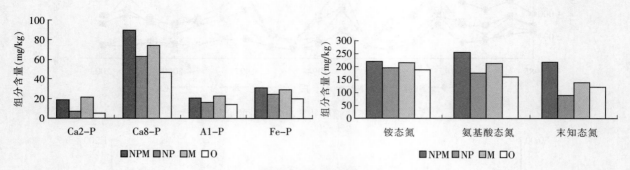

图5-7　长期施肥条件下土壤氮磷组分的变化

（党廷辉　提供）

5.4　旱地土壤剖面硝态氮累积分布

◆ 土壤硝态氮累积与氮肥施用直接有关，与氮肥用量显著正相关，通常小麦地当氮肥用量大于135kg/hm² 时其累积量急剧增加。配施磷肥可以有效减少硝态氮累积（图5-8）。

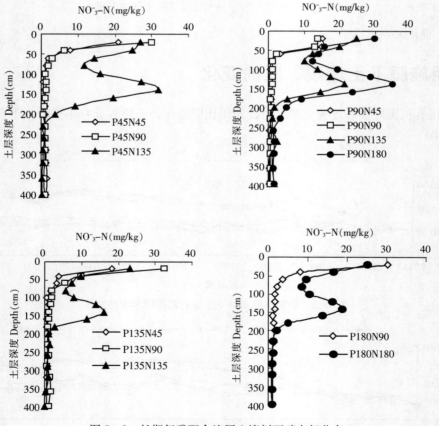

图5-8　长期氮磷配合施用土壤剖面硝态氮分布

参考文献

党廷辉，郭胜利，樊军，郝明德．2003．长期施肥下黄土旱塬土壤硝态氮的淋溶分布规律．应用生态学报．14（8）：
　　1265－1268．

5.5　长期不同施肥措施对土壤磷素吸附特征的影响

　　长期不同施肥影响了土壤的理化特征，进而改变了土壤磷素吸附特征。不施磷肥处理（CK 和 N 处理）土壤对磷素的吸附有增强的趋势。施磷或与有机肥配施会使土壤对磷素最大吸附量降低（图 5－9）。

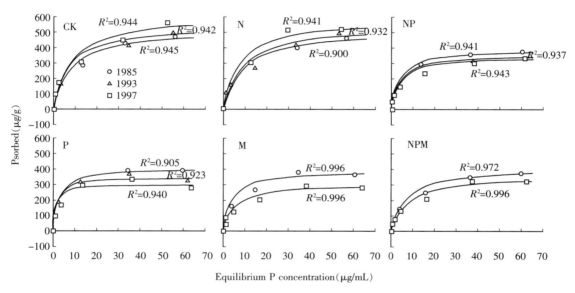

图 5-9　长期施肥条件下土壤对磷素吸附特征的影响

参考文献

Guo, S. L., T. H. Dang & M. D. Hao. 2008. Phosphorus changes and sorption characteristics in a calcareous soil under
　　long-term fertilization. Pedosphere. 18 (2)：248 - 256.

5.6　不同降水年型的施肥效应

　　在任何降水年份，小麦增产幅度 NPM＞NP＞N 或 P 或 M 单施。氮肥增产效果丰水年、平水年优于干旱年；磷肥增产效果干旱年较好。丰水年份重施氮肥，干旱年多施磷肥，平水年氮磷并重是旱作冬小麦优化施肥的基本策略。

表 5-1　不同肥料及配施的增产效果

处理	11 年平均			丰水年			平水年			干旱年		
	产量 (kg/hm²)	增产量 (kg/hm²)	增产率 (%)	产量 (kg/hm²)	增产量 (kg/hm²)	增产率 (%)	产量 (kg/hm²)	增产量 (kg/hm²)	增产率 (%)	产量 (kg/hm²)	增产量 (kg/hm²)	增产率 (%)
NPM	3 966.0	2 377.5	149.7	4 305.0	2 316.0	116.4	4 692.0	3 163.5	207.0	2 983.5	1 635.0	121.2
NP	3 211.5	1 623.0	102.2	3 847.5	1 858.5	93.4	3 564.0	2 035.5	133.2	2 383.5	1 035.0	76.8

（续）

处理	11年平均			丰水年			平水年			干旱年		
	产量 (kg/hm²)	增产量 (kg/hm²)	增产率 (%)	产量 (kg/hm²)	增产量 (kg/hm²)	增产率 (%)	产量 (kg/hm²)	增产量 (kg/hm²)	增产率 (%)	产量 (kg/hm²)	增产量 (kg/hm²)	增产率 (%)
P	1 525.5	−63.0	−4.0	1 927.5	−61.5	−3.1	1 282.5	−246.0	−16.1	1 467.0	118.5	8.8
N	2 094.0	505.5	31.8	3 150.0	1 161.0	58.4	2 077.5	549.0	35.9	1 317.0	−31.5	−2.3
M	2 479.5	890.1	56.1	2 574.0	585.0	29.4	2 646.0	1 117.5	73.1	2 242.5	894.0	66.3
CK	1 588.5	0	0	1 989.0	0	0	1 528.5	0	0	1 348.5	0	0

表 5-2 不同降水年型氮肥（N）的增产效果

处理		丰水年				平水年				干旱年			
肥底 P₂O₅	氮肥 N	平均产量 (kg/hm²)	增产量 (kg/hm²)	增产率 (%)	千克N增产 (kg)	平均产量 (kg/hm²)	增产量 (kg/hm²)	增产率 (%)	千克N增产 (kg)	平均产量 (kg/hm²)	增产量 (kg/hm²)	增产率 (%)	千克N增产 (kg)
	0	1 617.0	0	0	0	952.5	0	0	0	1 546.5	0	0	0
0	90	3 102.0	1 485.0	91.8	16.5	2 506.5	1 554.0	163.1	17.3	2 112.0	565.5	36.6	6.3
	180	3 145.5	1 528.5	94.5	8.5	2 743.5	1 791.0	188.0	10.0	2 061.0	514.5	33.3	2.9
	0	1 362.0	0	0	0	1 182.0	0	0	0	1 639.5	0	0	0
	45	2 290.5	928.5	68.2	20.6	2 340.0	1 158.0	98.0	25.7	2 691.0	1 051.5	64.1	23.4
6	90	3 060.0	1 698.0	124.7	18.9	3 001.5	1 819.5	153.9	20.2	2 815.5	1 176.0	71.7	13.1
	135	3 525.0	2 163.0	158.8	16.0	3 498.0	2 316.0	195.9	17.2	2 835.0	1 195.5	72.9	8.9
	180	4 108.5	2 746.5	201.7	15.3	3 687.0	2 505.0	211.9	13.9	2 793.0	1 153.5	70.4	6.4
	0	1 575.0	0	0	0	991.5	0	0	0	1 668.0	0	0	0
12	90	3 168.0	1 593.0	101.7	17.7	3 070.5	2 079.0	209.7	23.1	3 031.5	1 363.5	81.7	15.2
	180	4 248.0	2 673.0	169.7	14.7	3 993.0	3 001.5	302.7	16.7	2 977.5	1 309.5	78.5	7.3

表 5-3 不同降水年型磷肥（P）的增产效果

处理		丰水年				平水年				干旱年			
肥底 N	磷肥 P₂O₅	平均产量 (kg/hm²)	增产量 (kg/hm²)	增产率 (%)	千克P增产 (kg)	平均产量 (kg/hm²)	增产量 (kg/hm²)	增产率 (%)	千克P增产 (kg)	平均产量 (kg/hm²)	增产量 (kg/hm²)	增产率 (%)	千克P增产 (kg)
	0	1 617.0	0	0	0	952.5	0	0	0	1 546.5	0	0	0
0	6	1 362.0	−255.0	−15.8	−2.8	1 182.0	229.5	24.1	2.6	1 639.5	93.0	6.0	1.0
	12	1 575.0	−42.0	−2.6	−0.2	991.5	39.0	4.1	0.2	1 668.0	121.5	7.9	0.7
	0	3 102.0	0	0	0	2 506.5	0	0	0	2 112.0	0	0	0
	3	3 390.0	288.0	9.3	6.4	3 004.5	498.0	19.9	11.1	2 764.5	652.5	30.9	14.5
6	6	3 060.0	−42.0	−1.4	−0.5	3 001.5	495.0	19.7	5.5	2 815.5	703.5	33.3	7.8
	9	2 995.5	−106.5	−3.4	−0.8	3 100.5	594.0	23.7	4.4	2 944.5	832.5	39.4	6.2
	12	3 168.0	66.0	2.1	0.4	3 070.5	564.0	22.5	3.1	3 031.5	919.5	43.5	5.1
	0	3 145.5	0	0	0	2 743.5	0	0	0	2 061.0	0	0	0
12	6	4 108.5	963.0	30.6	10.7	3 687.0	943.5	34.4	10.5	2 793.0	732.0	35.5	8.1
	12	4 248.0	1 102.5	35.1	6.1	3 993.0	1 249.5	45.5	6.9	2 977.5	916.5	44.5	5.1

表 5-4 不同降水年份钾肥（K）的增产效果

降水年份	处理	平均产量 (kg/hm²)	增产量 (kg/hm²)	增产率 (%)
丰水年	施 K	3 418.5	358.5	11.7
	对照	3 060.0	0	0

（续）

降水年份	处理	平均产量（kg/hm²）	增产量（kg/hm²）	增产率（%）
平水年	施 K	3 205.5	204.0	6.8
	对照	3 001.5	0	0
干旱年	施 K	2 482.5	333.0	−11.8
	对照	2 815.5	0	0

参考文献

党廷辉.1998. 不同降水年型旱塬冬小麦优化施肥模式研究. 郝明德、梁银丽主编《长武农业生态系统结构、功能及调控原理与技术》. 气象出版社.

5.7　施肥水平与降水年型对麦田及苜蓿地土壤深层干燥化的影响

长武十里铺旱作农田生态系统长期定位试验从 1985 年至 1997 年，高产区（高肥处理）13 年平均产量为 3 964kg/hm²，低产区（低肥处理）为 1 492.5kg/hm²，高出 165%。较高产量导致较高的耗水量。年均耗水量高产区为 362.2mm，较低产区高 20.8mm。连续 13 年，土壤储水多支出 270mm 水分。至 1997 年，高产区土壤湿度在各个深度土层内都显著低于低产区，土壤干燥化趋势明显（见表 5−5）。

表 5−5　高产和低产麦田土壤湿度差异（g/g,%）

土层深度（m）	高产区（高肥处理）	低产区（低肥处理）
0~1	11.8	15.7
1~2	12.5	16.7
2~3	14.0	16.8
3~4	16.2	19.1
4~5	19.2	20.4

根据长期田间试验实测数据，发现用水量平衡法计算苜蓿耗水量时，土层计算深度具有重要意义。当采用 2m 和 10m 两种不同计算深度时，所得耗水量差值巨大，特别是在揭露水分生态环境演变趋势上。会得到不同结论。10m 测深研究结果表明，在黄土高原，苜蓿草地年蒸散量大于年降水量，根系吸水层达 10m 以下，多年连续种植会导致土壤干燥化，形成生物性土壤下伏干层，从而对陆地水分循环路径发生影响。据此提出黄土高原草地生产要改高产目标为适度生产力目标，以减缓或阻止下伏干层的形成。

表 5−6　苜蓿产量、耗水量和水分生产效率（1986—1997）

项目		计算层 2m		计算层 10m	
		12 年总计	年均	12 年总计	年均
降水量（mm）	年总量	6 161.2	513.4	6 161.2	513.4
	生长期	5 580.6	465.1	5 580.6	465.1
	非生长期	580.6	48.3	580.6	48.3
	年总量	123.8	10.3	858.0	71.5
土壤供水量（mm）	生长期	−40.1	−3.3	652.5	54.4
	非生长期	163.9	13.6	205.5	17.1
	年总量	6 285.0	523.7	7019.2	584.9
耗水量（mm）	生长期	5 540.5	461.7	6 133.1	519.4
	非生长期	744.5	62.0	786.1	65.5

（续）

项目		计算层 2m		计算层 10m	
		12 年总计	年均	12 年总计	年均
产量（kg/hm²）	鲜草	442 560	36 879	442 560	36 879
	风干草	126 446	10 537	126 446	10 537
水分生产效率（kg·mm¹·hm²）	鲜草	79.95	79.95	70.95	70.95
	风干草	22.84	22.84	20.27	20.27

表 5-7　苜蓿不同生长年限中深层土壤湿度演变

生长年限		种植前	3 年生	4 年生	5 年生	6 年生	10 年生	12 年生	13 年生
测定时间（年-月）		1985-07	1989-04	1989-10	1990-10	1991-10	1995-10	1997-10	1998-09
土壤湿度	2～5m	20.2	18.7	15.7	14.5	13.9	12.1	12.6	11.0
（g/g，%）	5～10m	21.9	—	19.2	17.1	—	—	13.6	—

　　基于田间长期定位观测，研究了不同降水年型，特别是降水丰沛的 2003 年（有记录以来降水量最高，比多年均值高出 63.4%），农田深层土壤水分恢复程度和土壤水分剖面特征。在 2003 年，除了苜蓿连续种植方式外，其他所有耕作系统中降水入渗均达到 5m 以下，高产农田条件下出现的 2～3m 干燥化土层得到了水分补充，干层消失；而对于连作苜蓿，降水入渗仅到 3.5m，其下的干层依然存在。频率分析结果表明，高产农田平均每 9.8 年中会有 1 年的降水入渗补给到 3m 以下，而对于低产农田这个重现期是 3.1 年。

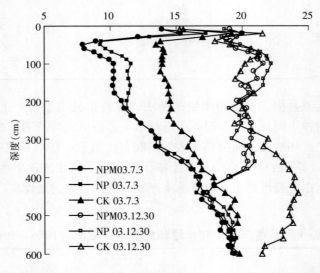

图 5-10　三个肥力水平条件下长期连作小麦地在 2003 年 7 月初与 12 月末土壤水分剖面分布

参考文献

李玉山.2001.旱作高产田产量波动性和土壤干燥化.土壤学报.38（3）：353-356.

李玉山.2002.苜蓿生产力动态及其水分生态环境效应.土壤学报.39（3）：404-411.

Liu, W. Z. , X. C. Zhang, T. H. Dang, Z. Ouyang, Z. Li, J. Wang, R. Wang & C. Gao. 2010. Soil water dynamics and deep soil recharge in a record wet year in the southern Loess Plateau of China. Agricultural Water Management. 97 (8): 1133-1138.

5.8　作物产量、耗水量与水分利用效率间的关系

　　基于 1987 年在长武站十里铺试验基地的田间玉米试验，同一肥力水平（N 150 kg/hm^2，P$_2$O$_5$ 105 kg/hm^2），给予不同供水处理（不同灌溉定额），由土壤含水量、降水量与灌水量，求算农田耗水量；玉米收获期测产取得产量数据。

表 5-8　玉米产量与耗水量田间试验数据

序号	耗水量（ET，mm）	产量（kg/hm^2）
1	573.3	7 781.3
2	516.6	7 998.8
3	430.8	6 648.8
4	410.4	5 733.8
5	417.4	6 597.8
6	470.6	7 566.8
7	447.5	7 374.0
8	426.3	6 706.5
9	425.3	6 633.8

Y＝f（ET），

则水分利用效率 WUE＝Y/ET，

边际水分利用效率 MWUE＝dY/dET，

水分生产弹性系数 EWP＝MWUE/WUE

1）．当 EWP＞1 时，WUE 随 ET 增加而增加；反之 EWP＜1，WUE 随 ET 增加而减少。

2）．当 EWP＞0 时，Y 随 ET 增加而增加；反之 EWP＜0，则 Y 随 ET 增加而减少。

3）．当 EWP 分别等于 1 或 0 时，WUE 与 Y 分别取得最大值（如果曲线 Y＝f（ET）下凹，或先上凹而后下凹）；当 EWP 恒等于 1，不随 ET 而变化，则表明 WUE 为常数。

　　可见，如果 WUE 的最大值与 Y 的最大值都存在，那么二者不可能同时实现；随着 EWP 由大到小的变化，WUE 的最大值要先于 Y 的最大值提前达到。

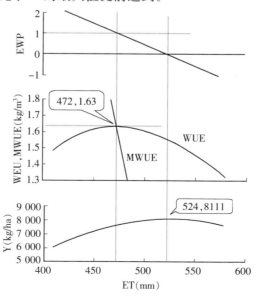

图 5-11　由弹性系数说明的产量—耗水量—水分利用效率间的内在联系，玉米，1987

参考文献

Liu, W. Z. , D. J. Hunsaker, Y. S. Li, X. Q. Xie and G. W. Wall. 2002. Interrelations of yield, evapotranspiration, and water use efficiency from marginal analysis of water production functions. Agricultural Water Management. 56（2）：143－151.

5.9　王东沟试验区地形及土地类型结构

表 5-9　王东沟试验区地形及土地类型面积结构

试区土地 8.3km²/100%	地 形				土地类型	
	塬地，35.0%	塬面，22.6%			塬地，	22.6%
		塬边坡，12.4%			塬边埝地，	12.4%
	沟壑，65.0%	梁，35.5%	梁顶，5.5%		梁顶埝地，	5.5%
			梁坡，30.0%		宽埝（梯田），	12.4%
					埝（梯田），	9.0%
					坪埝地，	2.3%
					圿（陡坡），	6.3%
		沟，29.5%	沟坡，28.0%		陡崖，	14.0%
					烂沟坡，	3.6%
					塌地，	2.5%
					缓沟坡，	1.6%
					陡沟坡，	6.3%
			沟底，1.5%		沟滩，	0.7%
					坝地，	0.2%
					石沟岸，	0.3%
					沟床，	0.3%

参考文献

李玉山，苏陕民 . 1991. 主编 . 长武王东沟高效生态经济系统综合研究 . 北京：科学技术文献出版社 .

5.10　长武县域尺度土地覆被格局及其耕地结构特征演变

表 5-10　长武县 1983—2009 年土地利用面积及变化统计表

km²,%

时间\地类	1983 年		1993 年		2009 年		1983—1993 年		1993—2009 年	
	面积	比例	面积	比例	面积	比例	变化面积	年变化率	变化面积	年变化率
农地	289.49	51.05	217.86	38.42	159.62	28.15	−71.64	−2.47	−58.23	−1.67
园地	18.26	3.22	49.32	8.70	83.57	14.74	31.06	17.01	34.25	4.34
林地	114.98	20.28	151.84	26.77	179.99	31.74	36.85	3.21	28.15	1.16
草地	47.87	8.44	75.08	13.24	76.20	13.44	27.21	5.68	1.12	0.09
居民点	47.59	8.39	42.16	7.43	49.76	8.77	−5.44	−1.14	7.60	1.13
水域	18.35	3.24	18.06	3.18	17.25	3.04	−0.29	−0.16	−0.81	−0.28
未利用地	30.55	5.39	12.80	2.26	0.71	0.13	−17.75	−5.81	−12.08	−5.90

　　（1）长武县 2009 年土地利用结构总体特征以林地—耕地—园地—未利用地为组合类型，以林地和耕地为景观基质，林地—耕地—园地—居工地—未利用地构成全县土地利用格局。地貌格局是该县

土地利用结构形成的自然前提条件。政策、人口密度和经济水平则是深刻影响全县土地利用的人文因素。在一定程度上，人口密度与土地利用程度、建设用地区位优势呈正相关。全县土地利用以农用地为主，土地利用的经济效益较低。

（2）长武县三个时期的耕地数量分别为 289.49、217.86 和 159.62km²，耕地减少主要位于 0～2°，15～25°和＞25°坡度耕地，相对于各自研究期初分别下降了 29.6%、48.9%、60.1%、15.6%、15.7%、48.8%，耕地与其他地类的相互转化剧烈。该区缓坡耕地（0～6°）主要转化为园地和居民地，陡坡耕地（＞15°）主要转化为林地和未利用地（荒草地）。缓坡耕地（0～6°）景观形状趋向于复杂化，陡坡耕地（6～15°、15～25°和＞25°）趋于规则和简单；0～15°耕地斑块经历了分散—聚集的演变过程，＞15°耕地经历了分散的演变趋势。耕地的地形分布向塬面、塬边等缓坡集中，受园地切割，其缓坡耕地斑块趋于破碎，陡坡耕地少量存在。耕地斑块面积和分布分别趋向于均匀性、团聚式发展。1983—1993 年期间的退耕为种植业效益驱动下农户自发性质的退耕或者弃荒，1993—2009 年期间则是科学宏观退耕并对前期自发退耕地和弃荒地的整理利用。退耕还草后草地建设滞后，有待于建设和利用。

参考文献

陈凤娟 . 近 30 年来长武县土地利用/覆被变化及其驱动力研究 . 西北农林科技大学资源环境学院 . 硕士论文 . 2011.5.
张建军，陈凤娟，张晓萍，王继军，郝明德，徐金鹏 . 1983—2009 年黄土高塬沟壑区耕地结构特征演变分析—以陕西长武县为例 . 农业工程学报 . 2011，22（3）：755-762.

5.11　通量观测系统

5.11.1　数据的采集和初步分析

图 5-12 和图 5-13 为 2008 年 7 月 1 日 00 时 00 分至 00 时 01 分的数据示例，分别是长武 2m 涡

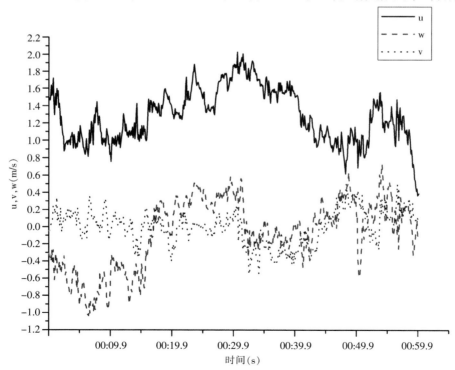

图 5-12　长武 2m 涡动相关系统所测定的水平风速 u，侧向风速 v，垂直风速 w 随时间脉动曲线
（时间间隔为 2008 年 7 月 1 日 00 时 00 分至 00 时 01 分）

动相关系统所测定的水平风速 u，侧向风速 v，垂直风速 w 随时间脉动曲线以及 CO_2 密度，H_2O 密度和超声虚温 Ts 随时间脉动曲线。长武站涡动相关系统分为三个层次，12m，32m 高度上也有相同格式的数据集。

可以看出长武涡动相关数据各要素随时间的脉动变化有时十分剧烈，有时又比较缓和，毫无规律可遵循。总体上呈现出明显的脉动（涨落）特征，并且这种脉动性的变化呈现出白天比夜晚更剧烈的变化规律。由于湍流是由大小不同的涡旋组成，相应于不同时间长短（频率谱）的运动的迭加，表面看起来没有规律，但是对湍流谱的分析可以认知湍流运动的特征，可以在时间序列上研究湍流运动的频率。这对确定涡动相关仪器的采样频率和涡动相关资料后处理时的"取平均时间"有很大的影响。参考标准的湍流谱，并把长武站的湍流谱与之相比较，可以从谱的变化特征上分析出所设定的采样频率和取平均时间是否合适。一般情况下，低频谱谱值应比谱峰值低一个量级以上；如果低频段斜率不随频率减小而明显减小，则可能是取平均时间偏短。例如谱中存在过多的峰值或野点，则可能是原始的资料被电源和仪器噪音所干扰。如高频段斜率大于 $-2/3$，则可能是传感器响应能力较差，或者是随机噪音过大。如果高频段斜率小于 $-2/3$，则可能是原始资料含有似野点噪音或量化噪音（A/D 转换缺位）。以上经验均可作为通量数据质量评价的相关指标。

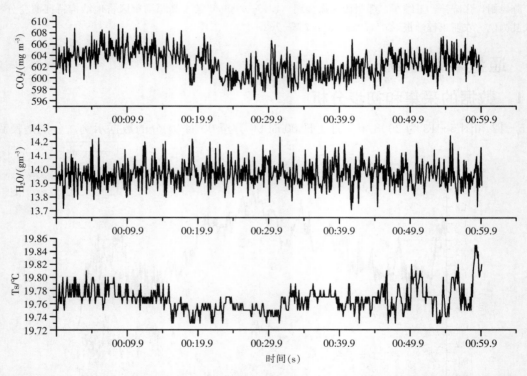

图 5-13　长武 2m 涡动相关系统所测定的 CO_2 密度，H_2O 密度和超声虚温 Ts 随时间脉动的曲线
（时间间隔为 2008 年 7 月 1 日 00 时 00 分至 00 时 01 分）

5.11.2　涡动相关试验的部分结果

以长武辐射和通量系统连续观测数据为基础，结合生育期取样测定，对下垫面为冬小麦农田进行了为期 4 年的观测，取得了一些结果。

（1）功率谱分析、协谱分析与摩擦风速阈值检验

长武站涡动相关数据的功率谱在惯性副区内基本满足 $-2/3$ 次方定律、协谱满足 $-4/3$ 次方定律，

适宜长武站的摩擦风速的阈值为 0.15m/s；

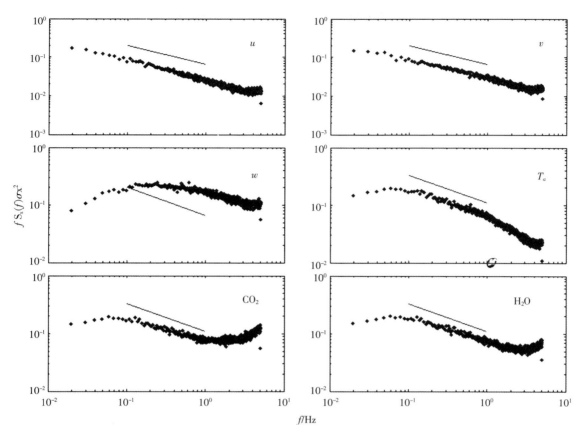

图 5-14　超声风温计测定的三维风速（u、v、w）和空气温度（Ta），及 LI-7500 红外气体
　　　　分析仪测定的 CO_2 和 H_2O 的功率谱（数据为 2005 年 5 月 3 日北京时间
　　　　9：00～15：00 变量 x 原始观测值的功率谱。图中实线为－2/3 斜率）

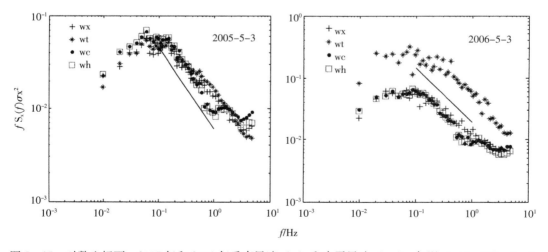

图 5-15　对数坐标下，2005 年和 2006 年垂直风速（w）和水平风速（wu）、气温（wt）、CO_2（wc）、
　　　　H_2O（wh）的协谱（图中显示的数据是按湍流频率分组后 w 和变量 x 的协谱的平均值。
　　　　图中实线为－4/3 斜率）

（2）通量源区分析

利用 FSAM（Flux Source Area Model）模型模拟长武站 2004—2005 年冬小麦生育期内的通量数据空间变化结果显示，在 90％贡献率水平下，整个冬小麦各生育期内通量源区范围变化明显，且与盛行风向、观测高度以及大气稳定度有关；

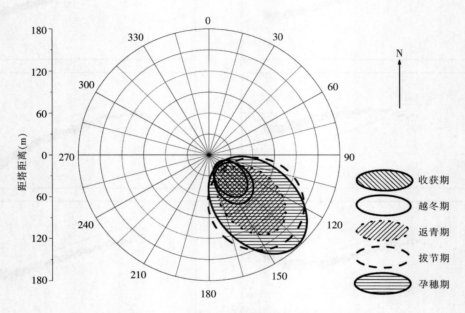

图 5-16 长武冬小麦各生育期通量源区变化

注：此结果为在盛行风向上，冬小麦生长季各阶段的平均情况，源面积由小到大依次为收获期、越冬期、返青期、拔节期、孕穗期。观测高度 1.86m。

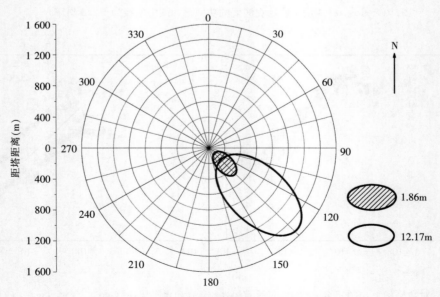

图 5-17 不同观测高度引起的通量源区变化

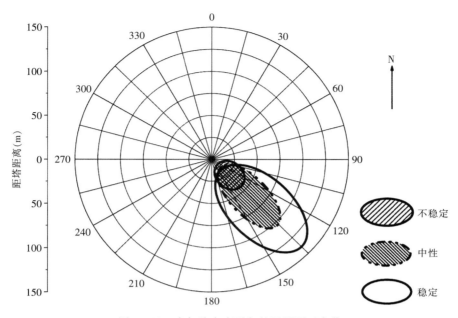

图 5-18　大气稳定度引起的通量源区变化

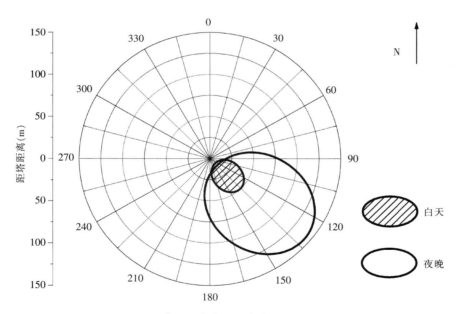

图 5-19　典型日内白天和夜晚通量源区的变化

（3）冬小麦 CO_2 通量变化特征及分析

冬小麦 CO_2 通量日变化与生育期、光合有效辐射、土壤温度密切相关。整个生长季小麦地逐日碳收支的变化主要受小麦的生育期影响。农田生态系统呼吸的时间变异具有明显的季节变化，系统 CO_2 净交换年际变化表现出明显的双峰，且与小麦的生育期、温度相吻合。整个生育期间，NDVI 与碳的日收支呈极显著负相关。

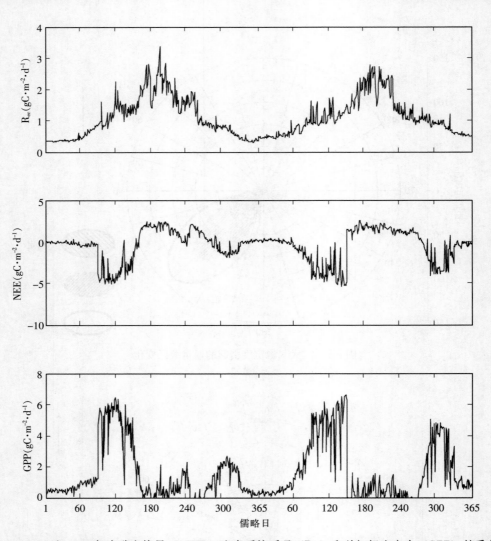

图 5-20 2005 和 2006 年净碳交换量（NEE）、生态系统呼吸（R$_{ec}$）和总初级生产力（GPP）的季节变化

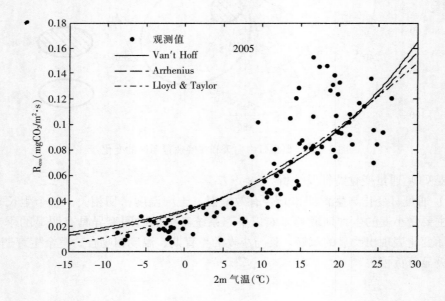

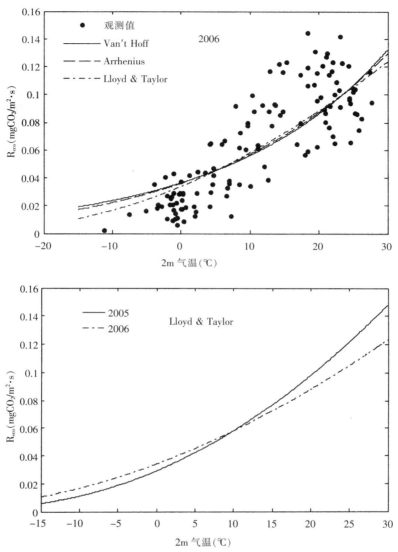

图 5-21　基于不同生态系统呼吸方程模拟的 2005 年和 2006 年夜间生态系统呼吸与
2m 气温的关系的比较（图中数据点为有效观测数据的日平均值）

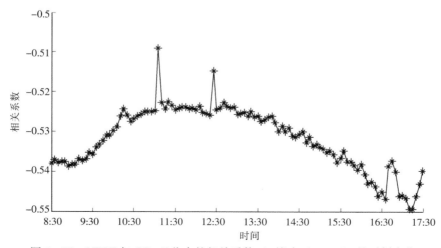

图 5-22　NDVI 与 CO_2 日收支的相关系数（p 皆小于 0.001）的时刻变化

参考文献

李双江，刘文兆，高桥厚裕，桧山哲哉，等 . 2007. 黄土塬区麦田 CO_2 通量季节变化，生态学报 . 27（5）：1987 -1992.

李双江，刘志红，刘文兆，高桥厚裕，等 . 2008. 黄土高原冬小麦田光谱特征变化及其与二氧化碳日收支的相关分析，应用生态学报 . 19（11）：2408 - 2413.

楚良海，刘文兆，朱元俊，李双江 . 2004. 黄土高原沟壑区通量数据空间代表性研究，地球科学进展 . 4（2）：211 -218.

李双江 . 2007. 黄土塬区农田生态系统水、热、碳通量研究，中国科学院研究生院博士学位论文 .

楚良海 . 2009. 黄土塬区通量数据的质量评价及空间代表性研究，西北农林科技大学硕士学位论文 .